U0191339

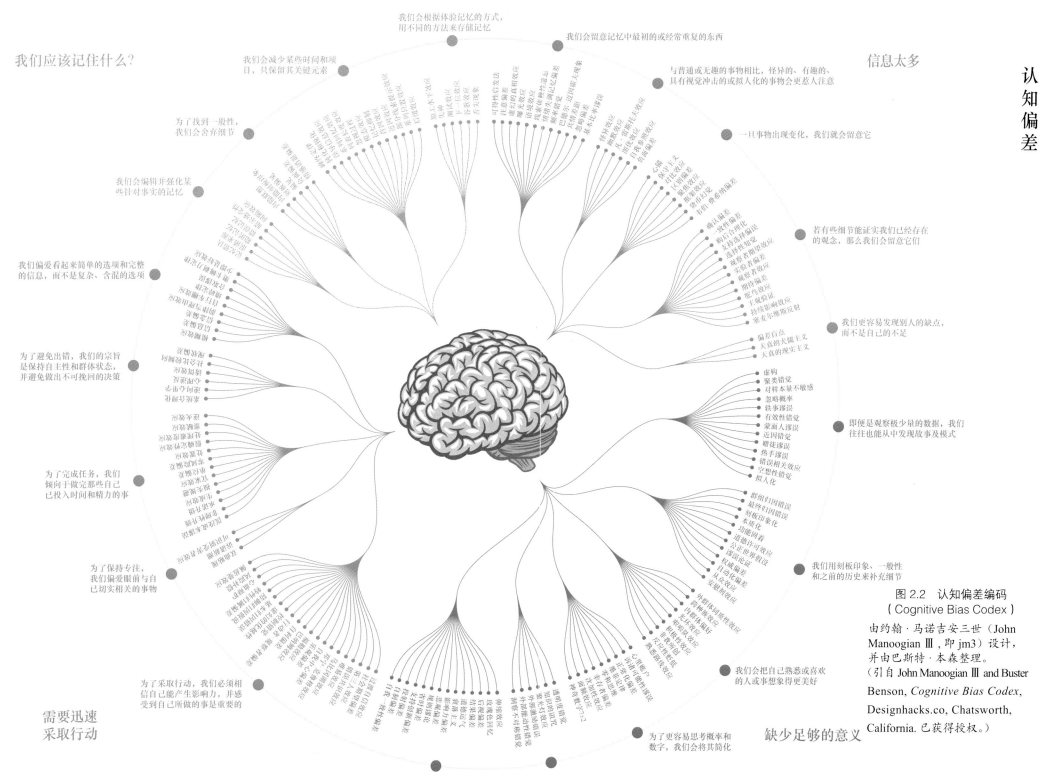

图 2.2　认知偏差编码
（Cognitive Bias Codex）

由约翰·马诺吉安三世（John Manoogian Ⅲ，即 jm3）设计，并由巴斯特·本森整理。（引自 John Manoogian Ⅲ and Buster Benson, *Cognitive Bias Codex*, Designhacks.co, Chatsworth, California. 已获得授权。）

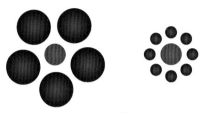

图 2.1　视错觉

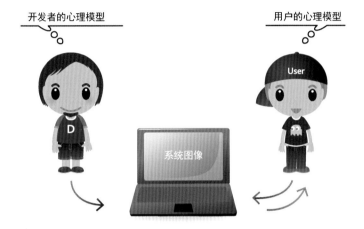

图 2.3　心理模型

（灵感来自 Norman D A. *The Design of Everyday Things*, Revised and Expanded
Edition. New York: Basic Books，2013.）

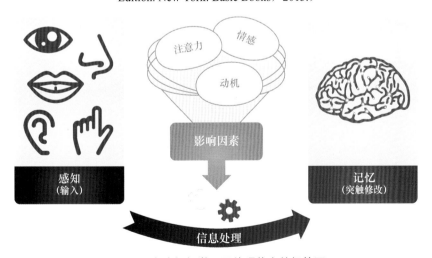

图 2.4　大脑如何学习及处理信息的极简图

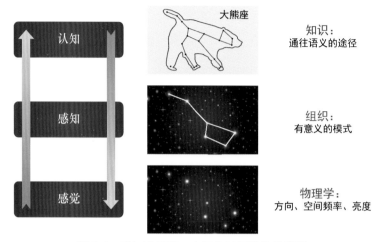

图 3.1　感知隶属于一个包含三层结构的进程

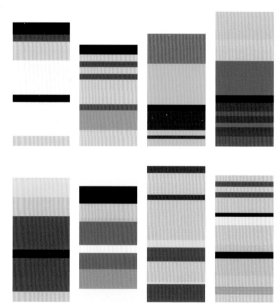

图 3.2　《街头霸王：抽象版》(*Street Fighter*：*Abstract Edition*)
作者艾什莉·布朗宁 (Ashley Browning)。该图片由艾什莉·布朗宁提供。

图 3.3 语境在感知中的作用

图 3.4 视觉敏感度

改编自 Anstis S M. Letter: a chart demonstrating variations in acuity with retinal position. *Vision Research*, 1974, 14: 589–592.

图 3.5 图形 / 背景原则

图 3.6 多稳态：这是鸭子，还是兔子?

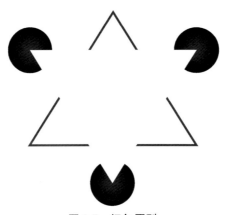

图 3.7 闭包原则

图 3.8 对称原则

图 3.9　相似原则

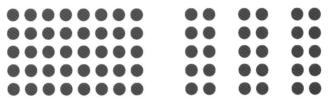

图 3.10　邻近原则

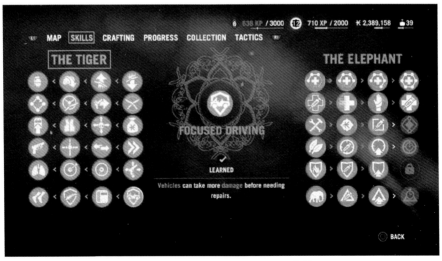

图 3.11　《孤岛惊魂 4》的技能菜单

该图片由育碧娱乐提供，2014 年。版权属于育碧娱乐，并保留所有权利。

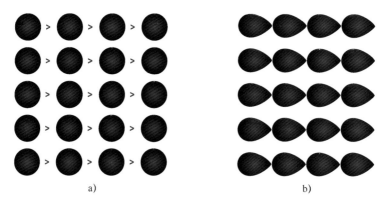

图 3.12

a）《孤岛惊魂4》的技能树模型 b）使用格式塔原则来提升技能树模型的易读性

图 3.13 非自我中心与以自我为中心的对比

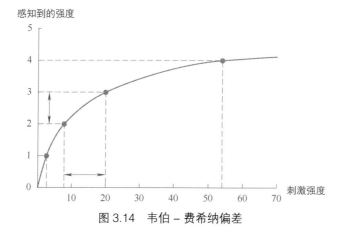

图 3.14 韦伯 - 费希纳偏差

图 4.1　记忆的多重存储模型

注：改编自 Atkinson R C, Shiffrin R M. Human memory: A Proposed System and its Control Processes, in K.W. Spence & J.T. Spence（Eds.）. *The Psychology of Learning and Motivation*, Vol. 2, New York: Academic Press, 1968: 89–195.

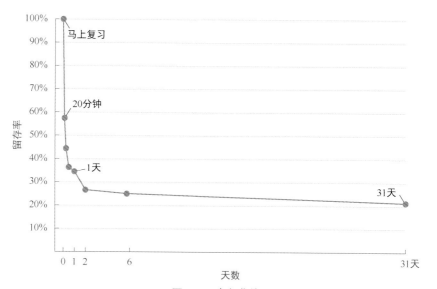

图 4.2　遗忘曲线

改编自 Ebbinghaus H, 1885, *Über das Gedächtnis*, Dunker, Leipzig, *Translated*. Ebbinghaus H, 1913/1885, *Memory: A Contribution to Experimental Psychology*, Ruger H A, Bussenius C E, translators. Teachers College, Columbia University, New York.

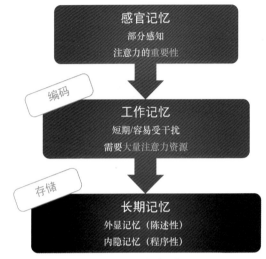

图 4.3　记忆概述

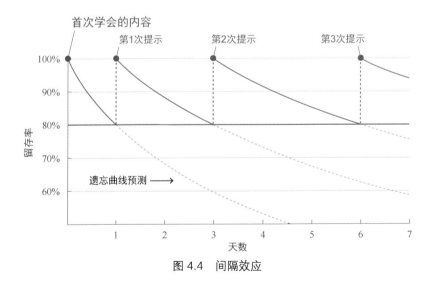

图 4.4　间隔效应

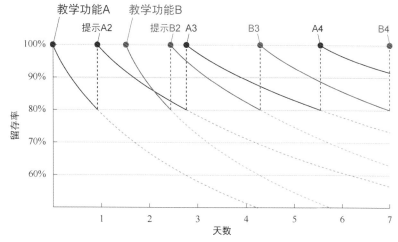

图 4.5　教授两种功能时的间隔效应

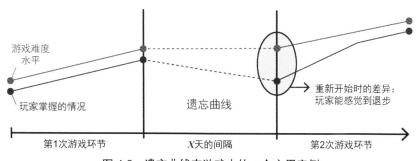

图 4.6　遗忘曲线在游戏中的一个应用案例

图 4.7 《刺客信条：枭雄》，©2015，育碧

（感谢育碧娱乐提供图片）

图 4.8 《堡垒之夜》Beta 版，©2017，艺铂游戏公司

（感谢艺铂游戏公司提供图片，美国北卡罗来纳州凯瑞市。）

图 5.1 斯特鲁普任务中使用的材料案例

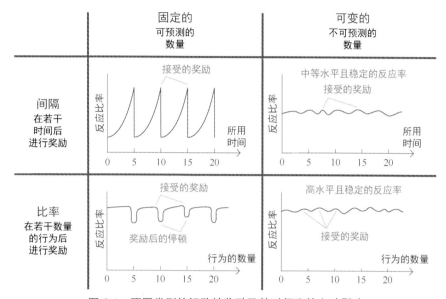

图 6.1 不同类型的间歇性奖励及其对行为的大致影响

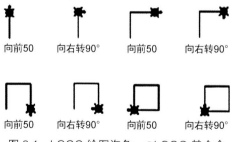

图 8.1 LOGO 绘图海龟，©LOGO 基金会
（感谢 LOGO 基金会提供图片，美国纽约市）

图 8.2 《堡垒之夜》Beta 版，©2017，艺铂游戏公司
（感谢艺铂游戏公司提供图片，美国北卡罗来纳州凯瑞市）

图 10.1 《生化危机》，卡普空有限责任公司，1996 年发布于 PlayStation 平台
（感谢卡普空有限责任公司提供图片，日本大阪市）

图 11.1　韦瑟拉游戏的《死亡空间》，©2018，艺电
（感谢艺电提供图片）

图 11.2　《铁拳 7》(*TEKKEN* ™ 7)，©2017，万代南梦宫娱乐公司
（感谢万代南梦宫娱乐公司提供图片，日本东京）

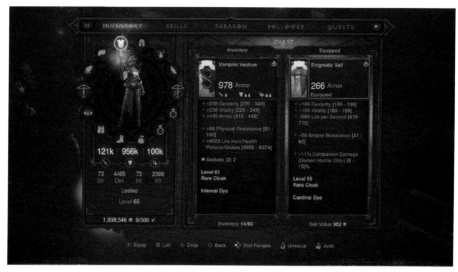

图 11.3　暴雪的《暗黑破坏神 3：夺魂之镰》，暗黑破坏神 3
（感谢暴雪娱乐公司提供图片）

图 11.4　育碧的《孤岛惊魂 4》，©2014，育碧
（感谢育碧娱乐公司提供图片）

图 11.5 《虚幻竞技场 3》，©2007，艺铂游戏公司
（感谢艺铂游戏公司提供图片，美国北卡罗来纳州凯瑞市）

图 11.6 《军团要塞 2》中的角色剪影，©2007–2017，维尔福公司
（感谢维尔福公司提供图片，美国华盛顿州贝尔维尤）

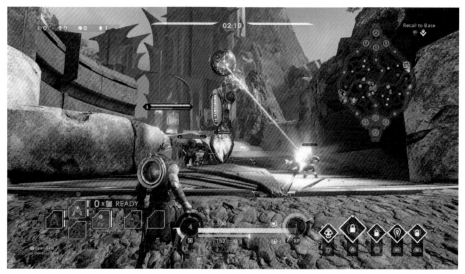

图 12.1 《虚幻争霸》，©2018，艺铂游戏公司
（感谢艺铂游戏公司提供图片，美国北卡罗来纳州凯瑞市）

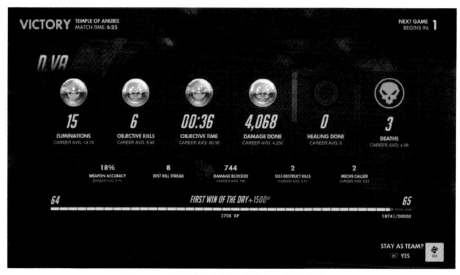

图 12.2 暴雪的《守望先锋》，守望先锋®
（感谢暴雪娱乐公司提供图片）

图 12.3 《堡垒之夜》Beta 版，©2017，艺铂游戏公司
（感谢艺铂游戏公司提供图片，美国北卡罗来纳州凯瑞市）

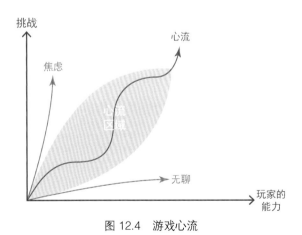

图 12.4 游戏心流

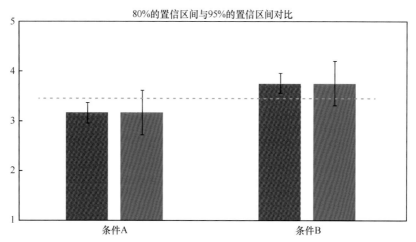

图 14.1　置信区间

（改编自伊恩·利文斯顿在 2016 游戏用户体验峰会的发言）

图 14.2　艺铂游戏的用户体验实验室，©2017，艺铂游戏公司

（感谢 Bill Green 提供图片）

图 14.3

艺铂游戏的用户体验测试截图，已获得授权

体验堂成熟度模型

图 16.1　体验堂成熟度模型图示

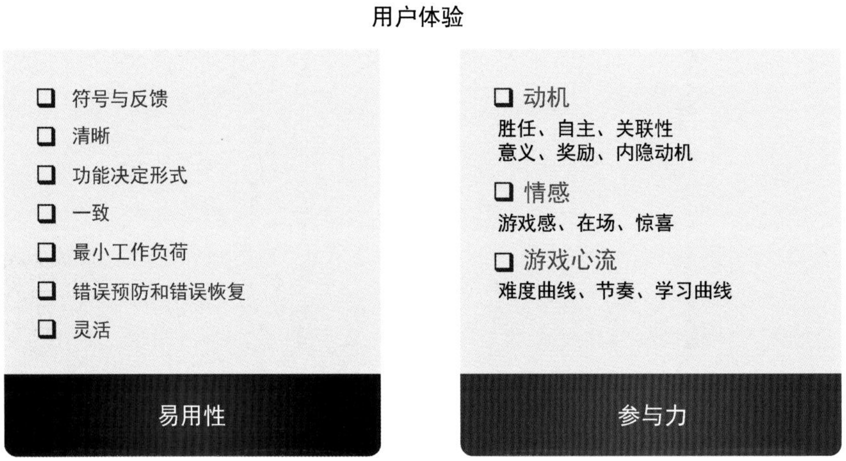

用户体验

易用性	参与力
❏ 符号与反馈	❏ 动机
❏ 清晰	胜任、自主、关联性
❏ 功能决定形式	意义、奖励、内隐动机
❏ 一致	❏ 情感
❏ 最小工作负荷	游戏感、在场、惊喜
❏ 错误预防和错误恢复	❏ 游戏心流
❏ 灵活	难度曲线、节奏、学习曲线

图 17.1 一种用户体验框架

玩家心理学：神经科学、用户体验与游戏设计

[法] 赛利亚·霍登特（Celia Hodent） 著

孙 静 译

机械工业出版社

本书以作者坚实的认知科学研究及多年来在育碧等游戏企业的工作实践为基础，结合大量游戏案例，用通俗易懂的语言深入解读了游戏用户体验设计的主要元素，是全球游戏心理学领域的前沿成果。

在书中，作者从感知、记忆、注意力、动机、情感、学习原则等心理学概念出发，讨论了游戏设计中的相关注意事项，并以此为基础建构了颇具创新性的游戏用户体验框架，为游戏研发者和游戏研究者提供了有效的参考。本书既能帮助游戏设计师、游戏程序员、游戏美术设计师等游戏开发从业者从用户体验的视角优化游戏设计，又能帮助用户体验设计师和用户体验研究团队全面了解游戏开发流程，还能为游戏企业管理者、游戏制作人、游戏营销团队以及职能团队提供重要的洞察。

献给科学家、艺术家、设计师和游戏开发魔术师们。

你们一直在为我带来灵感。

译者序

作为一名资深玩家，如果让我分享一款让自己印象深刻的游戏，那一定是《塞尔达传说：旷野之息》。然而，让我念念不忘的并不是捉鱼打猎的乐趣，也不是打怪后的成就，更不是邂逅"呀哈哈"的惊喜，而是善于伪装的依盖队。有一次，我在海拉鲁悠闲地散步，充满善意地走到路人旁边打招呼，想一如既往地听听旅行故事，结果对方突然变身成了上蹿下跳的依盖队杀手。于是，我不得不仓皇应战，虽然后来勉强取得了胜利，但却在震惊中意难平，根本不想去捡对方掉落的香蕉。

然而作为一位游戏研究者，我忍不住好奇，为什么一款游戏能够引发如此强烈的情感冲击？游戏设计师是如何做到这一点的？我们能否在优秀的游戏体验设计中发现一些模式？直到我读到《玩家心理学》这本书，才找到了答案。

简言之，本书从用户体验角度出发，结合我们熟知的游戏作品，深入讨论了认知科学在游戏设计和玩家体验中的有效应用。其中，作者不仅澄清了大众对大脑的常见误解，而且还从感知、记忆、注意力、动机、情感等方面讨论了游戏体验设计的技巧，能够帮助游戏开发及运营团队通过科学的方式提升对游戏体验的理解。

作者赛利亚·霍登特是游戏用户研究领域的权威专家。她拥有学术和产业的双重背景，不仅拥有心理学博士学位，而且还在国际知名玩具企业及多家游戏大厂有着多年的从业经验，一直致力于将认知科学与游戏开发实践整合起来，在学术和产业之间搭建一座桥梁，在权威的产业及学术会议上都非常活跃。更为可贵的是，她还在本书结尾为有志于从事游戏用户研究的读者提供了一系列学习建议，从专业选择到简历修改，可谓手把手教您成为游戏用户研究专家。

　　作为本书的译者，我把翻译的过程视作一段学习之旅，不仅让我更好地理解自身的玩家体验，而且还能从游戏作者的角度出发，了解游戏体验设计的机制。相信您也会有所收获。

孙静

写于比利时鲁汶

2022 年 5 月 25 日

序

"啊，不要！哎呀我的老天爷。哦，不……"

我抬头看向菲力克斯（Felix），他是《巫术8》（*Wizardry 8*）alpha版的游戏主测试，正满脸惊恐地盯着他的计算机。让菲力克斯产生此等反应的原因，既不是系统崩溃，也不是致命的程序漏洞，而是一个名叫赞特（Zant）的角色，后者是位残酷的首领，领导着一个更残酷的团体，里面的生物看起来像昆虫，被称作"特螂帮"（T'Rang）。就在刚刚，赞特下令歼灭菲力克斯的全部六个角色，但这并不是让菲力克斯感到惊恐的原因。实际上，让菲力克斯惊恐的是，赞特已经发现了他的背叛，而且更糟糕的是，赞特似乎真的因此感到受伤了。

就在几天前，我正在看菲力克斯打游戏。他当时的做法让我觉得难以置信：以交战双方的身份来完成一场苦战。菲力克斯不仅为特螂帮效力，而且还帮助其死敌"恩帕尼"（Umpani）。不知何故，他已沉浸其中。但这个事实并非我想要（甚至是没想到）的结果。然而，他的体验，更重要的是，他想解决恩帕尼和特螂帮之间冲突的动机，让我为他搭建了一条前进的道路。就像菲力克斯在几天前告诉我的那样，恩帕尼和特螂帮拥有共同的敌人，这个敌人比两者都要强大。他十分肯定，如果能让双方团结起来，那联手后的队伍就能打败他们共同的敌人。令人难以置信的是，菲力克斯为一个甚至都不存在的结果投入了如此多的感情，这激励他将子虚乌有的解决方案坚持到底。我并没有告诉他那是不可能的。与之相反，我将其实现了。

对菲力克斯而言，当赞特发现他背信弃义时，他感到惊讶；当他读到赞特的话（"我曾相信你能保守我们帝国的秘密。那种信任并非唾手可得。"）时，又感到悔恨；接着，当他在特螂帮的未来被彻底阻断时，他又从伤心中清醒过来。然而，他可以尝试另一种方法。重新再玩一次游戏，他确实能促成两军的联盟。

"我简直不敢相信这是真的。"他对我说。

至今，它依然是我整个游戏设计师生涯中最生动的一个回忆，而且肯定是他整个游戏生涯中最具影响力的瞬间之一。这源于一种以玩家为中心的游戏设计方法。后来，在我不到 20 年的职业生涯中，我学到一个道理，即与玩家需要从我身上学习的东西相比，我从玩家及其玩游戏的方式中学到了更多。彼时，我没有这样一本书，也没看过赛利亚（Celia）针对用户体验、易用性及参与力所做的精彩演讲。我只有菲力克斯，但他教会我很多。

在那些年以及后来的时光中，我还曾看到，当玩家感到信息过载，或是无法搞清楚如何让游戏达成自己笃定能实现的目标时，会因为沮丧而放弃。我见过玩家因为游戏线索过少，而错过了整个游戏玩法的部分，或是看着他们与学习曲线苦苦搏斗，这些学习曲线的设计是面向那些已知道该如何玩的设计师的，而不是那些可以从"做中学"里受益的玩家，尤其是那些也许是此类游戏的新手玩家。在这些记忆里，有一个特定的瞬间显得与众不同。作为各种"年度游戏奖"的评委，我曾为一款游戏据理力争过，从艺术、设计、声音、故事和程序等各方面，我都觉得这是一款颇具美感的游戏，它也受到了很多很多玩家的喜爱。但它却被评委会否决了，被否决并不是因为游戏团队曾认真打磨过的那些东西，而是因为它诡异的操作方式。那就像给一辆法拉利跑车装了一个差劲的方向盘。如果你能控制这么糟糕的东西，那无论是看到，还是亲身体验，都会难以置信。虽然我依然喜欢那款游戏，但年度游戏奖却花落别家。

这就是游戏——它们是界面和截面——是游戏与玩家思想相遇的地方，也是真正发生游戏体验的地方。在我自己演讲以及与其他设计师聊天时，我经常使用美餐的例子。我在痛苦的时候，有时会点一道美味佳肴，或是看一张我笃定能吸引受众的美食图片。看着这盘食物，很容易去称赞厨师、摆盘、食材配料的质量，甚至是餐厅的氛围。但最后呢？一切都取决于这些小而凸起的味蕾。若是不通过我们的界面，我们就没有满足感，只有挫败感。

用户体验是一个产业，我们在 40 多岁的时候了解到它所具有的很多价值。从我们最早通过死亡来触发教学（"你已经死了。我希望你能得到教训。"），到用各种无穷无尽的控制模式来进行试验，毫无疑问，游戏的用户体验已经进化了。对我们而言，大多数进化是通过我们自己的试错完成的，"按他们的做法去做"，而且由甲方说了算。虽然赛利亚的这本书如今已在游戏业内颇为知名，并受到重视，但在这本书出版之前，我却不得不寻找一切像它一样，以如此深入、清晰且有帮助的方式来解释玩家大脑的资料。在撰写此文时，我正在做一个商业游戏项目，这本书改变了我的思维方式，通过提供有关大脑、玩家及其动机等诸多洞察，提升了我的设计。这本书潜力无穷，能让我们成为更好的设计师和游戏开发者。我希望它也能让你的游戏、研究以及游戏体验变得更有意义。

布伦达·罗梅罗（Brenda Romero）

罗梅罗游戏（Romero Games）的游戏设计师

2017 年 5 月 29 日

写于爱尔兰高威市

目 录

第一部分　理解大脑

第二部分　电子游戏用户体验框架

第1章 你为什么应该关注玩家的大脑

> 1.1 免责条款："神经炒作"陷阱
> 1.2 本书的内容及受众

你是否好奇，魔术师是如何利用技巧欺骗你的？他们似乎违背了物理规则，或读懂了你的想法，这是如何做到的？我并非要揭开魔术师的秘密，但在现实中，魔术师和心理学家都擅长理解人类认知，如感知、注意力和记忆。他们学着利用大脑的漏洞，通过掌握某些套路（例如"错误引导"，即分散观众的注意力，从而欺骗其感官），成功地欺骗了我们（Kuhn and Martinez，2012）。对我来说，电子游戏也是一种魔术：当它表现出众时，玩家会停止自己的怀疑，进入一种心流状态。理解玩家的大脑，这能为你提供工具及指导，有助于你为自己的受众创造你想要实现的神奇体验。更重要的是，理解玩家的大脑，它还是一个当今需要熟练掌握的工具，因为电子游戏代表着一个日益增长的竞争市场。

根据美国娱乐软件协会（Entertainment Software Association）在 2016 年发布的重要数据报告，全球电子游戏产业在 2015 年的收入高达 910 亿美元，仅美国就有 235 亿美元。虽然这些数字令人振奋，但在电子游戏产业中却隐藏着一个残酷的事实：制作优质又成功的电子游戏，实际上并非易事。如今，人们只需点击鼠标（或轻触屏幕），就能轻而易举地获取成千上万的游戏，有些游戏还是免费的，竞争十分激烈。电子游戏产业动荡不安，风云万变。电子游戏工作室，包括功成名就的那些工作室，经常遭受关闭及裁员的打击。小型独立项目，以及发展预算较大的 3A 项目，甚至是那些由产业老兵制作、拥有极强营销和发行支持的项目，都频频失败。作为一个生产乐趣的产业，电子游戏产业经常为了达成目标而苦苦挣扎。不仅如此，即便是成功发行的电子游戏，也有可能无法长期留存玩家。

本书旨在为你提供一个概述，用于确定是哪些元素让电子游戏具有持久的魔力，以及哪些元素会妨碍玩家获得乐趣及参与。虽然目前没有成功的秘诀（而且可能永远不会有），但从科学知识和最佳游戏开发实践中找到这些元素及障碍，应该能帮助你更有可能让自己的电子游戏更成功，令人更愉悦。若想实现上述目标，你需要一些知识和方法。知识来自于神经科学领域，让你理解大脑如何感知、处理以及保存信息。方法来自用户体验（UX）领域，为你提供指导原则和一套流程。用户体验和神经科学相结合，会帮助你更快地为自己的游戏做出最佳决策，并让你注意自己需要做的权衡，从而实现自己的目标。本书会帮你坚守自己的设计及艺术目标，按照你的设想为受众提供游戏体验。但愿本书也能帮助你达成自己的商业目标，让你保持激情，并为你带来足够的资金，从而继续创造奇迹。

预测玩家将如何理解你的游戏，以及他们如何与游戏互动，至关重要。虽然这并非易事，但从某种程度上看，承认另一个极为重要的元素要更难：作为人类和开发者，你本人持有的偏见。我们人类愿意相信，我们大多都是根据逻辑和理性分析来制定决策的。然而，许多心理学及行为经济学研究已表明，大脑实际上可能极不理性，而且许多偏见严重影响了我们的决策（Ariely，2008；Kahneman，2011）。创造一款游戏，并为其保驾护航，核心就是制定数不清的决策。作为游戏开发者，如果你和你的团队想在整个开发过程中做出正确决策，并最终达成你的目标，那么，你必须要考虑到各种困难。因此，你需要理解玩家的大脑，以及你自己的大脑，以便让你为自己想要开发的游戏保驾护航，使你的这款游戏更有可能大获成功。

1.1　免责条款："神经炒作"陷阱

近年来，人们对科学知识及方法在电子游戏产业中的应用越来越感兴趣，特别是与神经科学相关的部分。这反映出更大范围的人群及企业对带"大脑"字样或以"神经"为前缀的一切事物（如"神经营销"或"神经经济学"）都感兴趣。我们的新闻和社交媒体推送了大量文章，声称解释了"多巴胺对大脑的影响""如何通过为大脑重新布线来获得成功"或者"催产素的说服作用"。恕我直言：当前流传的带有神经一词的文章，大多都是标题党，最糟糕的情况是一错到底，最好的情况，充其量也是简单粗暴地理解大脑的工作原理，而大脑原本是个极为复杂并令人惊叹的器官（事实上，此类文章如此之多，以至于神经科学家将其称作"神经垃圾""神经狗屁"或"神经废话"，具体用词取决于当他们看到自己所在的复杂领域被过度简单化，用来卖广告位或所谓的通过"大脑知识"提升的产品时而产生的恼怒程度）。这些标题党文章和产品之所以能入侵我们的生活，是它们的叙事套路在发挥作用。谁不想知晓一种简单的魔术，以此来改善生活，功成名就，或更好地经营企业呢？然而，这种现象并非是因为神经科学的炒作而产生的。例如，"想在两周内减 20 磅，开始（或停止）吃这五种神秘食物就够了"，谁又能抵挡这种说法呢？但残酷的真相是，根本不存在能减肥的神奇药丸。你需要关注自己每天的饮食，经常运动——这就是科学告诉我们的减肥之道，它包括艰辛、汗水和牺牲。而且即使你做到了这两点，根据你的基因和环境，你的减肥之路上还会有相应的额外的困难。你不得不承认，这种叙事手法远不及虚幻的标题党吸引眼球！通常，我们不喜欢更复杂的解释，或者因为它意味着我们要付出更多努力，而选择不去相信它。我们更愿意用低效但更具诱惑性的解决方案来骗自己。就神经科学而言，亦是如此。如果你不想自我欺骗或被人骗，那就必须牢记一点，即我们的大脑是有偏见的、情绪化的、非理性的，而且它还极为复杂。用心理学教授史蒂芬·平克（Steven Pinker）在《心智探奇》（*How the Mind Works*，1997）一书中的话说，我们用

玩家心理学：神经科学、用户体验与游戏设计

大脑在日常生活中解决的问题，远比把人类送到月球或为我们的基因测序要更具挑战性。因此，尽管"神经炒作"可能带有诱惑性，但不要相信，尤其是当它承诺你无须付出就能收获很多时；换句话说，除非你更愿意相信随意捏造的谎言，以此来自我安慰，但如果你真这么做的话，可能已经停下来不读这本书了。

对游戏制作来说，也是如此。没有能让你一口吞下去的神奇药丸，也没有任何已知的持久成功秘诀，尤其是在你尝试创新的时候。与预测哪款游戏会成功，哪款会失败，以及哪款能成为堪比《我的世界》（*Minecraft*，最初由 Mojang 发行）或《精灵宝可梦 GO》（*Pokémon Go*，Niantic）的现象级新游戏相比，事后分析一款游戏或一家公司的成功因素，总要容易得多。这本书不会试图让你相信，这里有一个能解决你所有开发问题的魔法棒。然而，如果你准备好为其付出努力（并承受相应的痛苦，因为分析你潜心制作的游戏会非常痛苦），那么，这本书会为你提供一些经得起时间检验的优质材料，帮你制作自己的成功配方。你是否依然愿意接受挑战呢？

既然你还在看这本书，那我现在承认，我之所以在书名中使用了"神经科学"和"大脑"两个术语，是为了蹭"神经"的热度。我这么做，只是为了吸引你的注意力，以便让我能传达严谨的科学知识，让这些知识帮你更有效地开发自己的游戏，同时也帮你发现并忽略那些试图诱惑你的"神经废话"。我们有约 1000 亿个神经元，每个神经元可以连接多达 10000 个其他神经元。这生成了许多突触连接（synaptic connections）。我们还不能清晰地理解神经网络如何影响我们的行为或情感，更不用说激素及神经递质（neurotransmitters，在神经元之间传递信号的化学信使）的影响了，这只是其中一个例子。神经科学以神经系统为研究对象，是一门极为复杂的学科。实际上，我在这本书中讨论的大多数内容都与"认知科学"更相关，后者是研究心理活动的学科，例如感知、记忆、注意力、学习、逻辑推理及解决问题。认知科学的知识可被直接应用于游戏设计，因为玩家在玩游戏时，会涉及上述所有心理活动。用户体验这一领域，作为关注用户在与产品或游戏交互时拥有的全部体验的领域，在很大程度上都依靠认知科学的知识。

1.2　本书的内容及受众

　　发现一款电子游戏，了解它，掌握它，并乐在其中：这一切都发生在大脑里。作为一名游戏开发者，你可以通过理解大脑的基本机制，更有效地达成自己的设计目标及商业目标，这也是用户体验诸多原则的基础。本书并非要告诉你如何设计一款游戏，妨碍你的创造力，或简化你的游戏（见第 10 章中用户体验的主要误解部分），而是旨在理解人们与你的游戏交互时发挥作用的机制，从而帮你更快地实现自己的目标。就本书的内容而言，一部分源于我的认知心理学背景（第一部分），另一部分来自我在育碧（Ubisoft）、卢卡斯艺术（LucasArts）和艺铂游戏（Epic Games）开发团队的工作经历（第二部分）。

　　总体上看，本书介绍了游戏用户体验和认知科学在电子游戏中的应用，面向对上述话题感兴趣的所有读者，它并不是为用户体验专家编写的专业手册。本书旨在面向广大的游戏从业者和学生游戏开发者。在玩电子游戏时，大脑是如何工作的？第一部分甚至适合所有对这个话题感兴趣的人。因此，所有学科的人应该都能从本书中找到一些有用的信息。然而，创意总监、游戏总监、设计师［游戏设计师、用户界面（UI）设计师等］、程序员（主要是游戏玩法程序员和用户界面程序员）以及艺术家，也许应该是最关注本书的受众群，因为本书的内容适合被他们更直接地应用在日常挑战中。专业的游戏用户体验从业者（交互设计师、用户研究员、用户体验经理等）应该对本书讨论的许多概念都已有所了解，但我依然希望本书能为他们提供一些不错的建议以及一些提升工作室用户体验成熟度的技巧。对那些不太熟悉却想要了解游戏产业的用户体验从业者来说，本书的内容也应颇具价值。高管、制作人以及整个支持团队［游戏测试（QA）、分析、营销、商业智能等岗位的工作人员］应该也能从本书中得到一些有关用户体验重要性的洞察，发现用户体验能以更快的速度传播一款更吸引人的游戏。最后，本书的主要目的并不是要深入分析讨论所有主题，而是主要为游戏用户体验提供一个全面概述，从而促进整个工作室的协作与沟通。与此同时，我也希望能成为一位优秀的玩家权益倡导者。

本书分为两个部分。第一部分（第2章至第9章）聚焦我们当前对大脑的理解以及认知科学的发现，第二部分（第10章至第17章）则关注用户体验的思维模式及实践，以及如何将其应用在游戏开发中，进而构成了一种电子游戏用户体验框架。在第一部分，我们会讨论感知（第3章）、记忆（第4章）、注意力（第5章）、动机（第6章）、情感（第7章）和学习原则（第8章），这些是你需要掌握的主要知识，以便让你理解大脑是如何工作的，我们人类有哪些能力和局限，以及这在设计游戏时意味着什么。第9章列出了有关玩家大脑的要点。在第二部分，我们首先对游戏用户体验进行概述（第10章），梳理其发展史，澄清主要的误解，并总结游戏用户体验的定义。想要提供具有吸引力的用户体验，有两个组件至关重要：一是"易用性"，即产品的易用性（第11章）；另一个是"参与力"，也就是游戏如何吸引人（第12章）。就每个组件来说，我们都会讨论那些能让游戏既可用又吸引人的主要支柱。第13章通过设计思维的视角来讨论用户体验。第14章描述用来测量并改善用户体验的主要工具，即用户研究。在第15章，我们会讨论另一种用户体验的工具，即分析。第16章提出了一些在工作室中构建用户体验策略的技巧。此外，我们还会在第17章中总结一些关键要点和总体建议，并分享一些针对教育类电子游戏和"游戏化"的看法。

在整本书中，我会使用很多商业游戏的案例，以此来说明某种最佳实践或某个用户体验问题。本书中提及的所有游戏，要么是我在工作期间曾参与过的项目，要么是我出于真心喜欢而玩了很长时间的游戏。所以需要指出的是，当我用其中某款游戏来强调一个用户体验问题时，我并不是在做价值判断。在思考用户体验的最佳实践时，我很清楚，制作游戏并非易事，而且没有任何一款游戏能提供完美的用户体验。

第一部分

理 解 大 脑

第2章 大脑知识概述

2.1 关于大脑和心理的神话
2.2 认知偏差
2.3 心理模型和以玩家为中心的方法
2.4 大脑工作原理简述

2.1 关于大脑和心理的神话

早在原始人开始直立行走前，人的大脑就已经开始进化了，随着我们的祖先从非洲热带草原的严酷生活中幸存下来，大脑又进化了数千代。然而，与史前时代相比，我们的现代生活极为不同，就相对缓慢的进化速度而言，我们的大脑面临着很多新问题。因此，既然大脑能帮我们适应复杂的现代世界，那么理解它的神奇之处和局限性，就能帮助我们在日常生活中更好地制定决策。这就是我们将在本书第一部分讨论的内容。我把讨论的主要范围限定在游戏开发领域，描述我们在游戏开发中应该了解的最有用的东西，所以若你想了解如何将大脑知识应用于更广泛的场景，不妨参考认知科学家汤姆·斯塔福德（Tom Stafford）及工程师马特·韦伯（Matt Webb）合著的《潜入大脑：认知与思维升级的 100 个奥秘》（*Mind Hacks*，2005）一书，从中可以找到一些有用的建议。

尽管我们只触及了大脑奥秘的皮毛，但在过去的 100 年中，出现了很多有关大脑工作原理的惊人发现。然而令人遗憾的是，上述发现被无数神话所扭曲，这些神话把我们的媒体弄得乌烟瘴气。由于其他作者已经不厌其详地讨论过这些神话（Lilienfeld et al., 2010；Jarrett, 2015），所以我就不再逐一赘述，而是简述一些与电子游戏开发最相关的部分，同时也是我认为在继续讨论下一个话题之前，你需要了解的那些神话。

2.1.1 "我们只使用了大脑的10%"

人们很容易相信，我们拥有尚未开发的大脑能力，只要拿到钥匙，就可以将其释放出来（我听说有些公司会让你用钱买这把钥匙）。在现实生活中，即使做一些像握拳这样简单的事情，也需要使用超过10%的大脑来执行，而且现代的大脑图像显示，在任何情况下，我们只要做一件事儿，整个大脑就都处于活动中，就算我们什么也不做，也是如此。然而，大脑确实有能力进行自我重组，例如你在学习演奏乐器时，或是大脑受伤后。大脑表现出上述灵活性，这一事实本身就是个奇迹，为你提供了大量用来学习新知识和新技能的潜力。所以，就算你已使用的大脑份额已超过10%，也不要太失望。如果不足10%，那你就太可怜了。

2.1.2 "右脑人比左脑人更具创造性"

有一种说法是培养右脑来激发创造力！的确，我们大脑的两个半球存在着差异，而且当我们完成某些任务时，两者的使用状态也不一定相同，但大多数有关左脑和右脑的区别都是错误的。例如，也许你已经知道，语言主要由大脑左半部的活动来主导。嗯，一般来说，左半部实际上更善于生成词汇，以及应用语法规则，而右半部则相对更擅长分析韵律（说话的语调）。然而，对任何一种活动而言，两个部分都会一起和谐地工作。左脑负责逻辑、右脑负责创意，是一种简单粗暴且不准确的说法。大脑的两个部分通过胼胝体（corpus callosum）相互连接，后者是一个庞大的神经通道，能让两个部分共享信息。因此，即使你试图通过刺激自己的右脑来提升创造力，也几乎不可能完成这样一个具有歧视性的任务，除非你是个裂脑患者，胼胝体被切断，而且只通过人工方式用左侧身体来接收信息输入（或者通过注视点的左侧来接收视觉输入）。只有在这种情况下，信息才会只由大脑右半球来处理。实际上，有些神经心理学实验室的确用这样的方式测试裂脑患者，但你不得不承认，这与那些充满诱惑的右脑故事情节大相径庭，有些人希望你相信那些故事。因为没有任何科学证据表明大脑的两个部分分别擅长"创造"或"逻辑"，所以你可以停止将自己的右脑（或左脑）浪漫化了，而是再次将其合二为一，无论你正渴望变得更有创造性，还是更具逻辑性。

2.1.3 "大脑结构，男女有别"

我们喜欢用简单的理由来解释我们的差异，难道不是吗？大家普遍认为，若想让一对男女的浪漫爱情在杂乱无序的生活中幸存下来，并非易事。所以，不妨把它归咎于某些神经方面的差异，以此缓解我们的认知失调，而不是反思我们自己的错误，以及缺乏共情！但你是否知道，同性恋配偶可能和异性恋夫妇面临着同样的困难（我之所以使用"可能"一词，是因为我没有任何数据来支持上述说法，但我已做好准备赌一把了）。的确，当我们编译许多人的大脑图像时，女性大脑与男性大脑的平均水平并不完全相同，但与差异相比，它们拥有更多的相似性。事实上，与异性间的大脑相比，同性间的大脑往往存在更大的差异。不，雄性和雌性并非来自不同的行星，甚至仅从修辞上看，这种说法也不成立。例如，没有任何科学证据表明，女性比男性更擅长处理多个任务，或是女性"预装"了掌握语言的能力，男性"预装"了掌握数学或停车的能力。即使男女在大脑连接上存在某些差异，而且有某些行为上的差异，我们也不能在考虑认知技能时，把神经差异与行为差异联系起来。我们的大多数认知差异，例如在科学或语言方面的表现，可能源于我们对某种特定技能的实践程度，还取决于我们自身所处的文化环境（刻板印象）及其带来的社会压力。

2.1.4 学习风格与教育风格

你也许认为自己偏好某种学习风格，如果教育契合了这种风格，那你的学习效果就会更好。例如，你可能认为，由于自己属于视觉学习者，因此在用视觉信息学习时，比用文字信息学习效果好。就学习风格这个概念来说，它面临着一个问题，即很难测量一个人偏好的学习风格。另一个问题在于，决定我们所谈论的学习风格的标准，往往无处不在。你是右脑型，分析型，还是视觉型？当然，这只是为了找到一个能让你产生共鸣的分类方式。你不确定自己是否属于左脑型？要不要用你的迈尔斯－布里格斯人格测试（Myers-Briggs personality test）分数来匹配一种教学风格？顺便说一句，迈尔斯-布里格斯测试并不是一个经过科学验证的测试（事实完全相反），因此，若你觉得它很有趣，那可以玩玩，但请不要把它用于任何重要目的，如招聘。就学习风格的概念而言，最后一个问题是，实际上没有任何确凿的科学证据表明，如果教学风格契合你的学习风格偏好（假设你知道自己偏好哪种学习风格），你的学习效果就更好。已有研究结果表明，虽然人们在思维方式和处理不同信息方面，拥有不同的天赋，但没有任何迹象表明，应用不同的学习风格实际上能提升学习效果。不仅如此，有些研究甚至质疑了以下说法：当教学风格与学生所偏好的学习风格相契合时，教学变得更有效（Pashler et al.，2008），而且在某些情况下，学习风格的概念甚至会造成负面影响。然而，的确有一些设计方法，可以用来改善学习的教学环境，我将在本书中对其进行介绍。最重要的一点是，让教学变得有意义，并在不同的语境和活动中重复教学内容。然而，尽管"学习风格"具有极大吸引力，并被广泛采用，但没有任何证据表明，它本身是个适合用来促进学习的概念。

2.1.5 "电子游戏正为你的大脑重新布线，数字原住民的大脑布线方式与众不同"

根据环境以及你与环境的互动，你的神经网络会不断地进行自我调整。

因此，你读到的所有文章都有如下说法，"某某事物（例如，互联网）正给你的大脑重新布线"，这些文章只是用戏剧化的方式说明了显而易见的事情，因为几乎所有你做的、感知的或思考的事，都会让你的大脑"重新布线"，例如看电影、反思刚读过的文章、练习弹钢琴等。重新布线（rewire）甚至都不算用法正确的术语，首先是因为大脑不是通过物理线路连接的。就算大脑的确有计算能力，但它也不是一台计算机。我们的大脑具有可塑性，在我们的一生中，它都在持续不断地变化（尽管随着年龄的增长，它的可塑性会减弱），突触连接也会发生新旧更替。此外，还有一种倾向认为，与老一辈的人（有时也被称为"数字移民"）相比，"数字原住民"的大脑采用了不同的布线方式，该词源于马克·普伦斯基（Marc Prensky，2001），用来描述在互联网和电子游戏等数字技术的浸润下成长起来的"千禧一代"。虽然由于我们所处的环境以及自己与环境产生的互动不同，我们在大脑的连接方式上都有所不同，但这并不意味着"千禧一代"和前几代人之间存在认知或行为上的差异。例如，并不是因为"千禧一代"习惯了边发短信，边做其他事，如读书，才让他们比其他代人更擅长多任务处理。他们并非如此（Bowman et al.，2010），而且那是因为他们跟地球上其他所有当今或史前时代的智人一样，大脑以整体的方式工作，因此，它们面临着同样的局限性（可参考第5 章中人类注意力的局限性部分）。不过的确存在一个事实，即跟比他们年轻或年老的其他代人相比，"千禧一代"对自己正与之互动的产品，如电子游戏，具有不同的期望和心理模式。然而，无论是"千禧一代"，还是其他代，任何一个花费无数个小时玩射击游戏的人，与那些更喜欢花时间玩《我的世界》的人相比，其期望或心理模式都不可能一样。因此，再次强调，与标题党希望我们持有的想法相比，现实要复杂得多。

2.2　认知偏差

只讨论有关大脑的神话似乎还不够，我们还需要意识到，大脑将如何妨碍我们自己的客观性，并阻碍我们做出理性决策的能力。为了解释什么是认知偏差（cognitive biases），请允许我使用一个大家更熟悉的视错觉（optical illusion）案例。

图2.1（见书前彩插）呈现了一种错觉，中央的两个紫色圆形大小相同，但我们却感觉左侧中央的圆比右侧的小，因为两者与各自周围的其他圆相比，呈现的相对大小不同。嗯，认知偏差亦是如此。认知偏差，又叫认知错觉，它是一种思维模式，能让我们的判断和决策产生偏差。就像视错觉一样，就算它被我们意识到，也很难避免。阿莫斯·特沃斯基（Amos Tversky）和丹尼尔·卡内曼（Daniel Kahneman）是两位具有开创性的心理学家，也是最早研究认知偏差的心理学研究者（Tversky and Kahneman，1974；Kahneman，2011）。具体来说，他们证明，人类大脑使用直觉思维的捷径（根据启发法或经验法则做出判断），从而导致我们在推理中犯了可预测的错误。在《怪诞行为学》（*Predictably Irrational*，2008）一书中，作者兼心理学及行为经济学教授丹·艾瑞里（Dan Ariely）进一步详细讨论了认知偏差如何影响我们的日常生活，使得我们在推理和财务决策中产生系统性错误。例如，"心锚"（anchoring）是一种认知偏差，它有点类似图2.1中的视错觉：我们倾向于依赖之前的信息（即心锚，如视错觉中围绕在紫色中心圆周围的圆形大小），将某个信息与另一个信息相比较，以此来判断一条新的信息。市场营销人员利用心锚来影响我们的决策。例如，你看到一款电子游戏产品标价为29美元，旁边标着原价是59美元。在这种情况下，那个59美元的价格标签代表着心锚（通常使用删除线效果来强调），以便让你比较当前的价格。它使你意识到这是一笔很合算的买卖，能说服你购买这款游戏，而不是另一款原价为29美元的无折扣游戏。尽管费用相同，但那款不打折的游戏看起来似乎没那么吸引人，因为它与打折的游戏相比，不会让你感到自己省了30美元。与之类似，若是其他游戏产品的折后价为19美元，因此代表着更优惠的价格，那么同一款标价29美元的游戏就显得不太合算。也许你最终会买一款自己并不太感兴趣的游戏，只是因为它提供了一个更好的折扣，或者也许

你买了更多游戏，但都不是最初让你感兴趣的游戏，因为你无法错过这个充满诱惑的优惠购物机会。最后，你购买电子游戏的费用甚至可能会超出预算允许的额度。可能主要出于这个原因，我才在 Steam 平台打折期间，看到自己的很多朋友在社交媒体上抱怨：他们只是情不自禁地以如此优惠的价格购买了所有此类游戏，即便他们知道自己可能永远也没有时间玩其中的大部分游戏。我们倾向于通过将事物相互比较，来做出决策，而且这会影响我们的判断。最糟糕的一点是，我们在大多数情况下都意识不到自己正在被这些认知偏差所影响。在此，我不会将其全部列出，因为数量太多了。产品经理巴斯特·本森（Buster Benson）和工程师约翰·马诺吉安三世（John Manoogian Ⅲ）创建了一个图表，如图 2.2 所示（见书前彩插），尝试对维基百科（wikipedia）专属页面上列出的认知偏差进行排序和分类（Benson，2016）。

　　只要涉及相关话题，我都会在本书中提到特定的认知偏差。乍看起来，这张图既吓人又令人沮丧，但若记住这些偏差，会非常有用，能避免人们做出过多的糟糕决策。还有一点需要牢记，不管你在多大程度上意识到这些偏差，你依然会时不时地被其俘获。尝试识别出自己和别人身上的上述特征，就算事后想想也行。它会让你更好地理解自己和他人的错误，除非你真满足于"鸵鸟效应"（ostrich effect），更愿意把头埋在沙子里。我们都是人，具有人类的局限性。

　　2002 年诺贝尔经济学奖获得者丹尼尔·卡内曼在其著作《思考，快与慢》（*Thinking, Fast and Slow*）（Kahneman，2011）中解释说，有两种思维模式（系统一和系统二）影响着我们的心理活动。系统一是快速的、本能的、情感的思维。系统二缓慢得多，深思熟虑并有逻辑性，它涵盖费力的心理活动，如复杂计算。只要我们清醒，这两个系统就都处于活跃状态，彼此影响。之所以会产生认知偏差，主要是因为系统一在自动运行，并且容易犯直觉思维的错误，而且系统二可能无法意识到正在酿成上述错误。我认为，在开发一款游戏时，需要考虑的最重要的认知偏差就是"知识的诅咒"，我们很难忽略自己对某件事已有的知识（例如，我们正在开发的那款电子游戏），也很难对别人做出准确预测，难以预测对它一无所知的人将如何感知并理解它。这就是定期为你的游戏进行用户体验测试（即 UX 测试）为何如此重要的主要原因，其中，参与者代表着你的目标受众，他们对该游戏一无所知（例如可玩性测试、易用性测试等，参见第 14 章）。这也是为什么游戏开发者在单向透视玻璃后观看这些测试时，一旦见到参与者做出一些他们觉得"奇怪"或"不合理"的举动时，就会非常郁闷。"难道他看不出来自己需要点击巨大的发光能力图标，以此来释放终极大招吗？我不明白他怎么看不见，这多明显呀！"不，实际上并不明显。只有对某些开发者来说，这一点才显而易见，因为他们已经知道看向哪儿，哪些信息与当前的情况相关，以及注意力资源分配到哪里才会有效。那些正在探索你的游戏的新玩家，即便他们是这一类型游戏的高手玩家，也并不一定知道这些。你必须教会他们，我们将在本书第二部分谈及这部分内容。既然我们已经正视大脑神话和认知偏差，那就来讨论一下，当人与产品交互时大脑中发生的认知进程。

2.3　心理模型和以玩家为中心的方法

虽然体验并享受一款电子游戏的过程发生在玩家的大脑中，但体验是由一些（有时是很多）开发者的大脑精心创造而成，并在一个带有特定限制的系统中得以实现的。开发者大脑中的最初想法，在系统限制和开发限制的情况下得以实现的内容，以及玩家得到的最终体验，这三者可能大相径庭。因此，考虑玩家的想法，并采用以玩家为中心的方法，既是提供引人入胜的用户体验的关键，也能确保开发者的意图成为玩家的最终体验。在影响深远的《设计心理学 1：日常的设计》（*The Design of Everyday Things*）一书中，作者唐纳德·诺曼（Donald Norman）（2013）解释了开发者和终端用户如何激活不同的心理模型，如图 2.3 所示（见书前彩插）。一个系统（例如，一款电子游戏）是基于开发者的心理模型来设计并实现的，这个模型规定了该系统应包括哪些内容，以及它的功能应如何实现。开发者必须调整自己对游戏的愿景，使其适应这个系统的局限（例如，他们正在使用的引擎所支持的渲染功能）及参数要求（例如，一款虚拟现实游戏必须以至少每秒 90 帧的速度运行，才会避免让人感到不适）。玩家把自己以前的知识和期待带进场景，并会构建他们自己的心理模型，即他们如何通过自己与系统图像的交互，来思考游戏的运行方式，其中，系统图像是系统的一部分，供玩家交互及感知。用户体验和那种以玩家为中心的方法，其主要宗旨在于，确保用户的心理模型契合开发者预期的心理模型。为了实现这一目的，就像需遵守系统的限制及参数要求一样，开发者还需要遵守人脑的能力和局限性，而且开发者需要了解大脑的工作原理。

2.4　大脑工作原理简述

对你的大脑而言，你在生活中做的任何事几乎都是一种学习体验：看电影，找到自己的方位，结识陌生人，聆听一个观点，观看一支广告，与某个新工具或小玩意儿交互等。玩电子游戏亦是如此，因此，了解大脑的学习方式，能帮助开发者为受众打造更好的体验。虽然学着玩游戏和驾驭这款游戏贯穿整个游戏体验的始终，但只有在教程部分，或是该游戏的新手引导部分，玩家才能学会最新的元素——这成了玩家要克服的最大障碍之一。

首先，你必须牢记，大脑只能承受那么多的工作负荷：大脑虽然只占体重的约 2%，但却消耗了约 20% 的身体能量。因此，你的游戏对玩家大脑施加的工作负荷，必须经过仔细斟酌（鉴于无法对认知负荷进行准确测量，所以只能如此），并致力于你想要提供的核心体验及挑战，而不是关注其他事宜，例如设计菜单、控制方式或图标（除非这个挑战是通过设计来实现的）。因此，关键在于，定义你的核心元素，即对玩家学习和掌握游戏来说，哪些东西比较重要，并对其保持专注，从而帮你确定自己希望玩家在哪里接受挑战。其次，你需要理解有关学习原则的基础知识，从而有效地教授上述核心元素。大脑是个非常复杂的器官，它在很大程度上仍然非常神秘。尽管如此，只要理解了本书解释的学习进程，你就能确定玩家为什么很难在你的游戏中掌握或记住某些元素。这会让你有效地解决难题，甚至预测到这些问题。需要注意的是，心理（mind）是大脑（和身体）的产物，因此两者相互交织。目前，认知科学家在讨论心理和大脑之间的微妙差别，但我不会去钻那个牛角尖。我把大脑看作一种能产生心理（心理进程）的器官，因此我会经常交替使用这两个术语。

图2.4（见书前彩插）呈现了一个极为简化的图，它说明了大脑是如何学习并处理信息的。虽然大脑不是计算机，也没有专门为某个特定功能提供空间划分，但图2.4却是一种方法，能总结出一些基本概念，你作为游戏开发者，需要了解这些基本概念。信息处理通常始于对某种输入的感知，并最终通过大脑的突触修改（synaptic modification）来调节记忆。因此，它始于你的感觉。我们并非只有五种感觉：视觉、听觉、触觉、嗅觉和味觉。除此以外，我们还有许多其他的感觉，例如那些让我们感知温度变化、疼痛或平衡的感觉等。以本体感受（proprioception）为例，它是我们的身体在空间中的感觉，让我们在闭着眼时能轻松地摸到鼻子（除非我们喝醉了）。从感官感知到改变记忆，是个复杂的进程，受到多个因素的影响。其中有些是生理元素，例如你若处于疲劳、痛苦或饥饿的状态时，那就无法有效地学习一些东西。在信息处理过程中，你的注意力水平和被激发的情感也会影响学习的质量，而且它们都高度依赖环境因素（环境中的干扰水平、信息的组织方式等）。为了尽力将其总结为设计电子游戏所需的基本知识，后续章节将聚焦感知、注意力、记忆、动机和情感，就像它们是各自独立部分那样。但要记住，这只是一个极为简化的版本，用于呈现大脑中实际正在发生的事情。在现实生活中，这些认知进程相互交织，并非是严格意义上的逐个发生。不仅如此，若想百分百准确，我甚至都不应该说大脑"处理信息"，因为大脑不像计算机那样运行，但如此咬文嚼字可能比较过分，有悖于本书的写作初衷。

第3章 感知

3.1 感知的工作原理

感知并非是面向环境的被动窗口，而是一种主观的心理建构。这一切都始于生理层面的感觉：由物体激发或反射的能量正在刺激着感受器细胞（sensory receptor cells）。不妨以视觉为例，它与其他感觉的基本进程相似。你仰望晴朗的夜空，充满享受地凝望着星星，此时，感受器细胞接受的刺激都是物理意义上的：方向、空间频率、亮度等。接着，大脑处理上述感觉信息，以便理解相应的信息，这个过程就是感知（见图 3.1，见书前彩插）。例如，亮度最高的星星将被组合成一个图形，对观看它的个体来说，这个图形是有意义的（如，一口平底深锅）。大脑是个强大的模式识别器，能让我们迅速针对世界创建心理表征，并在我们所处的环境中看到有意义的形状，虽然有时会看错。信息处理的最后一步会导向语义，导向认知。如果你知道哪个星座的形状看起来像平底深锅，那你就会发现，自己正在盯着大熊座（Ursa Major）的北斗七星（The Big Dipper）。此时，你已经实现了对信息的认知。

虽然从直觉上看，这个进程似乎是自下而上的（先感觉，再感知，最后是认知），但实际上，它通常是自上而下的，这意味着你的认知（你对世界的了解和期待）会影响你对它的感知。如此一来，感知带有高度的主观性，因为它受到你过去及当前体验的影响。

我们所感知的世界，并非是它在现实中的样子；相反，我们感知的是世界的表征。这个概念是指，感知一种客观上并不"真实"的"现实"，它似乎不是最恰当的，但的确能帮我们生存下去。我们需要对自身所处的环境做出极快的反应，尤其是在身边有捕食者的时候。因此，如果我们花费太长时间来识别一头狮子的形状（主要是因为来自三维世界的输入信息，人们天生就很难根据视网膜上生成的二维图像来辨别这些信息），那么，我们在能决定是战斗还是逃跑前，就会死掉。大脑尽可能快地把某个有意义的模式与感官刺激联系起来，即使这意味着产生误报（你认为有条鳄鱼正偷偷地游向自己，实际上那却是一段漂浮的木头），但小心为上好过事后遭殃（或丧命）。这就是为什么我们的感知会因错觉而产生瑕疵（或幸运，具体取决于你自己的看法）。

3.2 人类感知的局限

我们中的大多数人都将感知视作理所当然，但这个过程是复杂的，而且使用了大量的资源。例如，约有1/3的大脑皮层直接或间接地致力于视觉处理。还需要考虑到，我们的感知具有很大局限性。如前文所述，我们的感知会受到认知的影响，因此具有主观性。一个人不一定能以同样的方式感知到别人感知的东西。以图3.2为例（见书前彩插），你感知到了什么？是一些随机排列的彩色条纹，还是《街头霸王》（Street Fighter）的游戏角色？根据一个人过去对这款电子游戏的体验，以及与它的情感联系，一个经常玩《街头霸王》的人对这张图的感知，与一个从未玩过这款游戏或对其知之甚少的人相比，可能会有所不同。当我在电子游戏会议上展示这张图时，约有1/2

的观众感知到卡普空（Capcom）的《街头霸王》游戏角色，鉴于这些观众的专业度，这个比重似乎不大。那么试想一下，一个更具多样性的人群如何感知某种特定输入。有些研究甚至指出，语言可能对感知和认知产生一定影响（Whorf，1956；Hodent et al.，2005）。不仅如此，有 8% 的男性（或 0.5% 的女性）具有某种色盲，如果你是其中一员，那么你对图 3.2 的感知方式会跟大多数人不同，而且你可能会觉得自己不适用这个例子（我对此深表歉意！）。作为游戏开发者，我们需要考虑所有受众的感知，而不仅仅是一小部分和我们一样、用同样方式感知环境的人。

一个人的感知会受到自己已有知识的影响。例如，你是否玩过《街头霸王》，导致你用不同的方式感知图 3.2。然而，这并非是影响你处理信息的唯一因素。例如，你还会受到语境的影响。在图 3.3 中（见书前彩插），如果你横着看，那就更容易将中间的元素感知为字母"B"，如果你竖着看，则更有可能将中间的元素感知为"13"。因此，同样的刺激能以不同的方式被感知，这具体取决于它所处的语境。

这些例子表明，我们并非按照世界本来的样子去感知它，与之相反，我们的大脑建构了世界的心理图像。感知是主观的，它受到我们个人经验及预期的影响，在某些情况下，甚至受到我们所处文化的影响。因此，至关重要的是，在为电子游戏设计视觉及听觉输入时，牢记感知的上述特征，作为设计师、程序员或艺术家的你所感知到的东西，并不一定与你的受众所感知到的内容一致。例如，存档图标（通常用软盘的图形来说明）是一个符号，对于从未与软盘打过交道的年轻一代来说，它没有任何意义。对于他们来说，这个图标所传达的功能是必须要学会的，而对那些在 20 世纪末的几十年里使用计算机的老一辈人来说，他们对这个符号已经有了强大的心理表征。

市场营销也会让我们的感知产生偏差，诱导我们选择某种饮料，我们在现实中不一定喜欢这种饮料，但我们却相信，我们有自由意志，并能让自己的决策不受影响。是不是令人震惊？我明白这种感受。如果你喜欢喝可乐，那你更愿意选择可口可乐，还是百事可乐？嗯，一项有意思的研究（McClure et al.，2004）表明，你的偏好可能会受到影响。研究人员首先询问参与者，是喜欢可口可乐还是百事可乐，然后给他们做一系列味觉测试，从而验证他们在饮用每种样品后的实际喜好。在某些情况下，参与者饮用的杯子上没有标签，所以他们不知道哪杯是可口可乐，哪杯是百事可乐。在这种盲测条件下，参与者并没有明确的偏好，即使他们以前声明自己更喜欢其中一种。在另一种条件下，一个杯子上没有标签，而另一个杯子上标记着可口可乐。参与者被告知，没有标签的杯子中要么是可口可乐，要么是百事可乐，但实际上，这两个杯子中都是可口可乐（研究人员能以科学之名言行不一）。在这种情况下，当被问及自己的偏好时，参与者表现出了强烈的偏见，更喜欢标着可口可乐的那杯饮料。就可口可乐而言，品牌认知左右着我们的偏好决策。不仅如此，当观察脑部扫描（即功能性磁共振成像，fMRI）时，传达了品牌暗示的可口可乐看起来激活了大脑中相对更大的区域，人们发现，这些区域可以根据情感和影响来改变行为（背外侧前额叶皮层和海马体）。相反，在盲测条件下，参与者不知道自己喝的是什么牌子，他们的偏好判断完全基于感觉信息（腹内侧前额叶皮层的相关活动）。上述结果表明了文化信息造成的影响，换句话说，是市场营销的力量左右着人的大脑。

除了上述个体差异外，感知还有一些更常见的局限性，以同样的方式影响着我们所有人。我毫不怀疑，你了解很多视错觉，也许还了解一些听错觉，以施帕音（Shepard tone）为例，它让你感觉一个声音在不断上升或下降，而在现实中，它是由一组精心排列的音调叠加而成的。如果你玩过任天堂（Nintendo）的《超级马里奥 64》（*Super Mario 64*），你也许还记得自己爬上无尽阶梯时使用的施帕音。我们的视觉感知还有一个特殊性，即在凝视的中心，也就是中央凹处，我们的视觉敏感度极高，但随着离凹处的距离变大，视觉敏感度就会迅速下降。换句话说，我们的中心视觉非常敏锐，而外围视觉则相当弱，例如，这对游戏中的平视显示器（heads-up displays，

HUDs）有直接的影响。你不能期望那些习惯凝视屏幕中心的玩家能准确地掌握外围视觉中突然出现的任何东西。他们也许会看到某个突然出现的东西（但也不一定，参见注意力的局限性部分），但却需要使用视觉扫视（一种视觉焦点的运动），将视线固定在活动的元素上，才能准确感知出现的东西是什么。图 3.4（见书前彩插）说明了随着某些元素在视网膜位置的改变，视觉敏感度产生的相应变化。如果你盯着中间的十字，那字母离中心凹越远，就需要越大，从而使字母同样清晰可见（Anstis，1974）。我现在并不是说，你需要把自己平视显示器上的元素调大，而是指出，你在外围视觉中显示的信息可能无法被玩家精准看到（也有可能根本不会被感知到），因此，这些信息应该足够简单，以便被玩家清晰地识别和理解。

　　总而言之，感知是一个神奇的系统，但它具有很多缺陷和局限性，你在设计自己的游戏时，必须意识到这些缺陷和局限性。感知对游戏开发尤为重要，因为就你的游戏体验而言，它始于你的受众如何对其进行感知。因此，你要确保，你的受众感知到的东西，就是你想让他们感知到的东西。

3.3　在游戏中的应用

　　有关人类感知的主要特征和局限性，你需要记住以下内容：

　　1）感知是一种心理建构。

　　2）我们感知的现实并非是它本来的样子，我们为它构建了某种心理表征。

　　3）这种心理表征受到我们认知的影响。

　　4）感知是主观的，因此我们可能并非以同样的方式来感知某个特定输入。

　　5）我们已有的知识和经验、期望和目标，以及当前环境的语境，都影响着我们的感知。

　　6）同理，我们的感知因错觉而具有偏差，这些错觉影响着我们所有人。

　　就这些特性而言，这里有几种供你参考的应用方案，能让你更有效地设计自己的游戏。

3.3.1 了解你的受众

就上述特征和局限性在游戏中的应用而言，首先你需要对自己的目标受众有很好的了解。感知是主观的，并受到人已有知识和期望的影响。因此，你的受众可能无法像设计这些游戏的开发者那样，以完全相同的方式感知整体的视觉和声音线索、平视显示器和用户界面。此外，玩家可能对你正在创作的游戏类型带有不同的已有认知和期望，这将影响他们对该游戏的感知，效果具体取决于你的目标受众是谁。哈喽游戏（Hello Games）出品的《无人深空》（*No Man's Sky*）里有个有趣的例子，我们可以用它来说明这一点。当这款游戏在 2016 年发行时，它的开始界面是全白色的，你可以在屏幕上看到"初始化……"。如果你在计算机上玩，就会看到它下面有个带圈的字母 E。游戏开发者期望玩家通过按下〈E〉键，将这个视觉提示（符号）感知为启动游戏的邀请（玩家一旦按下〈E〉键，屏幕上就会出现一个进度圈，以顺时针方向绕着带圈的字母 E 移动，直至进度完成；然后游戏就开始了）。嗯，很多玩家（包括资深游戏开发者和硬核游戏玩家）仍然停滞在第一个屏幕上，因为他们不明白自己需要做些什么。根据我在社交媒体上读到的帖子，大多数遇到这个问题的玩家都认为，自己只需要等待游戏加载，他们认为自己被这款游戏冷落了。我认为这个问题的原因在于，首先，狂热的玩家有一个期待，即需要加载一个游戏地图，所以他们可能没有把"初始化……"这个视觉提示感知为邀请自己完成一个动作的信号，而是将其当作一个来自系统的信息符号（informative sign），通知自己正在加载（或初始化）某个地图（或其他东西），他们需要等待。有个事实强化了这一点，即省略号（……）被用作一种常见的视觉提示，通知玩家正在加载某些内容。其次，（虽然我无法访问哈喽游戏的分析数据，但）我猜与主机玩家相比，个人计算机玩家更容易被困在这一屏幕上，因为"按住按键"这个动作在主机上很常见，但在计算机上却不常见。因此，不要将这个动作预先设定为计算机上的有效操作。在该游戏的索尼 PlayStation 4（简称 PS4）版本中，"初始化……"一词下并没有使用带圈的字母 E，而是一个带圆的方形按钮，这是一个更常用的符号，用来表示玩家需要点击方形按钮。实际上，PS4 手柄上的按键是圆的，而计算机键盘上的〈E〉键却是方形的，这也可能让游戏玩家更困惑。这个例子恰如其分地说明，玩家已有的知识和期望以及平台语境如何影响了玩家的感知，导致他们误解了相对简单的信息。需要注意的是，若人们需要付费玩你的游戏，那你也许能摆脱此类摩擦，因为他们至少会努力完成开机画面。然而，如果你的游戏是免费的，那你最好确定，没有不必要的摩擦（如混淆点）正损害玩家玩你这款游戏的能力，因为在游戏免费的情况下，你的游戏不会从事先的承诺（购买）中获利，因此，玩家若遇到麻烦，就不太可能坚持下去。

那么，你如何才能了解自己的受众呢？嗯，如果你是一位独立开发者，不妨问问自己谁有可能玩你的游戏，他们习惯哪些视觉及听觉线索、符号（因为有些取决于游戏类型），他们通常在哪些平台上玩游戏，以及其他相关问题。鉴于认知偏差，你要仔细考虑自己的目标受众，也许这能帮助你预测一些易用性问题。如果你任职于一家电子游戏工作室，它具有独立的营销部门，那么我鼓励你去和消费者 / 营销洞察信息专员聊聊，从而获得一些有价值的细分市场信息。有些工作室使用用户画像（persona）的方法来找出一个虚构人物，将目标受众的目标、偏好、期望和行为拟人化。这种以用户为中心的方法，能基于谁是核心玩家的假设，促使游戏开发团队、营销和发行团队达成一致。进一步说，这种方法还能帮你牢记自己的设计要服务哪些用户，而不是尝试记住一个冰冷抽象的细分市场（我会在第 14 章中进一步详细介绍这个工具）。总之，你越了解自己的受众，就能越有效地预测他们会如何感知你正在设计的这款游戏。

3.3.2 定期测试可玩性及图标

诚然，了解你的受众，能帮助你预测到一些问题，但并非是所有问题。

新玩家与我们的心理模型不同，我们很难从自己的心理模型和视角后退一步，站在他们的角度思考。即便你认为自己很有同理心，你也依然是在知识偏见的魔咒下操作的，而且也无法预测到新玩家感知游戏的所有不同方式。你离自己的游戏太近了，你对它了解得太多，你没办法单凭自己摆脱这种偏见。但你能做的是，邀请一些自己不认识的目标受众玩家来体验早期版本，理想的情况是，他们对你的游戏一无所知。我们将在第 14 章中进一步详细讨论如何做可玩性测试（这是一种特定的用户体验测试，其中，参与者从用户研究员那里获得最少的指导，在这样的条件下玩完整个游戏），但要牢记，仅仅通过观看别人玩自己的游戏，你就会发现玩家会遇到许多问题，而这些问题都在你的意料之外。想要解决与平视显示器和用户界面有关的感知问题，还可以尽早尝试另一种方法，那就是测试你使用的最重要的图标和符号，你可以通过一项调查来完成这个测试，即让人们描述自己认为图标说明了什么，以及他们认为这些图标在游戏中代表哪些功能。在开发初期，这仅需花费极少精力就可以早早完成，在第 11 章的"功能决定形式"部分，我会解释这种方法。

3.3.3 使用格式塔感知原则

对所有人来说，许多感知偏差都很常见。为了应对这些偏差，你可以使用格式塔感知原则来指导自己的用户界面设计。格式塔感知理论由德国的心理学家在 20 世纪 20 年代发展而成。格式塔（gestalt）在德语中意为"配置"，格式塔主义（gestaltism）提供了解释人类思维如何组织环境的实用原则（Wertheimer，1923），可被用来从细节上改进用户界面和平视显示器的组织架构。在《认知与设计》（*Designing with the Mind in Mind*）一书中，作者杰夫·约翰逊（Jeff Johnson）（2010）列举案例，说明了如何在软件设计中使用格式塔原则。在此，我只描述一些在电子游戏用户界面和平视显示器设计中最实用的原则：图形 / 背景、多稳态、闭包、对称、相似和邻近。

1. 图形 / 背景（figure/ground）

图形 / 背景原则如图 3.5 所示（见书前彩插）：我们的大脑区分前景（图形）与后景（背景），前者通常是我们注意力的中心。图 3.5 利用了图形 / 背景的歧义，所以你感知到的要么是一个花瓶，要么是两张脸。除非你在自己的游戏中故意使用图形 / 背景的歧义，而且出于特定目的，否则你应该在自己的图标中尽量避免这种情况。

2. 多稳态（multistability）

你希望避免的另一种歧义案例是多稳态。看看下面图 3.6（见书前彩插）。你感知到了什么，是鸭子还是兔子？再次强调，有些图标可能是模棱两可的，尽管创建它们的设计师可能没有意识到这一点。我记得在卢卡斯艺术时，我们为一款正在开发中的游戏（第一人称射击游戏）测试某些图标，有位设计师创建了一个雷达罩图标，上面用点来代表被雷达识别的物体。然而，当有些参与者按要求描述图标时，他们却将其视作一块意大利香肠比萨。一旦人们看到的是一片比萨，他们就很难用其他方式来感知图标，因此设计师不得为这个图标进行迭代，以避免上述歧义。

3. 闭包（closure）

作为一种格式塔原则，闭包是指我们倾向于看到整个物体，而不是分离的部分（就像那句格式塔座右铭一样——整体大于各部分的总和）。例如，在图 3.7 中（见书前彩插），我们倾向于在前景中看到一个白色三角形，尽管它不是完整的（实际上一个三角形都没有）。我们有一种闭合开放图形的倾向，这解释了为什么负形空间在艺术中如此有效。当然，它也适用于电子游戏。

4. 对称（symmetry）

对称原则是指根据对称性来对输入进行组织管理。例如，在图 3.8 中（见书前彩插），我们将相似的括号分为一组，即方括号 "[" 和 "]"，花括号 "{" 和 "}"，因为它们是对称的。然而，我们还可以根据它们之间的距离来将其分为四组（即左右两端各一个单独的方括号，以及两个包含一个方括号和一个花括号的组合），这可能与你在此感知到的不同。这个原则能让我们感知到用二维图像描绘的三维元素，例如一个立方体图形。

5. 相似（similarity）

相似原则是指具有相同特征的元素，如颜色或形状，将被组合在一起。例如，在图 3.9 中（见书前彩插），你可能感知到左边的一组圆点。然而，在右上方，你可能会感知到一列列圆圈和正方形，而在右下方，你可能会感知到一排排圆圈和正方形。之所以会产生上述差异，是由于你的大脑把圆圈和正方形分别组织在一起，因为它们看起来相似。正是这个原则帮助我们理解地图上的图标。例如，蓝色的波浪线组合表示水，棕色的三角形组合表示某个山脉等。

6. 邻近（proximity）

邻近原则指出，彼此相互接近的要素会被感知为同一群体的一部分。例如，在图 3.10 中（见书前彩插），人们将左侧的圆点感知为一个群体的一部分，但在右侧，由于增加了空白的空间，所以人们感知到三组不同的圆点。

在组织管理菜单时，若不想通过添加线条或箭头来分割空间和指示方向，这种邻近原则会尤为有效。然而在游戏菜单或平视显示器中，这条简单的邻近原则往往并未受到尊重，这会给那些在首次发现界面时就尝试理解界面的玩家带来一些困难。我们不妨以《孤岛惊魂 4》（*Far Cry 4*）为例，它是一款由育碧开发的第一人称射击游戏。在前端菜单中，玩家可以通过"技能"选项卡来花费技能点，如图 3.11 所示（见书前彩插）。在这款游戏中，你可以通过购买两套技能，从而变得更强大：攻击技能（左侧的虎系技能）或防守技能（右侧的象系技能）。在玩家第一次发现这个界面时，他们可能认为这些技能可以纵向逐个购买。毕竟，在带有角色扮演元素的游戏中，许多技能树都如此安排；玩家可以自下而上或自上而下地解锁它们。不仅如此，技能圆圈在纵向上更为接近，这会让玩家更有可能将其垂直分组。然而，此处的技能并不是这样运作的。你能从右至左地购买虎系技能，并从左至右地购买象系技能。若仔细端详，你会看到一些小箭头，指示着需要采取哪种路径来解锁技能。这可能只是一个小细节，但通过使用格式塔的邻近原则，玩家可以更直观地理解这种不寻常的技能树。让我们聚焦右侧的象系技能。如果你只考虑形状，其模式就如图 3.12a 所示（见书前彩插）。正如前面提到的，圆圈从纵向上看彼此更近，这意味着我们倾向于将其感知为列，而不是行，尽管有不易察觉的箭头。如图 3.12b 所示（见书前彩插），通过应用邻近原则，我们只需将圆点在横向间的距离调小，并对其形状稍做改变，来指示方向，就可以帮助玩家快速掌握（从左到右）解锁技能的方式。它在界面中占用完全相同的空间，而且我们可以删除那些不必要且不明显的箭头。这说明了你如何通过应用格式塔原则，来帮助玩家更直观地理解某个界面。

3.3.4　使用功能可供性

研究者提出，视觉感知系统能实现不同的目的，它有两个主要功能（Goodale and Milner，1992）：一种用于识别对象（"什么"），另一种用于从视觉上引导行动（"如何"）。"什么"系统以极快的速度将信息编码，并以对象为中心，又被称为非自我中心的，促使我们能识别自己正在观看的东西，并感知空间关系。"如何"系统是一个较慢的系统，它将与个人视角相关的信息编码，可被称为以自我为中心的，它允许我们使用自己周围的物体，例如拿起柜台上的钥匙，或接住一个球（见图 3.13，见书前彩插）。

以自我为中心的"如何"系统，它可以让我们识别物体的潜在用途，换句话说，感知物体的功能可供性（Gibson，1979）。例如，门上的把手提供了抓取和拉动的功能，而门上的板子则提供了推动功能。这就是为什么游戏中（不仅在界面中，而且还包括在从角色设计到场景设计等所有艺术元素中）所有元素的形式（形状）都尤为重要的原因，因为它们可以帮助玩家理解这些元素的功能及其工作原理（见第 11 章的功能决定形式部分）。例如，一个用阴影或梯度设计的图标提供了点击功能，因为它模仿了现实生活中的按钮深度，这被称为"物理拟物化"（physical skeuomorphism）。我们将在第 13 章中进一步详细讨论不同类型的功能易用性。只需牢记，一款游戏的元素看起来如何，不仅与风格有关，因此必须仔细斟酌。这不仅会对艺术维度产生影响，还会深度影响游戏的直观程度（或易用性）。

3.3.5 使用视觉意象和心理旋转

视觉意象能让我们针对某个物体建构一种心理表征。例如，如果你闭上眼睛，想象自己所在国家的地图，便针对这个国家构建了一种心理表征，它与你在谷歌地图上实际感知到的有所不同。视觉意象还能让我们预测到物体的转变或运动。例如，当你玩最早由游戏设计师阿列克谢·帕基特诺夫（Alexey Pajitnov）开发的游戏《俄罗斯方块》（*Tetris*）时，你可以通过在头脑里旋转下一个形状（四格拼版或俄罗斯方块，英文名为 tetromino），来预测如何放置它。有趣的是，当我们在头脑里旋转一个物体时，它需要旋转的幅度越大，我们就需要相应花费更多的时间（Shepard and Metzler，1971）。例如，如果你需要在头脑里将一个俄罗斯方块旋转 180°，以便预测它是否能契合你的游戏中的某个空白空间，那么，与只需旋转 90° 就可以找到一个不错的契合点相比，它将花费你更长的时间（近两倍的时间，尽管你可能意识不到）。在电子游戏中，这种现象最直接的一种应用与地图和小地图有关。就像在你手机上那样，游戏中的某个地图要么是非自我中心的（总是以同样的方式引导方向，通常使用方位基数，上方为北），要么以自我为中心（根据用户站立的位置来引导方向，如果你面向南，那么地图上方就是南）。在使用第一人称或第三人称镜头（而不是俯瞰式镜头）的游戏中，如果地图是非自我中心式的，并因此与玩家无关，玩家将需要花费更长时间来使用它，这是因为玩家需要在头脑中旋转它，以便能够导航。这看起来似乎是一个小细节，但根据你所开发的游戏类型，有一个以自我为中心的地图或小地图，可以消除相当大的摩擦。在这种情况下，摩擦来自于需要心理旋转（mental rotation）而引发的额外认知负荷。

3.3.6　注意韦伯 - 费希纳偏差

在此，我要讨论的最后一个感知偏差案例是韦伯 - 费希纳偏差（Weber-Fechner bias），它说明，当某种物理刺激的强度增加时，我们却没有准确地感知到强度的变化（Fechner，1966）。事实上，物理强度越大，我们需要检测的两个等级之间的差异就会越大。例如，试想一下，我蒙住你的眼睛，在你手上放了一个物体。如果我逐渐增加物体的重量，并让你在发现重量强度的差异时告诉我，那么物体的重量越大，你需要感知到的差异就越大。如果重量是 100g，你可能会感知到它与 200g 重量的差异；但是如果重量为 1.1kg，你可能不会感觉到它与 1.2kg 重量的差异。实际上，实际物理刺激强度与它被感知到的强度间是对数关系，而非线性关系，如图 3.14 所示（见书前彩插）。这种偏差或法则，对使用模拟控制的游戏具有直接的影响，例如那些使用模拟手柄或使用陀螺仪传感器倾斜手柄的游戏。玩家想要达成的运动强度变化（预期结果），与他们感知到的自己需要使出的实际力量之间，不会构成线性关系，因此游戏程序员将不得不牢记韦伯 - 费希纳偏差，对模拟响应做出微调。如果你的游戏需要急拉技能，那么对玩家进行用户体验测试就很重要，他们需要在专门设计的"测试房间"（有时也被称为"gym levels"，意为健身房关卡）中执行特定任务，以便衡量玩家为达成某个特定目标，平均对手柄施加了多大力量（对于主机游戏而言）。例如，你可以要求玩家尽可能快地瞄准弹出的目标，同时调整两个目标之间的距离。接着，你就能根据当前目标与前一个目标的距离，来验证玩家为达成下一个目标将模拟手柄摇摆了多大幅度。如果玩家通常出现经过目标且纠正其轨迹的倾向，那就意味着对这个特定任务来说，手柄过于敏感。如果玩家在抵达目标前过早地停止推动手柄，这个倾向就意味着对这个特定任务来说，手柄过于僵硬。微调手柄（输入参数）会对游戏感产生非常重要的影响（Swink，2009），我们会在第 12 章中讨论这一点。

韦伯 - 费希纳偏差的另一个影响是，带有阈值的收益，例如在角色扮演游戏中升级的经验点（XP），会导致玩家进一步推进游戏进程，成就感就越低。例如，与第 30 级相比，你的虚拟化身在第 1 级的经验条通常要小（或填满得更快），所以你升级需要的经验点会越来越多。因此，玩家需要以对数趋势提升经验点，以便在整个游戏进程中感受到相同的进展节奏。玩家在升级时，若以线性趋势提升经验点，就会将其感知为进展较慢。你想让玩家拥有哪种预期感知，会影响你在多大程度上需要（以线性关系或对数关系）对游戏进程进行微调。

第 **4** 章　记忆

4.1　记忆的工作原理

记住一些东西，例如你的电子邮箱密码，意味着提取之前被编码和存储的信息。记忆不仅是存储信息的过程，它包括以下三个步骤：编码、存储和检索。在心理学中，有种流行的记忆构造模型，名为多重存储模型（multistore model）（Atkinson and Shiffrin，1968），它指出，人类的记忆包括三个组成部分：感官记忆、短期记忆和长期记忆（见图4.1，见书前彩插）。在我描述上述存储或记忆类型之前，请牢记，它们是功能组件（而不是大脑的物理区域），还要记住，记忆一直都像大脑那样，比简单分解要复杂得多；这些组件并非彼此独立，也不一定泾渭分明。信息处理不一定遵循从感官记忆到短期记忆，再到长期记忆这种顺序。虽然自从该模型被首次提出以来，许多研究者就已对它进行了质疑和改进，但就本书的宗旨而言，它足够有效。在描述这个模型时，我只会详细讨论短期记忆，因为它后来被工作记忆的概念所取代，这是与电子游戏更紧密的概念。

4.1.1　感官记忆

根据多重存储模型，信息首先被短暂地保存在某个感官记忆中（少则不到 1s，多则几秒），具体取决于感觉的形式是视觉信息的标志式记忆，还是听觉信息的回声式记忆（还有其他的感官记忆，但目前，研究者对它们的关注还不够）。因此，感官记忆往往被视作感知的一部分，而不是记忆的一部分，但如我在上文中所说的那样，心理进程并未被严格区分为独立的模块。视觉的持久性是说明标志式记忆的一个例子，它使你看到连续的动画，即便每秒只显示 24 帧图像。然而，如果人们对这些信息不加注意，那么，这些信息将在 1s 内就快速丢失了。变化盲视（change blindness）现象恰如其分地展示出视觉感官记忆的这种局限性。拍摄一张外部场景的图片，并制作一个副本，你对其中一个明显元素进行修改，例如，稍微移动一棵树，或删除一个明显的阴影。如果你逐个展示这两张图，并在两张图中间插入一个闪烁，如此无限循环，那你就准备好了自己测试变化盲视的材料。例如，你用不到 1s 的时间展示图像 A（原始图像），再添加一个 80ms 的空白（又被称为"闪烁"），接着使用展示图像 A 的时间来展示 A 的副本，继而再加入 80ms 的空白，然后再次显示图像 A，如此重复。闪烁迫使你依靠自己的感官记忆来比较这两幅图。如果你要求人们识别这两幅图之间的变化，实际上会需要花费相当长的时间。我们经常对视觉场景中发生的显著变化视而不见（Rensink et al.，1997）。在你注意到一个图像上的某个特定元素在另一个图像上发生变化之前，你都会对这种变化视而不见，这是因为感官记忆中保留的信息是短暂的。如果你删除两个图像之间的闪烁，那想要发现上述变化，就要容易得多，这是因为当你无限期交替两张只有一个差异的图像时，这个变化是唯一的"动态"元素。如果你想亲自试试，我推荐你访问不列颠哥伦比亚大学（University of British Columbia）心理学家罗恩·伦辛克（Ron Rensink）的官方网页（http://www.cs.ubc.ca/~rensink/flicker/）。变化盲视现象说明，注意力在探测变化时起到了关键作用。不知何故，我们发现了一个有趣的现象，即对变化盲视的盲视：我们并未意识到，自己经常对显著的变化视而不见，甚至高估了自己探测到变化的能力。对游戏而言，这意味着，即使你在前端菜单上做出了非常清晰的重大改变，如推广某些新内容，你的玩家也不一定会注意到这一变化。再如，玩家已经解锁了某种能力，使平视显示器上增加了某个新元素，玩家可能花点儿时间才能发现平视显示器已发生了变化。因此，如果新内容或变化对你的游戏真的很重要，那你要极为明确地将注意力聚焦到它身上，例如，让这个元素时不时地闪烁，并在有必要时添加音效。

虽然关注一个元素对感知它的变化至关重要，但对被关注的对象来说，变化盲视的情况仍然会出现。在西蒙斯（Simons）和莱文（Levin）（1998）开展的一项研究中，一名实验者在街上随机拦住行人问路。行人开始给实验者指路，但两个扛着一扇门的路人从他们中间经过，将其短暂打断。当他们经过时，其中一个扛门的人偷偷地与实验者交换身份，并继续与行人对话，仿佛什么都没有发生过。约半数的行人都没发现，在被短暂打断后，与自己交谈的是另外一个人（点击 https://www.youtube.com/watch？v=FWSxSQsspiQ，你可以观看这个"门"的研究视频）。这种令人吃惊的效果可以在各种情况下复现。这种现象强调，注意力无疑是重要的，但并非总能足够准确地处理我们环境中正在发生的事情。然而也可以说，这些研究的参与者实际上并没有给予谈话对象足够的关注，因为他们被某些其他任务（如指路）分散了注意力。然而，这些研究至少强调了一点，即表面的注意力通常不足以让人们察觉到变化。

4.1.2　短期记忆

如果短暂存储在感官记忆中的信息受到一些关注，那它就可以在短期记忆中被处理。短时记忆的容量，无论是在时间方面（不足 1min），还是在空间方面（指能同时存储在短期记忆中的项目数量）都非常有限。你也许听说过以下概念，即神奇数字 7±2，它被视作短期记忆广度（Miller，1956），它指人们将若干项目编码后，能立即不出错误地回忆起的项目数范围。例如，如果我让你背诵一个包括 20 个单词的列表，给你 1min 的时间来记住它们，那么你很可能记住 5 ~ 9 个单词（7±2）。你记住的单词通常位于列表的首尾部分，对应着在编码练习中最先和最后被处理的信息。这被称为首因效应（primacy effect）和近因效应（recency effect），在宣传预告片中，这两种效应都是需要考量的重要元素。例如，重要信息应该在视频的开头和 / 或结尾处呈现，从而更有可能被人们记住。

因此，短期记忆可以保留大约 7 个项目。"项目"由最大的意义单位组成：字母、单词、数位、数字等。

思考以下数字：

1 - 7 - 8 - 9 - 3 - 1 - 4 - 1 - 6 - 1 - 4 - 9 - 2

这是 13 个项目，很难被记住，除非你能把它们分成更大且有意义的数据块：

1789 - 3.1416 - 1492

现在，它们构成了三个有意义的项目：法国大革命爆发的年份（1789 年，也是美国第一位总统乔治·华盛顿当选的那年），一个 π 的近似值，以及报道中哥伦布发现美洲大陆的年份。这种用魔法数字 7 来理解短期记忆的理念广为流传，但令人意外的是：通常当你试图只通过死记硬背而不处理任何其他信息去学习时，它才有效，这在我们的日常生活中是非常罕见的。在此，有一个例子可以说明你何时能使用自己的短期记忆。想象一下，你正在拜访自己的父母家（或祖父母家），你需要将自己的智能手机连到他们的 Wi-Fi 上。因为他们对技术不是特别精通，所以他们的 Wi-Fi 密码是调制解调器上默认显示的一长串数字和字母。现在试想一下，你的手机正在远离调制解调器的地方充电，你懒得找到笔纸来写下密码。因此，你需要试着将密码编码，并将这个信息保留足够长的时间，直到走到手机那儿，将其输入手机。嗯，在这种情况下，你会使用自己的短期记忆，还可能在脑海中重复这个字符串（甚至大声念出来），直到你觉得自己能将其记住的时间能维持到自己赶到手机那里（假设密码的位数是 7±2 个字符）。如果你曾经历过类似的情况，你也许注意到，如果有人在整个过程中的任何时刻与你交谈，或者如果有什么事分散了你的注意力，你都有可能忘记密码，只记得首位字符。这是由于我刚刚提到的首因效应和近因效应。短期记忆只包括那些我们在不做太多其他事时暂时存储的信息，这种情况并不常见。这就是为什么短期记忆的概念需要被另一个概念所替代，后者能解释人们更复杂的日常生活，对我们来说，就是解释玩电子游戏时的信息处理过程，它就是工作记忆。

4.1.3 工作记忆

工作记忆（working memory）是一种短期记忆，它让我们能暂时存储和处理信息（Baddeley and Hitch，1974）。例如，如果我让你在头脑里计算 876+758，那么除了处理这些数字外，你可能还需要将这些数字保存在短期记忆中。再如，我让你再次大声读出关于短期记忆的部分，并且你必须还要记住每个句子的最后一个单词，这与德纳曼和卡朋特最初为了测量工作记忆能力而设计的一个任务类似（Daneman and Carpenter，1980）。在我们的日常生活中，工作记忆通常是帮助我们完成任务的记忆系统。事实证明，它的容量极为有限：一位成年人可以同时在工作记忆中存储大约 3 ~ 4 个项目，在某些情况下，这一数字甚至更低。例如，人们认为，压力和焦虑会对工作记忆能力产生负面影响（Eysenck et al.，2007）。此外，儿童的工作记忆容量更有限。

工作记忆完成执行的功能以及复杂的认知任务。在注意力控制和推理中，它发挥着重要作用，所以你需要考虑它的局限性。工作记忆包括一个核心执行组件，这个组件监督管理两个对信息进行短期维护的"从动装置系统"：一个是视觉空间速写系统，另一个是语音循环系统。语音循环系统存储所有与语言相关的信息，而视觉空间速写系统则存储所有视觉及空间的信息。试想以下这个任务：在唱出一首歌的歌词时，你需要在一个不熟悉的文本中用下划线标出所有动词。对工作记忆来说，这个任务非常费力，因为语音循环系统需要处理两种语音任务（用下划线标出动词和生成歌词），从而争夺了注意力资源。在我的用户体验培训课上，当我要求开发者完成这项任务时，他们常常时不时地停止唱歌，或者乱唱一通，错过某些动词，将某个词错误地识别为动词，而且更重要的是，在任务结束后，当我问他们歌词讲了什么时，他们通常一无所知。这只是因为有太多的信息需要工作记忆来处理。现在，如果我要求他们边唱出一首歌的歌词，边画一幅画，他们通常更容易做到。这是因为语音循环系统正在处理语言任务（唱歌），视觉空间速写系统则正在处理视觉运动任务（画画）。虽然这也许更容易，但同时完成两个分别征求两个从动装置系统的任务，仍然比一次只完成一个任务的效率低，这取决于每个任务需要人们投入多少注意力资源。当所有任务都不费力时（比如，边走路边嚼口香糖），通常会好一些。当至少有一个任务更费力时，若尝试处理多个任务，则往往会效率较低，或在两个任务中出现更多错误。我们不妨以边听音乐边开车为例。想象一下，你开着车行驶在下班回家的路上。你是老司机，对这条路非常熟悉。在这种情况下，你可以轻松地听音乐，甚至边开车边唱歌。小菜一碟。现在想象一下，有个路段正在施工，这迫使你选择一条对自己来说全新的路线。你很有可能会停止唱歌，把注意力投入到不熟悉的导航任务上。你甚至会把收音机音量调低，以帮助自己集中注意力。我们一点也不擅长多任务处理，而且我们通常也意识不到这一点。我们大脑的注意力资源是有限的，对处理工作记忆中的信息来说，这些资源至关重要，并因此直接影响到我们在长期记忆中保存信息的效率。我们将在第 5 章中进一步详细讨论注意力的局限性。

就保存信息而言，工作记忆的有趣之处在于，信息在工作记忆中被处理得越深入，它留存的时间就越长（Craik and Lockhart，1972）。例如，费格斯·克雷克（Fergus Craik）和托尔文（Tulving）（1975）测试了无意学习的处理水平。参与者得到一个单词列表，他们需要决定每个单词是否使用大写字母（浅层结构处理，可快速完成），决定该词是否与目标单词押韵（中等音素处理），或决定单词是否适合某个句子中的空白（深层语义处理，完成时间更长）。参与者需要用"是"或"否"来回答每个问题，他们不知道之后会再次测试自己的记忆（无意学习）；与之相反，他们被告知，实验与感知和反应速度相关。在任务结束后，他们参与了一次识别测试：他们得到了一张表格，上面有任务中使用的 60 个单词以及 120 个作为干扰项的类似单词，并按照要求选择自己曾在任务中见过并记下来的所有单词。结果表明，在深度处理情况下（当参与者需要决定单词是否适合某个句子时），被正确识别出（如被记住）的单词数量比浅层处理（当他们需要决定单词是否大写时）要高出大约 4 倍。更确切地说，当第一个任务的问题答案为"是"时，识别效能从词格决策的 15% 提高到句子决策的 81%（有趣的是，对答案为"否"的识别也有提升，但没那么高，从 19% 增加到 49%）。因此，处理水平对无意学习和留存率产生了极大影响。这意味着，你的玩家应该在情境中学习那些必须要记住的所有重要功能，他们需要在情境中深度处理信息，这通常需要更多认知资源，而且比从表面上处理信息要花费更多的时间。因此，"做中学"往往比通过阅读文字说明来学习要更有效，因为当你行动时，当你完成某项任务时，需要在工作记忆中对信息进行更深度的处理。当然，这取决于该行动或任务的复杂程度，但只通过点击一个按钮来确认阅读了文字说明，并不需要深度处理。

4.1.4 长期记忆

长期记忆是一个系统，它允许我们存储各种各样的信息，从开车需要做出的动作，到手机号码等事实。如我们所知，感官记忆和工作记忆有很强的局限性。与之相反，长期记忆却没有时间和空间的限制。这意味着它能在无限长的时间内存储无限数量的信息，有时甚至持续一生，有这种可能。在现实中，我们总是会遗忘信息，我们稍后会谈到记忆断层（memory lapse）。长期记忆用两个主要部分来存储不同类型的信息：外显记忆和内隐记忆（implicit memory）。

外显记忆指你能描述的所有信息，这些信息可被公开宣布（外显记忆通常也称为"陈述性记忆"），并且你明确知道自己知晓它们。它包括欧洲国家的首都、你父母的名字、玩过的第一款电子游戏、最近看的一部电影、最喜欢的书、你度假的地方、所爱的人的生日、你昨天和同事讨论的内容、你所说的语言等。这是针对事实（语义）和事件（情境）的记忆。相反，内隐记忆（也被称为程序性记忆）指所有与动作相关的非陈述性信息。这些信息是你无法轻易描述的，并不涉及有意识的回忆，例如，如何弹吉他、骑自行车、开车，或者你需要在《街头霸王》中用什么顺序按下按钮，来执行自己最喜欢的组合动作。简而言之，外显记忆存储知识，但内隐记忆存储我们如何做事，而且它们与大脑的不同区域相关。因此，对健忘症患者来说，虽然海马体这个负责部分外显记忆的大脑区域受损了，但他们仍然可以学习新的运动技能，如新绘画技法（这是内隐记忆中的程序性记忆），尽管他们不记得自己上过的课（外显的陈述性记忆）。

启动（priming）和条件反射都包括内隐记忆，两者都能应用在电子游戏中，实现有趣的效果。实现是一种效应，也就是对某种刺激做出的反应，受到之前刚暴露于另一种刺激的影响。例如，如果我让你确定一项刺激是一个现有的单词（例如，BUTTER，即黄油），还是一个不存在的词（例如，SMUKE），这被称为词汇决策任务，如果你之前刚读过 BREAD（面包）这个词，那么你会花更短的时间决定 BUTTER 的确是一个单词，它代表一个语义启动项（Schvaneveldt and Meyer，1973）。在某些情况下，即便之前的单词被覆盖（因为呈现得太快而让人无法注意到），而并未被参与者有意识地感知到，启动效应也能起作用（记住，当某个刺激出现得太快，使得你无法完全注意到它时，它就会短暂逗留在感官记忆中）。这可能是让人印象最深刻且最经得起科学验证的潜意识影响效果。我明白，与之相比，想象某个潜意识输入能让我们做自己并不想做的事情会更令人兴奋！在现实中，阈下启动（subliminal priming）极为有限，例如我之前用过的一个案例，我们不能说市场营销人员可以通过阈下信息悄悄地影响我们。说句公道话，他们没有必要这么做，因为他们只要利用我们的认知偏差即可，至于在这种情况下学会如何辨别，就要靠你自己了。说回游戏开发，举个例子，你可以考虑使用启动效应来延长或缩短玩家在射击敌人时的反应时间。如果你在敌人即将出现的位置附近，将某个物体设定成闪烁效果，那么它将构成一个知觉启动（perceptual priming），能吸引玩家对这个特定区域的关注，以便让他们为应对敌人做好准备。与之相反，如果敌人在此出现之前，你提醒玩家注意屏幕上另一个方向的角落，这将延长玩家的反应时间。

内隐记忆的另一个有趣特征是，它对条件反射的暗示。条件反射是一种将两种刺激联系起来的内隐学习形式。巴甫洛夫（Pavlov）的狗在听到铃响时，习惯流口水，因为食物通常伴随这种声音出现，与之类似，你也会习惯对特定刺激做出反应。如果你玩过科乐美（Konami）的《合金装备》（*Metal Gear Solid*），那么，在听到警报音效时，你也许已习惯了某种情感和行为上的反应，因为久而久之，你已经知道这个声音传达了一个迫在眉睫的危险信号（跟那些没有玩过《合金装备》的读者说明一下，每当你被敌人发现时，就能听到警报声）。我们会在第 8 章中进一步详细讨论条件反射。有些研究者认为，内隐学习比外显学习更可靠（Reber，1989），主要是因为它似乎比外显学习更持久。常言道，你永远都不会忘记如何骑自行车！然而，你现在可能已经猜到，这种说法不完全准确。我们的确会忘记内隐学习。不妨尝试玩一款依靠快手速玩法的动作密集类游戏，将其搁置一段时间，之后你若想恢复状态，就需要重新训练自己的"肌肉记忆"（程序性记忆）。利用内隐学习，仍然会产生强有力的效果，因为在大多数情况下，学习都是偶然达成的，而且在某些情况下，内隐学习确实可以比外显学习更可靠，尤其是涉及"肌肉记忆"时，以及学习一些涉及情感元素的内容时，例如《合金装备》的例子。

4.2 人类记忆的局限

人类记忆是个神奇的系统，让我们既能独自发现和学习，还能作为一个社会去培养一种文化，并共同进步。然而，我们的记忆有许多局限，游戏开发者必须要留意它们，以免落入常见的陷阱。我们记忆中最明显的局限是记忆断层（memory lapse）。我们都非常清楚，自己总是遗忘信息，但我经常看到，开发者在观察某个可玩性测试环节时，一旦看到玩家忘了几分钟前刚学会的某个功能，就流露出吃惊的样子。18世纪末，德国心理学家赫尔曼·艾宾浩斯（Herman Ebbinghaus）最早利用实验研究了我们的记忆边界（Ebbinghaus，1885）。他提出了当今知名的遗忘曲线理论，如图4.2所示（见书前彩插）。为了得出这条曲线，艾宾浩斯亲自做了实际测试。他背了一长串无意义的音节（如"WID""LEV""ZOF"等），并随时间推移，测量自己能回忆起其中多少内容。结果颇为戏剧化：只过了20min，约40%的学习内容就已被遗忘，1天后，约70%的学习内容被遗忘。后来，几位研究者采用更标准化的方法，重复得出了上述结果，而且遗忘曲线至今仍然普遍有效。不妨将其当作玩家记忆中最糟糕的情况。在不得不记忆一些没有意义的内容，而且缺乏真正目的且不依赖任何记忆技巧的情况下，人们就会获得这条遗忘曲线。但愿玩家在学习如何玩并驾驭一款游戏时，结果不会那么糟糕，因为在这种情况下，游戏中的学习材料既有意义，还能通过游戏得到巩固。

如果学习材料是有意义的，而且学习环境有助于记住它，例如在不同语境中重复该材料，并增加处理的深度，那玩家遗忘它的速度就会降低。我们还知道，有些信息比其他信息更容易被记住。例如，近期的信息若与已熟知的信息联系起来，就能更好地被保存下来；简单信息比复杂信息更好保存；有组织的信息比混乱的信息更好保存；图像比与之对应的文字更容易被记住；有意义的信息比无意义的信息更好保存。因此，你可以试着把新信息与已熟悉的概念联系起来，确保将菜单和平视显示器中的信息清晰排列好，尽可能地使用精心设计的图标（但要注意，如果图标代表的功能不明确，那么为图标添加一个单词，有时候会更有益），确保你教给玩家的内容永远是对他们有意义的。然而，你必须牢记，玩家无疑会遗忘很多与你的游戏相关的东西，从手柄映射，到他们的下一个目标。

　　我们不仅容易遗忘信息，而且我们切实记住的内容也经常被扭曲，尤其是在考虑陈述性记忆（知识、事实、事件）时。我们要么回想起一段实际上并未发生的记忆（即虚假记忆偏差，false memory bias），要么我们的记忆会由于自己的认知而出现偏见和扭曲，就像我们的感知一样。在一项分析目击证词可靠性的研究中，洛夫特斯（Loftus）和帕尔默（Palmer）（1974）发现，记忆能被一些简单的东西所影响，如怎样构架一个问题。在这项研究中，参与者需要观看不同交通事故的视频片段。一种情况是，他们看完一段视频后，被问及："在*剐蹭*时，汽车的车速是多少？"在另一种情况下，问题是："在*撞击*时，汽车的车速是多少？"唯一的变化就是描述车祸的动词。为了帮你注意到两个句子间的区别，我在用斜体强调动词"剐蹭"和"撞击"，但在研究中却没有使用任何字体特效。研究结果表明，在使用动词"撞击"的情况下，参与者估计的车速（16.83km/h）比使用动词"剐蹭"时估计的车速（12.87km/h）要快，这是一个统计学意义上的重要发现。不仅如此，一周后，同样一批参与者在没看视频的情况下，被问及是否记得在现场看到任何碎玻璃（实际上并没有）。在使用动词"撞击"的情况下，参与者错误记得看到碎玻璃的数量，约为使用"剐蹭"一词情况下的两倍。在一个问题中，仅仅使用动词"撞击"，传达的强度就比动词"剐蹭"更高，这在一定程度上影响了参与者对看到的事故的记忆。这就是我们所说的"诱导性问题"。一个词对我们的记忆产生了微妙影响，这既令人着迷又让人担忧。诚然，这在法庭上引发了很多证人证词有效性的问题，尤其是因为它们是造成错误定罪的最主要因素之一（Pickel，2015）。此外（请允许我在此做个大的思维跳跃），它也许可以解释史蒂夫·乔布斯（Steve Jobs）的主题演讲为何如此广受赞誉。无论乔布斯是否注意到记忆偏差，他在发布苹果新产品或新功能时，经常使用"令人惊艳""难以置信"和"无与伦比"等词，这可能会在一定程度上影响观众对演讲内容的记忆方式。另一项研究是由林霍尔姆（Lindholm）和克里斯丁逊（Christianson）（1998）在瑞典开展的，参与者需要观看一段正在实施的（模拟）犯罪视频，罪犯在一次抢劫时，重伤了一名收银员。在观看视频后，参与者需要在给定的 8 张男子照片中，试着找出哪个是罪犯。研究结果表明，参与者将移民错误识别为罪犯的可能性，是将瑞典人错误识别为罪犯的可能性的两倍，无论参与者本人是瑞典学生还是移民学生。在某些情况下，我们的记忆偏差会产生一些严峻的后果，因此我们有责任记住这些偏差，从而避免导致社会不公。就我们的主题而言，其影响当然没有那么大，但它却意味着，当你要求玩家针对你的游戏填写调查问卷时，他们的答案是基于他们对自身经历（通常有偏差）的记忆，而不是他们对游戏的准确体验。所以，别全当真，要确保你设计的调查问卷能尽量避免偏差选项（有关调查问卷的更多讨论，可参见第 14 章）。

4.3 在游戏中的应用

之前提到，我们的感知是对自身思想的主观构建。我们不仅无法感知到现实本来的样子，而且对现实的记忆还会被扭曲——因为记忆是一个重建的过程。你需要牢记，人类记忆有以下主要特征和局限性：

1）记忆是一个编码、存储、再检索信息的系统。

2）它包括感官记忆（感知的一部分）、工作记忆（严重依赖注意力，对信息进行编码，并处理检索到的信息）和长期记忆（存储），如图 4.3 所示（见书前彩插）。

3）在编码阶段，工作记忆中发生的信息处理的程度会影响记忆留存的质量。处理程度越深，留存质量越好。

4）长期记忆包括外显记忆（陈述性信息）和内隐记忆（程序性信息）。

5）遗忘曲线说明记忆留存随时间流逝而降低。

6）当所学的内容没有意义，且信息处理程度较浅时，长期记忆会衰减得更严重。

7）当我们真的记住信息时，我们的记忆会被扭曲，并出现偏差。

电子游戏的主要问题是，要确保玩家记住必要的关键信息，以便享受游戏的乐趣（如游戏操作、游戏机制、游戏目标等）。鉴于记忆负责编码、存储和检索信息，编码缺陷、存储缺陷或回忆缺陷（或上述缺陷的组合，因为编码质量对存储有影响）都会造成记忆的丢失。当信息在表层被编码时，由于缺乏注意力，或在信息处理过程中缺乏深度，会导致编码缺陷。若想避免这种情况，关键是吸引玩家关注重要信息，并让他们深度处理此类信息。当信息被正确编码但随时间推移而减弱（遗忘曲线）时，就会发生存储缺陷。为避免这种缺陷，重要的是重新巩固（强化）记忆，主要途径是在不同的语境中重复玩家必须要记住的内容。当信息保存在记忆中，但暂时无法获取（如"舌尖"现象）时，就会发生回忆缺陷。为避免回忆缺陷，你可以经常给玩家提示，以便让他们不必检索某些存储在记忆中的信息。在本节中，我只会聚焦影响长期记忆的存储缺陷和回忆缺陷，因为我们将在下一章中讨论（工作记忆所依赖的）注意力的编码缺陷。

4.3.1　间隔效应和关卡设计

当我们学习某些东西时，举个例子，如何在游戏中使用新技能，它的长期记忆及其相关的程序性信息（使用该技能的手指动作）往往无法立即被存储在大脑中，除非这些已经是你所熟悉的信息（例如，与你在之前玩过的游戏中使用的技能完全一样）。与之相反，每使用一次该技能后，对它的记忆就会得到巩固，或被强化。这也是为什么对学习来说，重复显得至关重要。然而，重复应遵循时间间隔，以便对留存产生更大的影响（Paivio，1974；Toppino et al.，1991；Greene，2008）。每当信息被重复，相关遗忘曲线的幅度就会变小。这意味着，你无须定期给出提示，就能巩固学习效果。与之相反，你重复某个教程的次数越多，提示的间隔就越长，如图 4.4 所示（见书前彩插）。这也意味着，与在既定时间教授太多内容（即密集式学习）相比，随着时间推移进行分布式学习要更有效。你可能需要教会玩家很多事情，所以最好为玩家制订一个新手引导计划。我会在第 13 章中举例说明如何制订新手引导计划。请记住，随着时间的推移，你需要分布式讲授自己游戏中那些最复杂的功能。例如，要教会玩家一个复杂的游戏功能 A，你也许想在它第一次出现不久后，就给出一个提示。然后，你可以在不同的语境下优先持续巩固教授的第一个功能，与此同时，介绍第二个功能（见图 4.5，见书前彩插）。边巩固以前教过的某个机制或功能，边介绍新机制或功能，直到两者被整合起来，再介绍另一个机制或功能，在这方面，任天堂的游戏通常做得很好。以《超级马里奥兄弟》（*Super Mario Bros.*）为例，你先学到跳跃机制（让我们将其称之为教学 A）。首先，你要跳过一个敌人（A），再跳起来击中带问号的方块（A2），然后跳过障碍（A3），以此类推。跳跃机制在不同的语境中重复，难度逐渐提升，因为你需要更精准。在某一时刻，游戏将射击机制介绍给你（教学 B），你通过射击几个敌人来练习它（B2）；然后你跳起来击中一些方块，并收集到硬币（A4）。另一个敌人走过来，它是乌龟特鲁帕（Koopa Troopa）。这个敌人无法被轻易打败，对玩家来说，光跳到它上面不行，乌龟壳意味着一种功能可供性（见第 11 章中"功能决定形式"的部分）。所以，最好对它射击（B3）。如此继续。在游戏中的某个时刻，你也许还需要边跳跃边射击敌人，将两种机制结合起来。你要根据正在开发的游戏类型以及锚定的受众（专家或新手），来确定新手引导计划的难度大小。无论哪种情况，你都需要将教程视为关卡设计的一部分。学习玩游戏并驾驭游戏，是体验的一个重要组成部分。如果你在设计游戏时，没有提前考虑如何介绍游戏机制及功能，那么你最终将不得不把所有游戏教程塞到游戏开始阶段，这种做法不仅效率更低，而且往往也不受玩家喜欢。

4.3.2　提示

玩电子游戏通常是一种持续几天或更长时间的活动。如果你的游戏有足够多的内容，可能无法一次通关。玩家启动游戏，也许玩几个小时。如果玩家在第一次的游戏环节中取得了显著进步，系统也有可能相应提高难度，从而让挑战维持在适当水平（不太容易，也不太难，可参见第 12 章中的游戏心流部分）。在某个时间点，玩家会不可避免地放下游戏，回归自己的生活。

如果他们又接着玩这款游戏，那么从他们第一次的游戏环节至今过去了多少时间，是未知的，可能是几个小时，也可能是几天或更长时间。当玩家最后继续玩这款游戏时，系统往往并不考虑已经过了多长时间。在此期间，遗忘曲线出现，在第一次游戏环节中学到的一些信息不可避免地被遗忘；记忆丧失的部分随着时间推移而增加。之后出现的情况是，玩家的技能水平和上次游戏环节结束时达到的挑战水平之间存在一些差异。玩家可能已经遗忘了某些游戏机制、操作方法或目标，他们因为现在需要追上系统而能感到自己退步了（见图 4.6，见书前彩插）。你能做的是，在玩家继续玩游戏时提供提示。有意思的是，由绿美迪娱乐（Remedy Entertainment）开发的动作冒险游戏《心灵杀手》（*Alan Wake*）在继续游戏时，会给出有关故事的提示，就像电视节目的前情概要那样。然而，有关游戏机制和操作手法的提示才是最重要的，因为游戏是一种互动体验，它需要玩家的输入才能展开。你的系统可以提供这种功能：若玩家在一定时间内没有执行所需的操作，那你可以考虑添加弹出式动态教程提示。在信息编码的过程中，此类教程提示虽然不是最佳方法，但却能起到提醒的作用，从而巩固玩家之前学过的信息。你还可以确保重要信息始终显示在屏幕上，以免玩家需要检索这些信息。例如，在育碧的开放世界动作冒险游戏《刺客信条：枭雄》（*Assassin's Creed Syndicate*）中，平视显示器总是提供与情境相关的操作按键布局（见图 4.7，见书前彩插）。这不仅让玩家一直都能准确地知晓自己可以完成什么动作（如"射击""反击""打晕"等），而且还让玩家知道自己如何执行这些动作，因为信息显示方式对应着主机手柄上的四个圆形按钮。玩家永远都不需要记住这些信息；仅仅是平视显示器的这种设计，就减少了玩家的记忆负荷，并避免了任何存储缺陷或回忆缺陷（至少对于这些动作的操作布局来说）。与之类似，在艺铂游戏公司（Epic Games）的动作建造游戏《堡垒之夜》（*Fortnite*）中，每当玩家靠近一个可搜索的对象时，用户界面上就会弹出需要玩家按下的搜索按键（见图 4.8，见书前彩插）。

　　因此，你不能假设，由于玩家成功通过了你的关卡，他们就会永远记住自己已学会的东西。玩家要为生活奔忙，他们可能会在一段时间内放下你的游戏，比如因为一部电影大片刚上映，或因为他们需要在几周内减少自己玩游戏的时间，集中精力准备期末考试。如果你在自己的游戏中没有给出提示，让玩家在离开一段时间后恢复到原来的水平，那么你就更有可能面对如下情况：他们为了赶上来，必须付出太多的努力，而且还会增加他们彻底流失的可能性。这是为什么许多免费游戏都推出了每日开箱功能，用于鼓励玩家每天回到游戏中。它不仅给了玩家每天回来的理由，使他们参与到你的游戏中，而且增加了他们玩一段时间的可能性（因为他们已经登录了游戏），进而巩固了玩家与游戏相关的记忆和学习。

总之，你在此需要记住，无论你有多努力，玩家都会遗忘一些信息。因此，你需要列出玩家在游戏中必须学习和记住的所有内容（我将其称为制订新手引导计划），如此一来，你就可以优先处理这些内容。在你的列表中，最重要的元素是你希望深度教授并为其提供提示的那些元素。就排名靠后的元素来说，如果玩家忘记了它们，或者一旦可能出现你应该为其提供记忆辅助的情况，这些元素应该以一种不太重要的方式实现。例如，如果你的游戏所提供的挑战，并非是玩家记住自己为完成某些动作所需要按下的按钮，那就要考虑一直显示这些信息，就像在《刺客信条：枭雄》的例子中那样。你可能无法为自己的游戏打造完美的学习体验，因此，你要确定什么对游戏体验至关重要，并对其保持专注。

第5章 注意力

5.1 注意力的工作原理
5.2 人类注意力的局限
5.3 在游戏中的应用

5.1 注意力的工作原理

我们的感官不断受到来自环境的多种输入的"攻击"。注意力能让我们将处理资源集中在选定的输入上。我们用注意力来处理从周围感知到的东西，并完成忙碌生活中的每个任务。实际上，当我们没有将足够的注意力放在自己正在做的事情上时，通常就会出错。也许你的咖啡杯今天早晨之所以掉到地板上，是因为你并没有真正注意到自己当时把它放到了哪里（原来并没有完全放在桌子上）。我们的注意力可以是主动的，也可以是被动的。就主动的注意力而言，它是一个受到控制的、自上而下的过程。你通过这个过程，把注意力引导至某个特定目标，例如查看手机上的电子邮件。被动的注意力是一个自下而上的过程，其中，环境会触发你的某种注意力反应。例如，想象一下，上班时，你正沿着走廊走着，身后有人叫你的名字，这会吸引你的注意力，让你转过身去关注那个向你喊话的人。你的注意力可以被集中，也可以被分散。当你集中注意力（也被称作"选择性注意力"）时，它就像一个聚光灯，选取环境中的某个元素来处理，同时将其他元素置于黑暗中。"鸡尾酒会效应"（Cherry，1953）就是一个集中注意力的例子：在一个嘈杂的聚会中，当你与某人交谈时，你可以特别关注那个人在说什么，同时过滤掉其他所有对话。而当你试图同时关注两个或多个元素时，你的注意力就会被分散（更常见的说法是"多任务处理"）。例如，在工作聚会上，你那主动的、自上而下的选择性注意力会让你完全专注于老板交代你的事。然而在某一时刻，附近的谈话中提到了你的名字，你那被动的、自下而上的注意力触发了你，使得你现在也在听这场别人的谈话，因为你很想知道这些人在说你什么。因为你不想对自己的老板无礼，所以同时你也依然试图听他对你说的话，这是一个分散式注意力（多任务处理）的例子。同时处理两个信息源，可谓极其困难。在这种情况下，实际上会发生的是，你的注意力在两个对话间"来回切换"，希望能填补自己错过的间隙。如果你不记得我们在上一章中讨论过工作记忆的局限性，那么让我借此机会做个提示（以便让你对那段记忆的遗忘曲线变得平滑一些）：这是一个工作记忆的例子，它将注意力资源引导至语音循环系统，因为它自己要完成两个语言处理任务。这种情况触发了一种"处理瓶颈"，严重限制了我们恰当处理这两个任务的能力。

就像感知及记忆一样，注意力也会受到已有知识和专业知识的影响。例如，当随机干扰音符被添加到曲调中时，音乐家能比非音乐人士更好地跟着旋律走（Marozeau et al.，2010）。这说明，在聚焦游戏传达的相关信息，同时过滤掉不相关信息方面（例如，在跟踪敌人时，为了保持场景的刺激氛围，出现了爆炸等各种分散注意力的视觉及声音效果），专家级别的游戏玩家遇到的困难可能不像偶尔玩游戏的玩家那么多。因为注意力对学习有至关重要的影响，所以它是解释用户体验的一个关键组成部分。人类大脑的注意力资源极为有限，但我们大多对此毫无察觉，所以要考虑很多局限性。

5.2　人类注意力的局限

我们要记住一个最重要的限制，那就是注意力资源极为稀缺。当我们把全部注意力都集中在一项任务上时，才是最有效率的。一旦我们分散了注意力，并尝试多个任务，我们就会延长处理时间，并增加出错的可能性。根据认知负荷理论，一项任务对工作记忆的需求越高（如复杂任务或新任务），就需要越多的注意力资源，而且一旦分心，产生的破坏性影响就会越大，并可能让人感到恼火（Lavie，2005）。此外，如果某项学习需要超出工作记忆极限的注意力资源，那就会产生阻碍（Sweller，1994），所以尤为重要的是，注意游戏教程和新手引导部分的认知负荷（即完成一项任务所需的注意力资源）。确实，游戏教程和新手引导部分的认知负荷会尤其大，因为与处理熟悉的任务相比，处理新任务需要相对较多的资源。此外，一旦出现认知负荷过大，就会阻碍学习进程。此时，你的玩家不仅会感到不知所措，而且也无法学习你想要教给他们的重要游戏机制和系统。

当我们处理一项很费力的任务（如复杂的心理计算）时，就会产生过度的认知负荷，而当我们试图将自己的注意力分散给多个任务时，它会出现得更频繁。之所以如此，是因为多任务处理不仅需要完成各项任务的额外资源，而且还需要协调和管理所有任务所需的执行控制资源。这种现象被称为"低加性"（underadditivity），并已被几项神经成像研究所证实。试想这样一个例子，一个任务是听句子做语言处理（如果你还记得工作记忆的特点，就知道这需要由语音循环系统来处理），另一个任务是物体的心理旋转（由视觉空间速写系统来处理）。一项功能性磁共振成像研究发现，单独执行每个任务时所激活的各个大脑区域之和，要远远低于同时执行上述两个任务时所激活的所有区域之和（语言处理和心理旋转）（Just et al.，2001）。不仅如此，在语言处理任务中，大脑活动减少了 50% 以上。这些结果大致意味着，我们具有一定数量的注意力资源，可以被"分配"去处理信息以及完成任务。在处理多个任务时，我们首先需要扣留协调不同任务（执行控制）所需的一些注意力资源，然后，将其他注意力资源分配给各个任务。因此，当我们尝试多任务处理时，注意力资源就会受到影响，所以，与逐个完成任务相比，我们在多任务的情况下往往需要花费更多时间来完成每项任务。对多任务处理的表现（以及单任务处理的表现）来说，练习可以对其产生显著的积极的影响，因为当练习时间足够长时，有些进程就能变得自动化。例如，你学习开车时，这会占用你所有的注意力资源。因此，新手司机更难管理开车以外的任务，如与朋友聊天。当驾驶练习的时间足够长后，开车的进程变得自动化，而且所需的注意力资源会极大减少，不太需要或根本不用执行控制。

另一个可以增加认知负荷的因素是，你必须抑制干扰物才能专注于完成某项任务所需的相关信息。这一现象可以用著名的"斯特鲁普效应"（Stroop effect）来解释。斯特鲁普效应以一位心理学家的名字命名，这位心理学家曾设计过可以揭示该效应的任务。斯特鲁普效应表明了信息处理进程中的一种干扰情况，即只有将无关信息抑制（过滤掉），人们才能把注意力导向相关信息。揭示斯特鲁普效应的任务包括用一系列表示颜色的单词来命名所使用的墨水颜色。例如，用蓝色墨水写"绿"这个字，而参与者的任务是说出"蓝色"一词（见图 5.1，见书前彩插）。有时墨水颜色会与单词表示的颜色一致，但有时不一致。在两者不一致的情况下，参与者会花费更多时间来说出墨水的颜色，而且出错率更高。在不一致的条件下，可能发生的情况：执行控制（协调注意力资源）必须首先抑制一种自动反应，即在把注意力资源引导至检测并说出墨水颜色之前，去阅读一个单词，至少对专家级别的成年阅读者来说是这样（Houde and Borst，2015）。干扰式的刺激，尤其是当它与给定任务产生直接冲突时，会增加一些额外工作量，从而阻碍进程的速度和 / 或质量。

最令人惊讶的是，我们不仅不擅长于处理认知负荷和注意力分散，而且还相信自己很擅长这么做。尤其在职场，多任务处理经常受到赞扬。例如，我们要经常查看电子邮件，而不是深度专注于自己的任务，晚点儿再查看邮件。即时消息传递、社交媒体和开放空间的环境干扰也会分散我们的注意力，而且它们在大多数办公室中已成为常态，尤其是在游戏工作室中。如果再考虑另一个事实，即游戏开发者明知道疲劳和压力也会对自己的表现产生负面影响，还倾向于"密集加班"（超时工作），那么我想说，我们为极其艰辛的奋斗（就是制作成功且有趣的游戏）又平添了很多不必要的障碍。然而对你的玩家来说，这意味着，你必须要小心，不要让他们陷入费力的多任务处理状态，否则他们会不知所措（除非这是游戏特意设定的挑战），尤其是在他们正学习游戏的阶段。持续性的注意力也不可能永远维持下去，我们的工作记忆很快就会变得疲劳。我们的持续关注能力会产生变化，这具体取决于多个变量，例如做任务的动机、任务的复杂性、个体差异等。为玩家的大脑提供喘息的时刻，通常是一个好方法。例如，如果你在游戏中使用过场动画，也许更好的做法是尽量避免在游戏环节的开头（此时工作记忆依然鲜活，注意力资源可被用于与游戏互动）使用它们；在玩家已不得不维持了一段时间的注意力后，再播放过场动画，以便让工作记忆休息一会儿。

在此，我最后想让你关注的大脑奇特之处是"无意视盲"（inattentional blindness）。我们在专注于一项任务时，能完全无视自己眼前发生的意外事件。别忘了，注意力就像聚光灯那样工作，因此，它过滤掉了我们注意力焦点以外的东西。然而，这种现象仍然能令人大为震惊。研究者西蒙斯（Simons）和查布里斯（Chabris）（1999）开展了一项关于无意视盲的研究，它在相关研究中最引人注目且最受欢迎。他们让参与者观看一段视频，在这段视频中，两支三人篮球队在相互传球。一队穿白色 T 恤，另一队穿黑色 T 恤。参与者被要求数一数白队的传球次数。大多数参与者能毫无困难地完成这项任务。然而，当他们专注于数着篮球的传球次数时，大约一半的参与者没有注意到，有个穿着大猩猩服装的人在现场捶着胸来回走动（你可以通过以下网址观看该研究所使用的视频，http://www.simonslab.com/videos.html。但你既然知道了这个把戏，可能不会中计）。这一惊人的现象说明，注意力在感知中扮演了重要角色（此外，注意力随后在记忆中也扮演了重要角色）。它还进一步说明了我们的注意力资源具有极大的局限性，并解释了为什么当司机的注意力不足（如心不在焉）或注意力被分散（如查看新短信）时，经常发生车祸，以及为什么谷歌眼镜（要求佩戴者将注意力分散在环境和玻璃界面上）等增强现实技术特别具有挑战性。对游戏设计来说，这意味着只向玩家发送视觉或听觉线索，以向其告知一些重要事情，还不够。实际上，如果玩家深度专注于某一项任务（如杀死僵尸），那么他们很有可能甚至根本无法察觉到这些线索。不仅如此，有些研究已证实，工作记忆负荷让无意视盲更严重，所以要处理的输入越多，信息就越复杂，玩家就越无法注意到同时发生的新事件或令人意外的事件。你的责任是，注意玩家的认知负荷，找到方法吸引他们的注意力，并 / 或通过玩家的输入，来确保玩家关注并处理重要的信息。如果玩家在某个时刻没有处理你在用户界面上展示的元素，那你就不能将责任归咎于玩家。与那些通过错误引导观众注意力来表演魔术的魔术师类似，你需要理解人类的注意力，从而引导玩家关注那些你想让他们处理的事情。

5.3 在游戏中的应用

注意力是学习及信息处理的关键。它会极大地影响我们在任何特定时间对自身环境的感知，以及我们对感知输入（或对心理表征）的处理水平，并因此极大地影响了长期记忆的留存质量。就像卡斯特尔等人（Castel et al., 2015）所说的那样，"记忆通常是注意力的产物"。一个人的注意力水平也表明了其在某项活动中的参与度（engagement），这是电子游戏中的一个重要概念。有关人类注意力的主要特征及局限性，你需要记住以下内容：

1）注意力可被集中（选择性注意力）或被分散（多任务处理）。

2）选择性注意力的原理就像一个聚光灯：我们将注意力资源引导至某个特定元素上，同时过滤掉其他元素。

3）选择性注意力的一个副作用是"无意视盲"现象，其中，人们不会有意识地感知那些无人关注的元素，甚至是那些意想不到的元素或令人惊讶的元素。

4）注意力资源极为稀缺。

5）认知负荷理论指出，完成一项任务所需的注意力资源越多，注意力分散导致的破坏性效果就越强，学习就越有可能受到阻碍。

6）一个不熟悉的任务（需要经过学习）比一个熟悉的任务需要投入更多的注意力资源。

7）大脑极不擅长于多任务处理（注意力分散会对表现产生负面影响），但我们大多意识不到这一点。

将调整认知负荷应用到电子游戏中，从理论上看相当简单，但在实践中却非常困难：你必须将玩家的注意力引导至相关的信息，同时注意他们的认知负荷，以避免他们的工作记忆难堪重负。调整认知负荷之所以很难被应用，是因为目前我们测量玩家在某个特定时间产生的认知负荷（以我们当前的技术，让玩家戴着大脑扫描仪来对你的游戏进行可玩性测试，既没有必要，也不一定有用）的方法非常有限。当我们开展用户体验测试（如易用性测试）时，我们大多依据眼球追踪数据（玩家是否将目光投至某些元素，这可以表明他们的注意力被引导至哪里，但不一定就是如此）、行为数据（玩家完成某些任务的速度和效果如何）和问卷调查的答案（玩家记得什么，以及他们是否能解释自己需要做什么）。调整认知负荷之所以困难，另一个原因在于，不可能准确地预测出某个特定任务的负荷：它不仅取决于任务本身的复杂性，而且取决于玩家已有的知识、对游戏机制和系统的熟悉程度以及其他因素，如他们玩游戏当天的疲劳程度。例如，与非游戏玩家相比，经常玩动作类电子游戏的玩家似乎在视觉的选择性注意力方面有所提升（Green and Bavelier，2003）。因此，我们在制订游戏新手引导计划时，必须做出有根据的猜测（参见第 13 章）：我们对每个教学任务难度的评估，要基于它的复杂性及其对游戏的独特性，并基于我们期待目标受众已具有的知识和专业水平（之所以要清楚地知道自己在为谁设计游戏很重要，这也是其中一个原因）。例如，当我们制订《堡垒之夜》的新手引导计划时，我们期待射击机制很容易被我们的核心目标受众掌握，同时我们也期待《堡垒之夜》特有的建造机制令玩家更陌生，需要他们投入更多努力来学习（因为它的原理不同于《我的世界》的建造机制）。如此一来，我们可以预料到，学会建造机制的所有细节需要大量的注意力资源，并因此将需要一些具体的教程任务。

总之，当玩家正在处理并学习游戏中的某些重要元素时，你要避免分散玩家的注意力。你应该尽量避免以下情况：

1）避免在玩家专注于一项任务时，展示另一个重要游戏机制的教程提示（例如，在玩家被敌人攻击，并因此其注意力完全被引导至对付敌人时，展示如何恢复体力的信息）。

2）避免在非玩家角色进行独白时，展示重要的教程文字（除非非玩家角色所说的内容与屏幕上显示的内容完全相同）。

3）避免只依靠一种感觉方式来传达重要的信息（要确保至少总有一种视觉线索和一种听觉线索）。

4）避免使用在定义的延迟后自动消失的弹出式文本来传达一些重要信息（你不能保证玩家会看到或处理这些信息，因此，鉴于引擎的局限性，如果你不能将这些信息保留到玩家执行操作的那一刻，那么至少应该让玩家必须通过按下按钮，来确认自己阅读了文本）。

5）避免用循环核心玩法或复杂的游戏机制来设计新手引导计划，玩家将对其进行浅层处理（例如，在解释《堡垒之夜》的建造机制时，只使用教程文字，而不是依靠精心设计关卡。要让玩家必须通过做任务来了解建造机制的微妙之处）。

6）避免给玩家灌输太多信息（例如，在加载屏幕上添加太多提示，这可能会妨碍玩家处理这些信息）。

就像魔术师一样，你需要学会如何操纵受众的注意力，引导他们达成你想要的体验。你可以通过凸显效应（salience effect），通过感知来吸引注意力：如果一种元素与所处环境的其他部分形成强烈对比，则该元素往往更容易被检测到。例如，在黑白环境中使用一种红色元素，如果场景的其余部分是静止的，则使用闪烁/移动的元素（但镜头的运动会让玩家更难检测到移动的元素）、更响亮的声音等。当然，如果玩家的注意力深度聚焦于其他事情上，这也许还不够。想要吸引受众的注意力，另一个重要因素是驱动他们去关注，这就是我们接下来要讨论的内容。

第**6**章 动机

对于生存而言，动机尤为重要，因为它引导我们的行为，从而满足我们的冲动和欲望。没有动机，就不可能有行为。你需要有动力去寻找赖以生存的食物和水，需要性冲动去传宗接代。这些都是我们的生理动机。实际上，我们想要某种东西的能力与一种大脑化学物质相关，那就是多巴胺。无法产生多巴胺的老鼠只能一天到晚坐在那里，最终饿死，因为它们不去觅食（Palmiter，2008）。因此，有理论表明，认知、情感和社会互动都能形成持续性的动机（Baumeister，2016）。针对动机的研究是个相对较新的领域，而且依然存在着激烈的学术争论。人们已提出了数不清的理论，用于解释人类的动机，但仍然缺少一个可靠且能彻底理解动机的元分析。当前，我们缺少统一的人类动机理论，无法用一种清晰的图谱来解释我们所有的冲动和行为。坦白地说，我花了相当长的时间，才想明白自己如何安排这一章，以便对人类的动机提供足够好的概述，同时也尝试避免将其过于简单化。我把动机的各种复杂机制分为以下四种相互作用的类型（灵感来自 Lieury，2015）：

1）内隐动机与生理冲动。

2）由环境塑造的动机与习得冲动。

3）内在动机与认知需求。

4）人格与个体需求。

这种分类方式不一定是动机的标准图谱，但需要在此强调，在我正用键盘敲下这些话时，并不存在一种被广泛认可的分类方式。这只是我的个人尝试，想在理解这一复杂机制的同时，尽可能清楚地把它表达出去。重要的是，要理解一点，即这些动机的类型并非相互独立。它们都在密切地互动，影响着我们的感觉、感知、认知和行为。此外，这些动机的确没有特定的层级结构，这与心理学家亚伯拉罕·马斯洛（Abraham Maslow）提出的著名的需求层次理论（Maslow，1943）恰恰相反。按照马斯洛的理论，人类根据某种优先顺序来满足需求，他将这些需求排列在一个目前非常有名的金字塔中，最基本的需求位于底部。马斯洛认为，金字塔的底部是生理需求（如食物、水、性），然后是安全需求（如安全、住所），继而是归属需求（如友情、家庭），之后是尊严需求（如成就、信心），最后是自我实现需求（如解决问题、创造力）。然而，马斯洛的需求层次理论因其等级结构而受到了强烈批评（Wahba and Bridwell，1983），因为我们的"较低"需求（如性）并非总是优先于"那些较高的需求"（如道德理想），这在某种程度上令人欣慰。

6.1 内隐动机与生理冲动

如果我现在告诉你，我想喝一杯红酒（如果可以，来杯波尔多葡萄酒），那么我就是在表达一个我能控制的自我属性动机，因为毫无疑问，我的目标不是要解渴（否则我会喝水）。与之不同，内隐动机包括自发进程和生理事件，如释放激素，其主要目的在于保持内部平衡，科学家将其称为稳态（homeostasis）。它不受控制，因为你无法控制自己的大脑释放哪些生化物质。生理冲动是我们与其他哺乳动物都具有的极为基本的需求。例如，饥饿、口渴、睡眠需求、避免疼痛以及性，这些都是强大的先天性生理动机，旨在满足我们的生理冲动。它们在很大程度上由隶属于大脑边缘系统（limbic system）的下丘脑（hypothalamus）来调节。下丘脑控制垂体腺（垂体），后者是一个内分泌腺，反过来调节其他所有能释放激素的内分泌腺。例如，在捕食者来临的情况下，感官信息被其他系统收集、分发并解释，最终到达下丘脑，通过调节肾上腺素、去甲肾上腺素或皮质醇等激素的释放，来激发战斗或逃跑反应，这些激素将改变我们的心率，并增强我们的意识（将我们稀缺的注意力资源集中在这个紧急事项上）。删繁就简，需要记住的重要信息是，我们的许多行动都是通过释放大脑中的生化物质来进行协调的。这就是我们所说的冲动（impulses）。

内隐动机也能影响我们的社交行为。其中，有三种内隐动机得到了进一步的详细研究：权力动机、成就动机和从属动机。这些动机在我们体内的强度不同，会用不同的方式影响我们从某些情况中感受愉悦，这又会影响我们的行为。权力动机是影响一个人支配他人的动机；从属动机是影响一个人建立亲密和谐的社会关系的动机；成就动机是影响一个人在某个任务上进步的动机（相关概述，可参见 Schultheiss，2008）。例如，与成就动机低的个体相比，成就动机高的个体更倾向于解决具有挑战性的任务。有人可能会假设，在吊茶包（tea-bagging）这种奇怪的行为中，一名人类玩家在杀死另一名人类玩家后，通过在死去的玩家角色上反复蹲起，来表达对另一名人类玩家的支配。这能让那些权力动机高的个体感到更满足。谁知道呢？

这并不是说我们是自身生化物质以及无意识的大脑进程的奴隶。如果是这样的话，我们将无法控制自己的冲动，那样效率就不太高了。人类之所以作为一个物种存活了下来，多亏了需要遵守的行为准则管理着我们的社会结构（例如，强奸犯和杀人犯通常因伤害他人而入狱）。然而，内隐动机和生理冲动确实起着重要的作用，甚至在其他层次的动机中，如内在动机，也是如此。这对习得需求的影响甚至更为直接，这也是我们接下来要讨论的内容。

6.2　由环境塑造的动机与习得冲动

6.2.1　外在动机：论奖惩并用

行为主义的方法研究环境如何塑造动机。我们潜移默化地学会将某种奖励性或厌恶性的刺激与强化联系起来，这通常被我们称为"调节"或"工具性学习"（我会在第 8 章中进一步详细解释调节背后的行为学习原理）。根据赫尔法则，动机是"需要"和"强化"的总和（Hull，1943）。换句话说，特定行为在满足需要方面的奖励价值，以及我们成功获得奖励的概率，影响着我们。例如，如果我们饿了（即需要），则去寻找食物（即动机）。在吃东西时，我们会感到饱腹带来的满足感，这是一种奖励（即正向强化）。我们从环境中获得的回报就像正向强化物，通过提升可获得奖励的行为的频率，能诱导我们改变行为。相反，来自环境的惩罚通过降低可导致惩罚的行为的频率，来塑造我们的动机（例如，为了避免被烧伤并感到疼痛，你不会去摸一口热煎锅）。缺乏预期的奖励，也可以被视作一种惩罚：如果你为了得到奖励而工作，但最终却没有得到它，那么你会感到这是一种惩罚，而且未来的工作积极性会降低。

就像所有的行为一样，习得冲动（learned drives）在很大程度上也会受到激素和神经递质（通过在突触间释放化学物质，信号从一个神经元传递到另一个神经元）的影响，但那些骗取点击量的流行科学文章不希望你相信这种方式。多巴胺、皮质醇、催产素、睾酮、肾上腺素、去甲肾上腺素（降肾上腺素）、内啡肽等，都影响着我们的心理状态、我们的感受、我们做的事，以及我们对奖励的感知。例如，经证实，睾酮能增加人们对社会地位的担忧

（van Honk et al.，2016），内啡肽影响着我们享受某物（喜好）。因此我们可以说，动机是"想要"，但可以通过"喜好"来维持。你可能听说过"大脑奖励回路"（brain-reward circuitry）一词，这是用一种过于简化的方式，来描述一个人对来自环境的自然奖励做出的反应。它影响着我们的"想要"（即欲望，动机）和"喜好"（即享受），并通过强化（调节）来影响我们的行为学习。大多数时候，它是以无意识的方式发生的，即便是在喜好的情况下，这意味着在缺少有意识的愉悦感的情况下，可以发生隐性的"喜欢"反应。当然，这并不像我们大脑中有一个"奖励中心"那么简单。相反，许多大脑系统及其相应的神经递质都参与了大脑奖励回路，如杏仁核、海马体、前额叶皮层、内啡肽（阿片类物质）和多巴胺。例如，杏仁核与海马体相联系，帮助我们记住某个特定刺激与它是奖励性或厌恶性体验之间的关联。如此一来，若我们再次遇到这样的刺激，就能决定是否要参与其中。总之，由环境塑造的动机是由以下元素驱动的，即参与行为的奖励、回避行为的惩罚以及我们对那段体验的记忆。这就是为什么它被称为习得（learned）冲动的原因。

生活中有许多我们（内在）不想做但总会做的事，因为我们已经知道，完成这些任务将给我们带来直接或间接的价值回报，如食物、住房或娱乐（Vroom，1964）。金钱是一种间接回报，可以用来获得一些有价值的东西，比如我们可以用它来换取一块牛排、一个月的租房合同或一张电影票（除非你更看重金钱）。大量研究表明，激励能促进努力和表现（Jenkins et al.，1998）。在某些情况下，奖励的数量甚至能直接影响我们执行一项任务时的努力程度。例如，让学生在计算机屏幕的某个区域上拖放尽可能多的圆圈，与低水平奖励（10美分）下的表现相比，他们在中等水平奖励（4美元现金）下表现得更好（Heyman and Ariely，2004）。正如我们会在内在动机部分进一步详细讨论的那样，有些类型的奖励比其他类型更有效，因为就后者来说，奖励被视作一种控制（在某些情况下，如金钱），总体上效率较低。然而，有些证据表明，大脑奖励回路在奖励预期和奖励传达过程中被激活，与口头奖励相比，金钱奖励会带来更强的激活效果（Kirsch et al.，2003）。

6.2.2 持续性奖励与间歇性奖励

感知到的获奖概率具有不确定性，这是影响奖励的感知价值的主要因素。不确定性本身会受到个性的影响：与那些爱冒险的人相比，爱规避风险的人会认为，不确定的奖励（即你不确定自己会得到它）具有较低的价值（Schultz，2009）。然而，一些有力证据表明，与持续性奖励（某种行为总是得到奖励）相比，以间歇性方式给予的奖励（例如，某种行为有时会得到奖励）对行为的影响更大。心理学家 B. F. 斯金纳（B. F. Skinner）在针对老鼠所做的实验中发现，先训练老鼠每次按下一根杠杆都能得到奖励（即食物颗粒），经训练后的老鼠如果没有按计划得到奖励，最终就会放弃按杠杆。如果老鼠不是在每次按下杠杆时都能获得奖励，而是按可变比率的规律（即每 1～20 次）获得奖励，它们则会更沉迷于按杠杆的任务。这种现象就是老虎机如此让人沉迷的原因。实际上，这些机器被设计为"斯金纳箱"，它所依赖的原理是，用无法预测的间歇性奖励形成操作性条件反射（operant conditioning）（Schull，2012）。如果你打算赌博，我强烈建议你提前想好自己要为赌场的体验花多少钱；否则，你可能会上瘾，输掉的钱将超过你的预期。

对于电子游戏来说，间歇性奖励尤为有趣，而且经常被使用。此类奖励能根据时间（即间隔）或行为（即比率）间歇性出现，并可以按照预期（以固定的间隔或比率）或打破预期（以不确定的间隔或比率）出现。例如，在游戏中，以固定间隔给予的奖励可以采用每日奖励的形式，你通过每天登录打卡就可以获得。再如超级细胞（Supercell）推出的《部落冲突》（*Clash of Clans*），在此类游戏中，你在建造自己的建筑物时，需要等待一定的时间。至于以可变的间隔给予的奖励，以大型多人网络游戏（也称为 MMORPG）为例，如暴雪娱乐（Blizzard）的《魔兽世界》（*World of Warcraft*），里面的怪物可以在某个区域重生，但玩家却不知道确切的重生时间，这是不可预测的。玩家在解锁技能树中的特定技能后获得的奖励，是典型的固定比例奖励。为了获得奖励，玩家确切地知道自己需要做多少个动作（即行为）。进度条也可以被视为固定比例的奖励，因为玩家确切地知道自己需要赚取多少经验值才能升级。然而，能够获得经验值奖励的行动不太容易预测，玩家往往无法准确地预测自己每次行为（如击毙一个敌人）会获得多少经验值。最后，如前文所述，可变比率的例子看起来像老虎机。卡包、箱子、礼品盒等都属于这类案例，玩家不知道能否在开箱时得到自己想要的奖励。这是赌博。每种间歇性奖励的类型都会对响应率产生不同的影响，就像图 6.1（见书前彩插）用一种刻板的大致方式所呈现的那样。在获得固定奖励后，行为通常会暂停：我们一旦得到了自己想要的，并知道下次机会何时出现（要么基于时间，要么基于我们的行为），我们就停止一段时间，不再做出可以获得奖励的那种行为（即响应率中有个停顿）。没有如约而至的固定奖励，通常能导致一种反应快速消失，这意味着当预期奖励没有到来时，我们通常会停止为得到它而做出努力。相反，整体的可变奖励通常会导致更稳定的响应率，这很好理解，因为我们不知道奖励在何时出现。与那些根据时间（如间隔）而给予的奖励相比，根据一个人的行为（即比率）而给予的奖励通常有更高的响应率。最后，根据可变比率计划表给予的奖励，往往会产生最高且最稳定的响应率。

我们之所以沉迷于查看电子邮件或社交媒体的通知，可能是因为受可变比率／间隔时间规划强化的结果（相关观点可见 Ariely，2008）。我们每次刷新手机上的应用程序时，也许都会在最新的帖子上发现一些"赞"（社会认可对人类很重要），或者会发现一条感觉很有价值的信息（例如，你老板发来的一封祝贺邮件，一个对你重要的人发来的一条关怀短信等）。就像用老虎机一样，我们在查看自己手机的大部分时间里，都会收到垃圾信息；但我们会时不时地得到一些我们真正在意的东西，这是一种意外的奖励，而且它让人无法抗拒。

在塑造我们的动机和行为方面，奖励的功能极强。我们学着通过调节将某些刺激与特定的奖励联系起来，进而形成我们的预期，这种预期能影响我们做（或不做）某些任务的动机。习得的需要极为依赖内隐系统，这导致内隐系统在塑造我们的行为方面，功能相当强大。话虽如此，一项重要研究结果表明，特定类型的奖励与内在动机有关，在某些情况下甚至比外在奖励更有力量。

6.3　内在动机与认知需求

20 世纪下半叶，从行为来理解动机的方法开始受到挑战，因为越发明显的是，这种方法无法解释人类的所有行为。事实上，人类（和一些动物）从事的许多活动都没提供外在奖励。这被称为内在动机。就一项任务而言，当我们为其本身去完成它，该任务并非达成目的的一种手段时，那么，我们是受到了内部动机的驱动。如果你是一名狂热的跑车爱好者，你之所以想开着新车去兜风，也许只是为了享受开着它的乐趣。相反，当我们为了获得任务之外的利益，而去完成这项任务时，那么我们是受到外在动机的驱动。例如，你需要开车去电影院看最新上映的电影《星球大战》（*Star Wars*）。在这种情况下，你开车的动机来自外部奖励，因为它能帮你获得与驾驶无关的外在奖励（即看电影）。近期有一项研究尝试测量我们每个动机对自身表现及健康的影响，但迄今为止，很少有人研究过它们的相互影响（Cerasoli et al.，2014）。这意味着，内在动机和外部奖励如何相互作用，以及这种相互作用如何影响人们在一项特定任务中的表现，目前尚不清楚。有些研究已表明，在某些情况下，外部奖励会削弱内在动机。例如，与未获得外部奖励的儿童（通常出于内在动机而画画的儿童）相比，因绘画而获得奖励的儿童后来自己主动画画的可能性更小（Lepper et al.，1973）。有趣又微妙的一点是，人们发现，那些因画画而获得意外奖励的孩子后来降低了画画的频率。因此，对一项原本出于内在动机去做的活动来说，一旦我们期望因此获得奖励，那么外部奖励就会对内在动机产生实际的削弱作用。

6.3.1　外部奖励的破坏效果

我们往往在没有任何外部奖励的情况下，完成某些活动，只是为了活动本身的乐趣。在由内在动机驱动的活动中，游戏可能是最适合的例子，因为它在本质上自成目的，它包含了自身的目的。有些研究发现，当我们受到内在动机驱动去做某项活动或任务时，我们的表现会更好（Deci，1975）。在《我的世界》中，有些人可以花无数个小时高效地收采和建造，只是因为他们喜欢这样做。然而，更令人惊讶的发现是，我们出于内在动机去做的任务，一旦提供了外部奖励，我们之后对该活动的内在动机就会被破坏。例如，你本身就喜欢玩《我的世界》，但现在，我按每小时一美元的价格，付费让你玩。如果这种外部奖励之后被取消，那你以后玩这款游戏的动机就会降低，因此，你玩游戏的频率可能比先获得再取消外部奖励之前更低。

对一项活动来说，外部奖励的破坏效应出现后，做此项活动的时间会减少，这有时被称为"过度理由效应"（overjustification effect）。你最初出于内在动机去执行某项活动，但却开始在该活动中获得外部奖励，之后你可能会误解自己参与这项活动的原因。一开始你认定自己没有理由因为活动本身的乐趣去做它，但既然出现了外部奖励，你可能误以为自己之所以参与该活动是为了获得奖励。因此，当不再获得外部奖励时，你就不能再次考虑为了内在原因而参与该活动。这对教育尤其有害。学习应受到内在动机的激励。事实上，在学习时，我们的"大脑奖励回路"是活跃的，因为我们的生存取决于自己在多大程度上记住环境中的好处和危险。因此，为学习（如分数）增加外部奖励，会产生戏剧性的效果。然而，这一现象并不明确，因为在不同的研究背景下，过度理由效应并不会一直出现。例如，通常只有在个体最初发现一项活动有趣，且奖励被视作独立于该活动之外时（尤其是金钱奖励），才会出现外部奖励的破坏效应。另一个例子与创造力有关：对一项创造性任务来说，当主要依靠外部奖励的吸引来完成它时，就会破坏创造力（Amabile，1996）。然而，亨尼斯（Hennessey）和阿玛贝尔（Amabile）（2010）后来提出，当外部奖励以支持性的方式提到有关玩家技能的信息，肯定人们的能力，或是能使人们做一些他们已在内在动机驱动下做的事情时，外部奖励可以提升内在动机和创造力。这些例子说明了一个事实：关于内在动机到底什么时候能预测表现，外部奖励扮演什么角色，以及内在动机和外部奖励之间什么最重要，我们目前还没有明确的答案。

6.3.2　自我决定理论

目前，自我决定理论（self-determination theory，SDT）是研究内在动机的主导框架（Deci and Ryan，1985；Ryan and Deci，2000）。它指出，有三种先天的心理需求构成了内在动机的基础：胜任、自主和关联性。胜任需求与控制和掌握环境的欲望相关。当我们受到适当的挑战时，就会茁壮成长。我们寻求机会，获得新的技术和能力，对其越发精通，并获得积极的反馈，增强我们的进步感。自主需求涉及有意义的选择、自我表达和自由意志等感受。它指完成一项任务时感受到的力量和意志。关联性需求主要是指，感到与他人有关联的需求。研究表明，当外部奖励阻碍上述三种需求时，就会产生破坏作用。

有些自我决定理论家摆脱了外在动机 / 内在动机的二分法，转而关注自主（自我决定）动机和控制（非自我决定）动机之间的区别（Gerhart and Fang，2015）。不同类型的奖励对内在动机产生不同的影响，具体取决于它奖励的是参与（只是因参加一项任务而获得的奖励）、完成（完成一项任务而获得的奖励）还是表现（达成一定水平的成就而获得的奖励）。在这些根据任务获得的奖励的基础上，我们必须增加与任何特定行为完全无关的非特定奖励。其假设是，奖励越是试图去控制一个人，它对内在动机产生的破坏作用就越大，因为它妨碍了自主需求的满足。如绩效奖励是专门为达成某些优秀标准而给予的，很可能让人们感觉最具控制力。然而，由于它们也为胜任力提供反馈，因此可以通过表达进步感（当有这种进步感时），来抵消控制的负面影响。与任务相关但只是为了完成任务而给予的奖励，给人的控制感也许较少，但它们却没有让人觉得胜任力有所提升，因此最终也许是最糟糕的一种激发内在动机的奖励。根据上述分类，如果人们认为经济奖励与其他目标同样重要，那么绩效奖金（货币奖励）就不会损害内在动机。总而言之，想要预测哪种奖励在哪种条件下会阻碍内在动机，并非易事。尽管如此，这是一个有趣的概念，你得在设计游戏中的奖励时记住它。最好的做法是，至少要对玩家的进展提供反馈。

6.3.3　心流理论

心流（flow）是指一个人在完全投入并沉浸于一种由内在动机驱动的活动时的一种乐在其中的状态。它描述了一种最佳体验，其中，"一个人的身体或心理被拉伸到极限，自愿努力完成一些困难且有价值的事"（Csikszentmihalyi，1990）。对心理学家米哈里·契克森米哈（Mihaly Csikszentmihalyi）来说，心流是幸福的秘诀。他发现，当人们体验到心流的感觉时，是最幸福的。心流并非是随机发生的。我们必须付出有意义的努力，才能使它发生，当这种体验出现时，它并不一定是令人愉悦的。例如，如果你正在学习弹吉他（而且你有学习的内在动力），那么当你的手指疼痛甚至流血时，或是当你想弹奏一段难以搞定的旋律时，你就会经历痛苦的时刻。然而，你一旦克服了障碍，能看到自己的进步，你的感觉会特别棒。此时此刻，你深深地沉浸于克服了一个不太容易也不太难的挑战之中，那就是心流。你如此沉浸其中，以至于可能会忘记时间，废寝忘食（这进一步证明，需求的层级结构并不像马斯洛的理论那样）。心流状态是内在的奖励，但它也促进了学习过程，因为当你处于这种状态时，所有注意力都集中在那个挑战上，你正在"神游"。也许你的伴侣正和你说话，但你甚至无法感知到这件事（如果你记得第 5 章中关于注意力的部分，就知道这是因为无意视盲）。

要达到心流状态，你需要尝试这样的任务：它有技能要求，有挑战性，但你有机会完成它。这项任务必须有清晰的目标和明确的反馈，说明你的表现如何朝着目标前进。你必须能全身心地专注于这项任务，这意味着在到达心流状态前，必须避开让你分心的东西（然而，你一旦进入了这一状态，就更容易保持注意力集中，除非一些外部事件最终使你摆脱这一状态）。你还需要一种对自身行为的控制感，一种你可以掌握自己命运的感觉。最后，该任务必须对你有意义，如此一来，你才能达到最佳体验，即心流状态。

心流的概念非常有趣，可以应用在电子游戏开发中，尤其是一款游戏应具备哪种难度曲线。它是用户体验框架的重要元素之一（游戏心流），我正在利用这个框架帮助开发者，指导他们制作更具吸引力的体验（见第12章）。

6.4　人格与个体需求

我们的很多行为可以通过心理进程来解释，虽然这些进程用类似方式影响着我们所有人，但个体差异却存在，并影响着我们在认知层面发现的内在驱动力。我们刚刚看到，内隐动机能以不同的方式影响行为，这取决于个体内部的下列动机有多强：权力动机、成就动机和从属动机（见 6.1 中有关内隐动机的部分）。另一个能影响动机的有趣差异位于认知层面，有些人认为智力是固定不变的（先天决定的），另一些人则认为智力是可变的（后天努力可提高的）。那些相信智力固定不变的人，可能倾向于选择绩效型目标（他们尝试对自己的绩效获得积极的判断），而不是学习型目标（提高能力），也许是因为他们觉得，有挑战性的学习型目标存在失败的风险，这会构成曝光自己能力不足的威胁。而那些（更准确地）相信智力具有可延展性的人，似乎更喜欢学习型目标，而不是绩效型目标（Dweck and Leggett，1988）。这一结果（虽具有争议性）尤为有趣，因为它意味着，如果儿童明白聪明不是一种状态，而是一种过程，他们就会更多地参与到学习活动中。正如你以前不了解但现在必须明白的那样，大脑是不断进化的。因此，我们几乎可以努力将任何一件事做得更好。实际上，甚至连智商分数都不是固定不变的。这就是为什么心理学家常常建议你，若想赞美孩子的成就，不要跟孩子说他很聪明（例如，"你做到了，你太聪明了！"），而是要肯定他们为克服这一挑战所付出的努力（例如，"你为此付出了努力，而且你的努力得到了回报，做得很好！"）。

更普遍的是，在谈论个体差异时，我们主要考虑的是人格。在过去几十年中，已出现了很多关于人格的模型。然而，为了简明扼要，并专注于那些适用于游戏开发的内容，我只谈论最广泛且经过最有力验证的一个模型："大五"人格模型（也被称为五因素模型）。其人格特征是通过一种名为因素分析的统计技术鉴别出来的，利用统计技术从大量的数据中找到了相互关联的变量，并确定了变量的模式和集群。"大五"人格模型的研究涉及对多个人群持续数十年的研究，这就是数据为什么如此可靠的原因。这五个人格特征被确定为：对体验的开放性（O）、尽责性（C）、外向性（E）、宜人性（A）和神经质（N），通常被简称为"OCEAN"。这些人格特征广泛概括了大多数人格差异。若对个体的每种人格特征进行测量，就能确定他的人格。例如，就外向性而言，分数高的人外向又热情，而分数低的人则高冷又安静。下文是对不同人格特征的快速解读：

（1）对体验的开放性　这个特征勾勒出我们的创造力和好奇心有多强。分数低的人实际又保守，分数高的人则富有创造力和想象力。

（2）尽责性　这个特征勾勒出我们的效率和条理性。分数低的人随性又粗心，而分数高的人有条理，而且是自我引导型。

（3）外向性　这个特征勾勒出我们外向及精力充沛的程度。分数低的人内向又安静，而分数高的人外向又热情。

（4）宜人性　这个特征勾勒出我们友好及富有同情心的程度。分数低的人多疑且对人有敌意，而分数高的人受人信任，并有同情心。

（5）神经质　这个特征勾勒出我们敏感和紧张的程度。分数低的人情绪稳定，而分数高的人则易怒又易焦虑。

虽然"大五"人格模型有一些局限性（需要注意的是，它无法准确预测行为），也无法解释所有的人类人格，但它却是我们目前拥有的最稳健的模型之一。记住对人类动机的解释，当然有趣。例如，跟一个在对体验的开放性方面分数低的人相比，一个在这方面分数高的人可能更有动力去完成一项创造性任务。最近还有研究指出，"大五"人格模型可能与游戏动机一致

（Yee，2016），例如，外向性方面得分较高的人，在社交游戏表现中也得分较高。虽然这些发现仍然太新，无法判断其可靠性，但它们代表了一条有趣的探索之路。

6.5 在游戏中的应用

没有动机，就没有行为，而且动机的增强似乎会增强注意力，我们知道这对学习和记忆至关重要。针对动机的研究表明，外部奖励能提升表现，内在动机也能提升表现，但外部奖励一旦被去除，就会降低内在动机。这完全取决于任务语境的微妙差异，以及外部奖励给人多少自主控制的感觉。然而，内在动机和外部奖励的影响还不明确，两者是如何相互作用的，也还不明确。对于内在动机理论的实际价值，目前依然存在激烈的争论（Cerasoli et al.，2014）。但以我们当前对动机的了解，你需要记住以下内容：

1）任何奖励都比没有奖励好。

2）对于简单且重复性高的任务，外部奖励可以提升任务表现。在这种情况下，外部奖励需要明显，而且奖励的价值需要随着任务所需努力的提升而增加。

3）对于复杂且需要集中精力的任务，内在动机能提升任务表现、资源投入或创造力。

4）当任务涉及创造力、团队合作、道德行为，或者强调质量的重要性时，不应该突出外部奖励。

5）虽然研究结果表明，帮助人们发现自己的任务能获得内在奖励似乎能持续带来收益，但外部奖励也能发挥积极作用。

6）帮助人们发现自己的任务能获得内在奖励，是为了满足胜任、自主和关联性的需求（SDT）。聚焦任务的意义和目的也很重要。

7）心流是内在动机的最佳体验，当完成有意义、有挑战性、有明确目标且目标不太难也不太简单的任务时，即可进入心流状态。

8）内隐动机和人格会影响个人需求。"大五"人格模型（OCEAN）目前是对理解个人需求最有趣且最稳健的模型之一。

诚然，人类动机的微妙之处很难被把握，但为了吸引玩家玩你的游戏，了解动机非常重要。然而，大脑已经消耗了大量的身体资源，它往往会试图将工作量最小化。这就是为什么动机实际上是构成用户体验框架的一个重要元素，我将在第二部分进一步详细讨论（见第 12 章中"参与力"的部分）。

但要记住，我们只勉强触及了动机的表面，而且许多变量可能会根据自身发生的背景不同，对动机产生不同的影响。还有一个有趣的观点值得强调，即"认知失调"（cognitive dissonance）现象，它也会以惊人的方式影响动机。利昂·费斯廷格（Leon Festinger）（1957）提出了如下理论：当我们持有两个或多个不一致的认知元素（即认知之间的失调）时，我们会感到不舒服，并会有冲动去消除这种不一致，以便不再感受到失调。例如，一个人可以在理解吸烟有害健康的情况下吸烟，这会造成一种认知失调。这可以激励个体事后对行为进行合理化，以调和不一致的元素。例如，认为吸烟如此令人愉悦，以至于值得为此冒险。有一张描述认知失调的经典插图，出自古希腊故事大师伊索（Aesop）的寓言《狐狸和葡萄》（*The Fox and the Grapes*）。在故事中，一只狐狸发现了高高挂着的葡萄，看起来很美味。狐狸试图够到葡萄，但却因为一直失败，所以最终决定，葡萄可能是酸的，不值得吃。在大多数情况下，我们会把自己的决定或失败合理化，从而避免感觉到认知失调。我认为，在游戏中遇到阻碍和失败的玩家，也许会停下来不玩了，并断定游戏很蠢，反正也不值得玩。因为你不能把这种行为归咎于玩家（他们不欠你任何东西，玩家永远是对的），所以你需要将其归咎于自己的设计，并相应地对其做迭代。这也许很难做到。你可能全身心地投入在游戏开发中，所以可以理解，当你意识到玩家不理解游戏的伟大之处时，你会感觉痛苦。但要当心你自己的认知失调，这可能会导致你为了缓解自己的内心冲突，对自己的受众置之不理。

6.6　小提示：意义的重要性

凯蒂·萨伦（Katie Salen）和埃里克·齐默尔曼（Eric Zimmerman）（2004）认为："虽然玩游戏总有一些外部原因，但同样也总是存在一些内在动机。在玩游戏时，激励的一部分仅仅来自于玩本身，而且它往往是主要的激励因素。"理解动机并不容易，它在游戏中的应用也不明显。玩电子游戏的确是一种自成目的的活动，我们通常受到内在动机的驱动去做这件事，而且也许除了通过游戏内货币与真实货币挂钩的免费增值模式游戏（free-to-play games），或是拥有玩家驱动型经济的大型网络游戏，如由 CCP 游戏（CCP Games）开发的《星战前夜》（*Eve Online*）外，在大多数情况下，游戏中的奖励也是游戏固有的。在这种情况下，很难明确地制定指导方针，来确定如何激励玩家玩你的游戏，并让他们投入其中。然而，当你设计自己的游戏新手引导计划、任务和奖励时，最重要的事情似乎是意义。

意义是指能感受到使命、价值和影响力，有时超越了自我（Ariely，2016a）。例如，它有助于我们维持一段长期的恋爱关系，或者在一项任务中更高效。当你为了教会玩家一个重要功能而设计一个教程时，问问自己，玩家为什么会关注它，这个功能对他们有什么意义。通过这样做，你会找到办法让玩家觉得，学习这个功能是有意义的，能让他们进步（胜任），感到意志力（自主），或在游戏中与他人产生联系（关联）。你为玩家设定的奖励和所有目标，亦是如此。为什么杀死 30 个僵尸得到的奖励对他们有意义？是否会让他们感觉更棒？在第 12 章中的动机部分，我会详细说明如何使用这种意义感（"为什么"）。为一项活动创建意义的另一种方法是，使其目的超越自我，就是将玩家与某一群体联系起来。这是为什么在游戏中成为公会或部落的一员特别有激励作用，因为如此一来，玩家不仅为自己建立了丰功伟业，而且为自己的团队做出了贡献。有派系的游戏中，亦是如此，比如育碧的《荣耀战魂》（*For Honor*）或 Niantic 的《精灵宝可梦 Go》。玩家选择他们想要为之战斗的派系，而且他们的行动也对其派系产生了有意义的影响。最后一个例子是万代南梦宫（Bandai Namco）出品的《伸缩男孩》（*Noby Boy*）。在这款游戏中，玩家控制"男孩"这个角色，他能伸展自己的身体，玩家积累的分数取决于在游戏中把男孩伸展了多长。然后，这些分数被提交至网上，并在所有玩家中累积，以便将游戏角色"女孩"伸展至太阳系。例如，《伸缩男孩》的玩家们花了七年时间才让女孩从地球到达冥王星。为一个超越自我的目标做贡献，通常令人难以抗拒，因此也会对一个人完成任务的动机产生积极的影响。

第7章 情感

我们知道情感会影响我们的感知、认知和行为，但若想准确地定义情感是什么，却并非易事。简而言之，情感是一种生理唤醒（physiological arousal）状态，它还包括与这种唤醒状态相关的认知（Schachter and Singer，1962），我们通常将其称为"感觉"（feeling）。例如，当我们面对捕食者时，心率会加快，这是一种与肌肉紧张和手掌出汗相伴随的生理状态，即一种"情感"（emotion），与害怕的感觉有关。我们常常通过聚焦有意识的经历，来谈论自己的情感："一想到在长途旅行后能与对我最重要的那个人团聚，我就很高兴"，或者"我之所以生气，是因为我们刚刚发布的游戏有大量漏洞，我们的用户在投诉"，或者"想到在世界上的很多地区，战争肆虐，人们流离失所，我就很难过"。然而，情感是由不同系统在生理层面上生成的，这些系统出于不同的目的而进化（LeDoux，1996）。

从核心来看，我们可以说，情感是进化而来的东西，用于激励和引导我们。它帮助我们选择了适应行为，以便在有危险的环境中生存下来，并繁衍后代。从这个意义上说，情感从根本上与动机（即激励我们以某种方式做事）有关。焦虑对我们注意力的广度有负面影响（Easterbrook，1959），并最终导致在高度紧张的情况下产生"隧道视觉"，这迫使我们集中注意力。例如，如果你被困在一栋着火的大楼中，隧道视觉会让你专注于寻找出口标志，而不是仔细扫视自己所处的环境。我们知道自己的注意力资源多么有限，因此，在眼前的危险状况下，较为恰当的做法是，用一个紧急系统来帮助我们聚焦自己需要做的事情。离散式情感（discrete emotions）具有促进变化、调整及应对的适应功能。例如，"兴趣"（或好奇心）是支持选择性注意的机制。在社交语境中，欢乐增强了对体验的开放性，并发出了准备进行友好互动的信号。悲伤令认知及运动系统变缓，并有助于仔细寻找麻烦的来源。愤怒将能量调动并维持在高水平上，导致攻击行为。当然，恐惧会促使人们逃离危险的处境。这样的例子还有很多（Izard and Ackerman，2000）。

显而易见，情感影响我们的头脑，并引导我们的行为。而我们的感知和认知也能诱发并影响情感。例如，根据评价理论（appraisal theory），我们在评价某个事件时，会在评价的基础上激发一种情感反应，因此这种反应具有个体差异（Lazarus，1991）。试想以下情况：你在单向透视玻璃后面，观看一些玩家探索你正在开发的游戏，一台摄像机捕捉着他们玩游戏时的面部表情。你把自己的注意力进一步集中在他们的面部表情上，但却发现参与者看起来似乎感到无聊至极，这会引发你的焦虑。你将其感知为一个信号，说明你的游戏很差劲！相反，在你旁边，负责测试的用户研究员却非常高兴，因为玩家（非常中立）的面部表情似乎表明，他们不仅没有遇到任何关键的用户体验问题，而且看起来沉浸在游戏中。同一事件（玩家的面部表情）可以触发不同人的不同情感，这取决于他们对事件的评价。这就是为什么我往往避免在可玩性测试中强调玩家面部表情的原因：它鲜少能可靠地传达出玩家对游戏的欣赏，同时还会引起游戏开发者的焦虑。然而，面部表情研究的有趣之处在于，所有人都至少有五种面部表情（有的理论家说是六种），是世界公认的特定感觉表达方式。心理学教授保罗·艾克曼（Paul Ekman）

（1972）确定了六种基本情绪的通用面部表情：恐惧、愤怒、厌恶、悲伤、幸福和惊讶。虽然这些表情看起来很普遍，但有些人的表现力却不及他人，而且文化环境也会对面部表情有一定的影响。例如在一项研究中，参与者分别是美国人和日本人，他们按照要求，独自观看诱发压力的电影（同时被秘密记录下来），其面部表情的分析结果显示，两组人在同一时间点上表达的负面情绪相似。然而，当一位穿着白色外套的实验员进入房间时，与美国参与者相比，日本参与者用积极表情掩盖消极表情的频率更高。这表明，尽管他们在看电影时可能感觉到了相同的基本情绪，但当有其他人出现时，日本参与者更容易控制自己的相关面部表情（Ekman，1999）。因此，依靠面部表情来解释玩家如何感受你的游戏，是有危险的，除非你能测量微表情，并能细心地设计一个合适的实验框架。但通常，在游戏开发中并非如此。

　　情感可以独立于认知而存在，可以在认知之前出现，也可以受到认知的影响。虽然认知和情感之间的关系极为复杂（就像头脑中的其他部分一样），但就情感对认知的影响而言，我在此建议，要研究我们（几乎不）知道的部分，无论是好是坏。同样，这个想法并不是为了准确鉴别哪些源于情感，哪些源于认知，也不是为了准确评估我们当前对情感系统如何运作以及如何与认知互动的理解，而更多是为了描绘一幅非常广阔的画面，帮助你实现自己的设计目标。

7.1　当情感引导我们的认知时

　　对学习和生存来说，情感至关重要，因为它能引导我们完成与自身所处环境的互动。至于是情感先出现，并产生了动机（例如，我们因恐惧而逃跑），还是动机先出现，情感为与动机相关的事件提供反馈（例如，在某种需求得到满足后，感到快乐），存在着一些争论。鉴于动机是我们生存所需要的东西（为了寻找食物或躲避捕食性动物，我们如何以某种方式行动），有些诱人的观点认为，动机第一。从这个角度来看，认知、社会互动和情感都为动机服务（Baumeister，2016）。然而对于本书的目的来说，这场争论有点偏离主题。第一也好，第二也罢，重要的是要记住，情感引导着我们，并因此对我们的行为和逻辑产生有效的影响，从而帮助我们生存下去。从这个意义上说，情感具有适应功能。

7.1.1 边缘系统的影响

试想，你正在办公桌前工作，突然身后传来一声巨响。你可能迅速转过身去，识别巨响的来源，并确定它是否构成威胁。你会感到恐惧，并感觉自己的心怦怦跳，警惕性会上升。这是因为在处理信息时，选择性注意至关重要（如第 4 章所述），这种注意会让你的感知更敏锐，满足你的工作记忆需求，继而对该信息产生更好的长期记忆。你的肌肉会接收到激增的能量，并准备好付诸行动，以便你需要为逃命而奔跑。整个过程在很大程度上是由大脑的边缘系统来支持的。

目前，有关到底有哪些结构参与了边缘系统，研究者还没有达成明确的统一意见。有些人甚至提出，边缘系统并不存在，并将其定义为情感系统（LeDoux，1996）。然而，大多数研究者同意，情感涉及（但不限于）下丘脑、海马体和杏仁核，认为这些大脑区域都是边缘系统的一部分。如果我们要大致描述一下大脑在非战即逃情况下发生的事情，我们可以说，感官将外部世界信息传达给皮质（也称皮层）区以及皮层下区，如丘脑。丘脑就像一个"中心"，将信息传递到其他区域，包括下丘脑和杏仁核。下丘脑调节内分泌腺，内分泌腺反过来产生激素，如肾上腺素、去甲肾上腺素或皮质醇，这些激素会改变你的心率、瞳孔大小、血糖水平和血压，从而令你提高警惕性，并让肌肉紧张起来。杏仁核与海马体一起识别输入和处境，将其和记忆中存储的旧事件进行比较，并帮助存储这一新事件。人们普遍同意，当回忆带有一定情感成分，并与更剧烈的杏仁核活动相关时，我们回忆起来的信息也就更鲜明。然而，有人认为，"闪光灯记忆"（flashbulb memory）这一观念

（当高度情感化的事件发生时，大脑将会拍摄一种生动鲜明的"快照"）也许是夸大其词。我们也许会更准确地记住一两个与高度情感化事件相关的核心元素，但似乎我们只是对整个事件的记忆的准确性更有信心，这可能会像平常一样被扭曲（见第4章中有关记忆力的部分）。在任何情况下，边缘系统都在一定程度上控制调节着皮质区域，该区域影响着我们的认知（例如改变注意力的广度，以及引导注意力），从而影响我们的行为。

7.1.2 躯体标记理论

你是否有过这样的经历，内心深处的某种感觉影响了自己的行为？例如，记得那次，尽管任务的最后期限无情地逼近，但你却一再拖延（你明白我的意思）。你坐在沙发上，考虑玩一款名为《守望先锋》（*Overwatch*）的游戏，而不是写一本关于玩家大脑的书，难道你没有感到胃疼吗？也许这种感觉甚至会激励你最后开始做自己的任务，以便让这种不舒服的感觉消失。你完成了必须要做的事情后，会有特别积极的感觉吗？难道这种感觉不像是"卸下了肩上的担子"？神经科学家安东尼奥·达马西奥（Antonio Damasio）将这些情感称为躯体标记（somatic markers），它们迫使你关注某种行为产生的负面（或正面）结果（Damasio，1994）。因此，躯体标记会促使你拒绝那些带有负面结果的选项，如此一来，你就能为较为长期的利益做出正确的决定。诚然，它并非一直都在起作用，因为我们没有避开所有错误选择，即便在我们清楚地感觉到这些躯体标记在活跃时，亦是如此。糟糕，我们甚至可以喝杯朗姆酒，以便能麻木这些情感，这样就能更容易地忽视它们（反正你之前决定要玩《守望先锋》游戏，不如赢得"全场最佳"称号，让自己兴奋起来）。对达马西奥来说，"第六感"（gut feelings）和"直觉"（intuition）源于上述躯体标记。因此，你的直觉的质量取决于你有多好的推理能力，以及你过去做的哪些决定与某些事件前后的情感有关，这可以用来解释在特定情况下，为什么经验丰富的专业成功人士与那些非专业人士的直觉不同。

按照躯体标记假设，情感在决策制定过程中发挥着重要作用。实际上，对情感和感觉有缺陷的患者来说，虽然他们总体上依然具有良好的推理能力，但由于前额叶皮层受损，因此他们对未来的后果也不敏感（他们冒的风险更多），而且不能做出基于价值的决定。举个例子，这些人会在不关心社会规范或长期影响的情况下，做出可获得即时奖励（immediate reward）的决定。例如，他们能跟好朋友的死敌做生意，因为获得客户是一种即时奖励。在这种情况下失去朋友，是不值得的，但他们不看重这一点。腹内侧前额叶皮层双侧病变患者就能表现得那么不厚道。他们很难做出道德判断，也很难理解反讽的说法。与常见的想法相反，情感并不一定会阻止我们做出理性的决定，事实恰恰相反。在很多情况下，情感帮我们做出更符合道德要求的决定，或者是在两种（或更多）成本／收益类似的选项间，帮我们做出选择。例如，当意大利菜和日本菜的成本和好处相同时，我们不会无休止地分析哪个才是午餐的最佳选择；相反，我们会遵从自己的本能（"今天我想吃日料"）。人类不是计算机，每次需要做出棘手的决定时，我们不会进行复杂的计算。考虑到我们的注意力和工作记忆能力都很有限，我们往往只遵从自己的本能。对达马西奥来说，这种本能来自于躯体标记，即由身体变化而产生的情感，这些躯体标记影响着前额叶皮层内的注意力和工作记忆。这并不是说，在做出糟糕的决定时，情感不会影响我们，但这并不是非黑即白的情况，这在大脑中经常出现。

7.2　当情感"欺骗"我们时

情感，尤其是恐惧，可以使我们对某种刺激自动做出反应，这往往有助于我们的生存。如果有人朝你扔了一只塑料蜘蛛，你可能会迅速反应，把假蜘蛛从身上掸掉，因为情感系统控制着自动反应。安全总比遗憾好。对于一个看起来像是威胁的东西，即使我们后来（通过认知）意识到它不是，先避免它，也更有益。然而在某些情况下，我们需要抑制这样的自动反应。试想，你在一个繁忙的城市里开车。因为你身后的司机似乎很着急，正紧跟着你，所以绿灯一亮，你就加速。突然，你发现一个孩子跑到路边，好像要从你面前横穿马路，但孩子停在十字路口，等着过马路。你可能准备好踩制动器，或迅速打转向盘，从而避免伤到孩子，这是对危险的一种自动反应。然而在这种情况下，这么做可能会导致周围的汽车发生车祸。这样做合情合理，是为了避免伤害孩子，但如果上述威胁是个假警报，那就不行了。这是为什么我们要经常警惕自己被情感"控制"的一个原因，而且我们会说，根据需要（这似乎是由我们的前额叶皮层管理的），自己要保持冷静的头脑，来准确地评估某种情况下的风险，并调节自动反应。然而，正如勒杜（LeDoux）（1996）所指出的那样，杏仁核对大脑皮层的影响似乎比大脑皮层对杏仁核的影响更大，这解释了为什么即便我们试图说服自己，我们的生理唤醒是由虚假信息引起的，但在看了恐怖电影后，我们依然难以入睡。

在我们体验情感时，既有涉及感知和注意力的自下而上的进程，也有一个自上而下的进程，涉及对某种情况的已有知识、期待和判断（评估）（Ochsner et al.，2009）。例如，你在地下室发现一条铜蛇（自下而上的进程）时，可能会感到害怕，而当你忘了伴侣的生日（自上而下的进程）时，可能会感到内疚。有意思的是，我们一旦处于某种特定的情感状态（源于一个自下而上或自上而下的进程），即便当前的情况与最初创建该情感状态的情况无关，情感依然会影响我们对当前情况的重视程度。我们一旦被情感唤醒，就会将自己的情感唤醒拓展至整个体验，而不仅仅是产生这种情感唤醒的元素。此外，我们往往会错误地判断自己的情感唤醒。在达顿（Dutton）和亚伦（Aron）（1974）开展的一项实验中，研究结果表明，由恐高症导致的生理唤醒可能会被误判为一种性唤醒。在这项研究中，男性个体在接受一位迷人女性（女实验员）采访时，有的站在一座不能唤醒恐惧的桥（坚固的桥）上，有的站在一座能唤醒恐惧的桥（峡谷上的悬索桥）上。他们按照要求做一个投射测验，其中包括根据模糊的图片编故事。采访结束后，女实验员给他们留了自己的电话号码，当他们有其他问题时可以拨打（她也许只是说说而已）。与那些站在不能唤醒恐惧的桥上的人相比，站在能唤醒恐惧的桥上的受访者更有可能编出带有性内容的故事，而且随后也更有可能联系女实验员。研究者将这些结果解释为，受访者将由悬索桥（与恐惧有关）引发的生理唤醒，错误地判断为因受到某人吸引而引发的性唤醒。玩家可能被某个与游戏无关的东西引发情感唤醒，但却误认为自己的感受源于你的游戏。例如，他们可能会因为帧数低、加载时间长或不断弹出的广告而沮丧，并误认为自己的沮丧源于游戏玩法本身。与之类似，他们因为在一场玩家对战中获胜而感到开心，与输了比赛相比，他们可能会更欣赏你的游戏。一个人一旦处于一种特定的情感状态，这种情感状态就会影响他的感知。更令人惊讶的是，这种效应也适用于安慰剂唤醒（placebo arousal）。例如，让被试者观看女性半裸的照片，此时告诉他们关于心率的虚假信息，之后他们会认为这些照片更迷人，这与虚假的高心率反馈有关。在给他们看照片时，他们的实际心率并没有加快，这表明他们实际上没有被照片所唤醒（Valins，1966）。

厨师知道，食物本身并不是人们品尝一顿饭的唯一重要元素，它的呈现方式也很重要。实际上，同样的咖啡，与用泡沫塑料杯子呈现咖啡调味品相比，用花哨的容器会让人们更满意（Ariely，2008）。提高预期（除非预期最终被明显辜负）对满意度有积极的影响。与之类似，信息的架构方式会影响它的感知价值，尤其是出现损失概念时。如果我告诉你，关闭而非拔掉家里未使用的电子设备的电源，会让你每年损失大约 100 美元，与告诉你拔掉已关闭的电子设备的电源，会让你每年挣 100 美元相比，第一种说法可能会对你产生更大的影响。与价值增加相比，我们把同等价值的损失看得更重要。这种现象被称为"损失规避"（loss aversion）（Kahneman and Tversky，1984），人类对损失有强烈的反感。例如，想想以下建议：

选项 1．在一场赌局中，你有 10% 的概率赢得 95 美元，同时有 90% 的概率输掉 5 美元，你会接受这场赌局吗？

选项 2．在一次抽奖中，你有 10% 的概率赢得 100 美元，同时有 90% 的概率一无所获，你愿意花 5 美元参加这次抽奖吗？

虽然两个选项提供的损益概率和价值都相同，但人们更有可能接受第二个选项，而不是第一个选项，这只是因为将 5 美元视为支出，与将其视为一种损失相比，没有那么痛苦（Kahneman，2011）。人类对不公平也会产生强烈的情感反应，这种反应会影响他们做出让自己付出代价的决定。最后通牒游戏能有力地说明这一现象：这个游戏是一项包括两名玩家的经济实验。第一个玩家（玩家 1）收到了一笔钱，能决定如何与另一个玩家（玩家 2）分这笔钱。如果玩家 2 接受了玩家 1 的决定，那么两人就如此分配。如果玩家 2 拒绝这个决定，那么任何一个玩家都拿不到钱。结果取决于文化环境，但总体来说，玩家 2 如果受到不公平的对待，就会倾向于拒绝玩家 1 的决定，即便自己也拿不到钱。公平的分配方式是五五开。如果玩家 1 决定把绝大部分留给自己（阈值不固定，但假如是七三开），那玩家 2 往往宁可没有任何收益，也不愿接受玩家 1 不公平的决定（元分析参见 Oosterbeek et al.，2004）。这种反应不一定合乎逻辑，因为获得 30% 的钱总比一无所获强。然而，若不公平的情感过于强烈，我们就无法让另一个参与者"逍遥法外"，即使这会让我们付出代价。再如，你可能很满意自己的薪水，直到你发现有位同事的经验及职责和你相同（或者更糟糕的是，不如你！），但薪水却比你高。不公平是一个强大的情感触发器。如果你对文明史感兴趣，就会知道，历史上最可怕的人类暴力并非源于贫穷，而是不公平。罗马帝国之所以崩溃，部分原因就是由于富人与穷人之间难以维持的不公平。因此，对全球社会的和平及良好平衡来说，关键是要确保最穷的人和最富的人之间不会产生过于严重的不公平。不幸的是，这个历史教训似乎无法挣脱遗忘曲线。

将我们所有的非理性行为都归咎于情感，是不公平的。人类在推理中犯过很多系统性错误，在总结自己与阿莫斯·特沃斯基（Amos Tversky）共同开展的广泛研究时，丹尼尔·卡内曼（Daniel Kahneman）（2011）强调："我们将这些错误追溯至认知机制的设计，而不是情感对思想的侵蚀。"尽管如此，情感会使我们产生偏见，从而做出错误的决定，或自动做出不周到的反应。

7.3　在游戏中的应用

毫无疑问，提及情感，人类有很多要说的事情。我们总在谈论自己的感受。我们想要幸福，我们尝试通过读书、看电影，或者打游戏，来感受特定的情感。我们并非用同样的方式感知世界，无论是处于热恋，还是哀悼刚去世的亲人。我并没有讨论浪漫化的情感观，这不是因为我认为它不重要（它当然重要！），而只是因为我们对情感的基础的理解依然很不稳定。此外，你也许不需要被人提醒，故事情节以及与角色的情感纽带非常重要，它们能促进一个人在活动中的参与度。我也没有具体讨论，如何将人们置于特定情况下，才能使其释放催产素，有些人将催产素称为"爱情激素"，能促进社交互动。我也没有提过，如何扣下"多巴胺扳机"，以便吸引玩家。我之所以没有提到上述任何一个观点，主要是因为这些观点与我们对大脑的实际理解相比，大多是简单化的夸大其词（关于多巴胺和游戏的概述，可参见 Lewis-Evans，2013）。当然，当我们拥抱某人时（还有许多其他情况），就会释放催产素，当我们想要某些东西时，也会释放多巴胺，但这并不意味着，我们清楚地理解这一切是如何运作的，还差得远呢。一如既往，当有人给你一个解释，将我们的心理进程这样复杂的事物过度简化，你要持怀疑态度，尤其是涉及生物化学物质时。因此，我这里仅对情感进行更"接地气"的探索。就我们目前对大脑的了解而言，你需要记住以下与情感有关的主要信息：

1）情感服务于动机，它引导我们，并（但愿）让我们活下去。

2）情感可以通过提高我们的意识，来提升我们的专注度，并通过让我们能迅速应对某种情况，尤其是危险的情况，来强化我们的认知。

3）情感也可以通过影响我们对某种情况、我们的认知或我们的行为的感知，来损害推理。

4）认知可以影响情感，例如，我们对某种情况的评估。

5）情感可以通过影响我们对某种情况、我们的认知或我们的行为的感知，来损害认知。

6）情感会误导我们对某个情境或自身决策的评估，例如呈现、期待、损失规避和不公平。

7）情感唤醒可能是错误判断，我们会错误地识别自己感受到某种情感的原因。

8）情感唤醒不仅与引发这一唤醒的因素相关，而且还被拓展至整个情境。

当然，情感在游戏中的一个重要应用是，你必须用情感来引导并取悦自己的玩家。音乐可被用来向玩家发出信号，表明他们是安全的，或者他们需要发现某个即将到来的危险（例如，在很多动作游戏中，玩家处于探索模式和敌人即将攻击时，会使用不同的音乐）。通过调节，音效也可以用来表示威胁、失败和成功，例如，任天堂开发的《塞尔达传说》（*The Legend of Zelda*）系列提供了奖励音效，这就是有力的证明。艺术风格会影响玩家对游戏的整体欣赏，包括菜单和用户界面呈现。游戏感，即通过单纯与系统交互而得到的满足感，也会产生影响。还有很多（情感与动机一样，都是第二部分描述的用户体验框架中的重要元素，因此，我们会在第12章中进一步详细讨论它们在电子游戏中的应用）。

在我们对情感的理解中，还有一个关键点，即你必须警惕自己的游戏引发的所有感觉，因为它们可能会戏剧性地影响玩家对游戏的整体评价，即便这些感觉不一定是由游戏玩法本身引起的。例如，差劲的易用性会引发严重的挫败感，这种情感也许会被错误地归咎于游戏玩法，导致玩家（最坏的情况是）暴怒退出。在设计多人竞技游戏时，你需要进一步具体考虑的是，输掉比赛的玩家通常会感受到负面情感，你必须确保他们不会将这些情感归咎于游戏系统，而且更重要的是，不会将其归咎于一些不公平的待遇。输掉比赛已是一个不得不接受的现实，但感觉丢了面子，或认为游戏不公平或不平衡，更具破坏性。即便比赛是公平的，如果输了的玩家不明白自己为什么输，那么他们也可能会感到不公平。此外，重要的是要解决恶毒行为，即少数不文明的玩家会破坏多数人的游戏，并因此影响留存率。同样重要的是，要确保你的游戏不被视作"付费赢"，因为它被视作一种不公平的竞争环境。最后，你在设计游戏时要采用一些方式，使即便是不熟练的玩家，也能感觉到自己擅长某些事情。例如，在超级细胞的《部落冲突》中，领导者们被划分到不同的联盟。在特定的时间，世上只能有一个绝对最佳玩家，让其他所有人感到沮丧，但在《部族冲突》中，你总是能成为自己联盟中的最佳玩家，这能让大多数玩家产生积极的情感。另一个例子是暴雪的《守望先锋》，它在每场比赛后的"全场最佳"环节突出一位玩家。即使你不是特别擅长那款游戏，你也有机会在比赛中做出一个炫酷的动作，你能以这种方式被认可，即便你所在的队输了比赛。在这个游戏中，你也能看到自己成就的统计数据，以及你现在的表现与过去的表现相比，是如何进步的（而不是将你的表现与其他玩家进行比较）。即使玩家的比赛结果不是胜利，你也要找到保持玩家积极情感流动的方法。你甚至可以通过使用认知重估（cognitive reappraisal），来帮助玩家调节他们的负面情感（Gross，2007）。因为认知重估能改变人们对某一情况的感受，所以帮助玩家重估其负面情感，可能会有一些益处。例如，与其让他们在自己的团队输掉比赛后，因为看到红色大字而感觉很糟，你不如强调，他们也许输掉了本轮比赛，但却可以在下一轮比赛中获胜，或者突出他们在某些方面比获胜团队做得更好，尽管输了，但他们在一些个人指标上的表现比以前有进步。

就像大脑理解它所处的环境那样，我们已经对主要的心理进程进行了全面概述，接下来，我们就能更轻松地理解哪些变量会妨碍或促进学习。

第 **8** 章 学习原则

8.1 行为心理学原则
8.2 认知心理学原则
8.3 建构主义原则
8.4 在游戏中的应用：通过有意义的实践来学习

理解大脑的局限性，它如何处理信息，以及它如何学习，能指导我们更有效地设计环境，从而促进学习。多年来的研究已提出了以下几种学习范式：行为范式、认知范式和建构主义范式。每种范式都有自己的优点、局限性和原则。需要强调的是，人们并没有为了新范式和原则，而放弃上述任何一个；每种范式都侧重学习的不同方面。

8.1 行为心理学原则

在 20 世纪上半叶，行为主义者在学习方法领域占主导地位，他们专注于工具性学习和外在强化（Thorndike，1913；Pavlov，1927；Skinner，1974）。他们没有解释，也不想考虑，在我们学习时，"黑匣子"（即我们的心理进程）里发生了什么；他们聚焦环境事件和可观察的行为，即输入和输出。因此，行为主义者研究刺激与反应的关系，以及环境如何塑造学习。某种刺激和某个反应之间的习得关联被称为条件反射，主要包括内隐学习和记忆（无意识的程序性记忆）。在此，我们区分了经典条件反射（被动发生的）和操作性条件反射（需要个人的某个行动）。

8.1.1　经典条件反射

经典条件反射是指这样一个学习进程，其中，两个彼此紧随的事件（或刺激）随着时间推移而反复发生，当一个人期待第二个事件（刺激）出现时，就会对第一个事件（刺激）产生条件反应，两者因此建立了联系（联想学习）。那张著名的巴甫洛夫和狗的插图，就是经典的（或巴甫洛夫的）条件反射案例。每次巴甫洛夫给狗吃东西时，都会事先摇铃铛。过了一段时间，狗学会把铃铛和食物联系起来，并产生一种受铃铛调节的反应：当铃铛响时，它们会流口水，期待食物出现。面对食物时，狗自然会流口水，但此时发生的事情是，铃铛成了一种条件刺激，甚至在食物出现之前，就会引起条件反应（流口水）。就像狗和其他物种一样，人类能通过经典条件反射学会很多行为。例如，想想柠檬（或酸橙，取决于你喜欢哪个）。只要一想到柠檬，你可能就开始流口水了，因为随着时间推移，你已经把这种水果名与酸酸的味道联系起来，而且实际上，柠檬是天然的唾液刺激物。所以，如果你有口干的困扰，不妨想想自己吃了一口柠檬。再举一个游戏的例子，在科乐美的《合金装备》中，每当敌人注意到你时，都会触发"警报"音效，这是一种条件刺激，会引起玩家的条件反应，使其提高警惕，并增加非战即逃的行为。再如育碧的《刺客信条 2》，钟声的音效与箱子、铭文等联系在一起。最终，你会在钟声音效与宝藏之间建立隐性的联系，直到你在听到音效时看不到宝藏为止：条件反应就是意识的提高和对奖励的期待。

8.1.2　操作性条件反射

操作性条件反射又被称为工具性学习（instrumental learning），是一个用奖励和惩罚来改变某种行为的过程。针对操作性条件反射的研究始于桑代克

（Thorndike，1913），但之后由 B. F. 斯金纳（B. F. Skinner）（Skinner，1974）推广开来。简而言之，你（通过重复）知道，如果你做了相应动作，那么某个事件与另一个可能发生的事件就有了联系，那就是操作性条件反射。斯金纳的代表性实验装置是条件反射箱，如今被称为"斯金纳箱"。把一只实验动物（通常是老鼠或鸽子）单独放在这个箱子里，里面装有一个食物分送器和一个杠杆。当特定刺激发生后（如光或声音），如果实验动物（如老鼠）按下杠杆，食物就会被传递到食物分送器。就像在经典条件反射中那样，操作性条件反射有一个条件刺激（如光或声音）和一个正强化物（作为奖励的食物）；但在操作性条件反射下，条件反应意味着老鼠做出的一个动作（按杠杆），换句话说，是行为的改变。在有些实验中，斯金纳箱也会带有一个可通电的地板，如果老鼠的反应错误或没有反应，地板就会对其发出电击（惩罚）。

在斯金纳所做的大量实验中，他展示了一些基本的行为规律（Alessi and Trollip，2001）：

1）正强化（奖励）会提升某种行为的频率（按下杠杆后获得食物，会鼓励老鼠以更高的频率按下杠杆）。

2）撤销惩罚（称为负强化）之后的那种行为的频率也会增加（例如，为避免受到电击而按下杠杆）。

3）正惩罚会导致某一行为频率的降低（按下杠杆后受到电击，鼓励老鼠避免按下杠杆）。负惩罚也会引起某一行为频率的降低，负惩罚是指正向的东西被移除，而不是添加某种令人不快的东西（例如，按下一个可以从笼子中取走食物的按钮）。

4）之前通过给予奖励而增加的行为，当它不再被强化时（当杠杆被按下时，停止传送食物），这种行为的频率就会降低（甚至消失）。

5）总是得到奖励的行为，其频率会迅速提升，而且一旦没有了奖励，那该行为的频率也会迅速降低甚至消失。

6）按某个可变比率计划表（随机发生若干反应后）提供的奖励，能最有效地激励人类的行为，也是赌瘾的核心。

诚然，工具性学习有很多优点，被大量应用在 20 世纪的教育、军事或工作环境中。然而，它也遭到了广泛批评，因为这种范式忽略了学习中无法观察到的重要方面（如注意力或记忆），还因为行为主义爱好者往往忽略那些不良的副作用。举个例子，惩罚可能导致压力或攻击行为，并最终危害到学习（如惩罚对运动学习留存率的影响，见 Galea et al.，2015；再如惩罚对课堂压力的影响，见 Vogel and Schwabe，2016），更不用说压力和焦虑也有害健康（老鼠或人类的）。你在设计游戏的新手引导时，务必牢记：如果玩家没做自己需要做的事（没有跳过首个沟壑障碍），那么在为他们提供负面反馈时，要避免在玩家学习时去惩罚他们（他们之所以死掉，是因为掉下去，而不是因为能立即爬上来再试一次），这很重要。当然，挑战在游戏中很重要，我并不是说，玩家永远不能死掉，但当玩家在学习一种新的机制时，你需要小心，尤其是在游戏开始时，他们不一定玩得特别投入（如果你的游戏是免费玩的，那就更要当心）。

8.2 认知心理学原则

20 世纪后半叶，认知心理学流行开来，因为心理学家特别想打开"黑匣子"，开始理解里面发生了什么。我相信你现在知道，认知心理学将重点放在感知、注意力、记忆和动机等心理进程上。前文专门讨论过认知心理学原则，聚焦大脑如何处理信息及学习，以及哪些因素在发挥作用。因此，我不会在本节中再次描述这些原则。关于学习的认知心理学原则，为了设计一个更有效的学习环境，我们至少应该考虑大脑的局限性。

然而，我想在此请你注意一点，即学习迁移的问题。我们经常假设，在某个特定语境中学到的东西可以轻而易举地转移至另一个语境中。市场上泛滥着所谓的大脑训练游戏，其主要假设是：在多媒体语境下学到的东西可被迁移至现实生活的情境中。问题是，实际情况往往并非如此，而且对那些关心教育的人来说，这是一个相当大的挑战（相关概述，可参见 Blumberg，2014）。

8.3　建构主义原则

发展心理学家让·皮亚杰（Jean Piaget）是最著名的建构主义理论家之一，他尝试理解儿童如何通过与环境的互动来建构知识（Piaget，1937）。虽然研究者在对儿童进行实验后指出，儿童能通过感知来了解自身所处的环境，如了解物体的物理属性或数值属性（例如，Baillargeon et al.，1985 或 Wynn，1992），似乎操纵环境的确能帮助儿童进行思考和学习（Levine et al.，1992）。根据建构主义理论家的观点，我们通过主动构建自己的知识，在做中学，环境还可以起到促进（或阻碍）的作用。所以重点在于主动的学习过程，如果你还记得工作记忆是如何发挥作用的，那就能明白这一点：信息处理的程度越深，留存表现越好（Craik and Lockhart，1972）。因此，我们要鼓励学习者去探索、发现和实验，只要为其提供即时的成败反馈即可（无论是来自教育者，还是设计好的学习环境，如游戏）。这种方法还强调有目的的学习（而非强迫教学）或意义的重要性。

数学家及教育家西蒙·派珀特（Seymour Papert）受到皮亚杰建构主义理论的启发，用一种建构主义方法来理解学习，当学习者能在一种有意义的具体情境中使用学习材料进行实验时，学习会更加有效。此外，因为派珀特自 20 世纪 60 年代一直在建构自己的理论，所以他能在实验中使用计算机。如果你和我年纪相仿，你也许记得 LOGO 计算机语言，儿童可以用它来为计算机编程。LOGO 之所以为人所知，往往是由于它使用了海龟图形，它让人能用一种游戏的方式控制一个虚拟光标（一只"海龟"），其目标就是画图。孩子们需要找到方法，教海龟画出他们想要描绘的图案，以此用几何知识来实验。例如，如果孩子们想要画一栋房子，他们首先需要教海龟画一个正方形。在此过程中，他们通过自己的错误和成功，来学习正方形的固有特性，如正方形四边相等，且每个角为 90°。因此，为了画一个正方形，他们需要告诉海龟"重复 4 次 [向前 50，然后右转 90°]"，如图 8.1 所示（见书前彩插）。几何由此被儿童习得，因为"孩子们用知识做某件事""为了某种可识别的个人目的而获得该知识"（Papert，1980）。这个使用简单几何知识的例子，只能浅显地说明派珀特的思想及实验。总之，派珀特没有思考一种让计算机教育人的方法（这依然是很多开发者在"游戏化"和"严肃游戏"中使用的一种方法），而是通过让孩子们教计算机为自己做些有意义的事，来达成学习。

这种用来学习和实验的有趣方法在某种程度上反映出设计思维中的迭代进程方法。IDEO 公司（IDEO Product Development，苹果第一款鼠标幕后的产品设计及开发公司）的创始人大卫·凯利（David Kelley）指出，"启发性的试错"是设计中的一个关键过程（Kelley，2001）。你可以希望早一点失败，以便能快一点成功。

8.4　在游戏中的应用：通过有意义的实践来学习

总之，你需要牢记以下与学习相关的最重要特征：

1）条件反射是一种学习，其途径是在某种刺激和反应之间建立联系，并重复一段时间。当条件反射需要主体做出某个动作时，它被称为操作性条件反射或工具性学习。在条件反射中，强化至关重要，尤其是正强化。因为条件反射涉及内隐学习，因此能够特别强大。

2）按照可变比率计划表给予的奖励（正强化物），是激发并持续某种行为最有效的方法。

3）为了设计一个更有效的学习环境（涉及感知、注意、记忆、动机、情感），要考虑学习的认知心理学原则中的大脑的局限性。

4）根据建构主义原则，我们通过主动建构自己的知识，在做中学。继而，学习环境会对学习发挥促进或阻碍的作用。

5）在我们构建知识时，信息处理的程度越深，留存效果越好。

6）根据建构主义方法，通过在语境中带着目的（意义）去实践，我们能学得更好。

如果说你只需要记住一件有关学习的事，那便是：教给某人做某事的最有效的方法，尤其是就互动媒体来说，是通过（在语境中）有目的（意义）的实践来学习。这意味着，想教会玩家一种游戏机制，更有效的做法是，将玩家置于一种他们需要且受到激励（为达成进步，或获得某种奖励）去学习新行为的情境中，而不是简单粗暴地暂停游戏，显示有关上述机制的教程文本。例如，育碧的第一人称射击游戏《血龙》（*Blood Dragon*）通过嘲笑糟糕教程的做法，提供了滑稽高效的教程。然而在这款游戏中，玩家通过让游戏停顿的教程文本墙，在一种先学后做（learn-then-do）的情境中学习大部分游戏机制及功能（这是为了故意让此类游戏的核心玩家笑，因为他们意识到了教程有时能多糟糕）。教程文本一个接一个地弹出，从而使玩家因为密集学习效应而不可能记住所有内容。只有随着时间推移来逐步传达内容时，我们才会学得更好（你也许还记得第 4 章提到过记忆的间隔效应）。高成本的游戏逐渐摒弃了那种密集的"先学后做"式新人教学，而是更频繁地使用分布式的"做中学"。然而，学习的意义通常未被有力地传达出去，这会影响玩家遵循指令的动机，并因此影响他们分配给某个任务的注意力资源，以及随后对该指令的记忆强度。例如，告诉玩家为了尝试新获得的手榴弹，可以扔一颗试试，这未尝不可，但如果根本没有任何威胁，也没有任何目标，那这么做就没有什么意义。更好的做法是，将玩家置于一个有意义或有情感的情境中，教他们做一些事，只要这种情境不会令他们压力过大或过于沉重。例如，在艺铂游戏的《堡垒之夜》中，在体验的最初阶段，就把玩家放在地下洞穴里；在某一刻，如果他们想出去探索世界（而且可以看到地面上有个箱子，它吸引着人们的注意，也希望唤起玩家的些许情绪，因为他们期待着箱子里的东西），就需要学习如何修建楼梯，如图 8.2 所示（见书前彩插）。另一个例子是，我们在一个有点儿压力但却相对安全的情况下教玩家射击：僵尸位于一堵矮墙后，玩家需要学习如何用枪射击它们。由于僵尸正在攻击这堵墙（看起来它即将被击破），因此这会帮助玩家把注意力放在任务上，但却不会使其压力大到无法接受（僵尸不会来攻击玩家），但愿如此（但对年龄较小的玩家来说，这也许还是有点让人难以接受，因为他们承受压力的能力不及成年人）。还有一个例子是任天堂的《超级马里奥银河》（*Mario Galaxy*）以及其他多款马里奥游戏，玩家在体验之初就需要追逐兔子。对游戏开发者来说，追兔子的情境有多个学习目的，它帮助玩家在彼时的新三维空间中，边导航边熟悉操作，这种情况有一点压力（兔子在嘲弄玩家，但不是威胁）。此外，玩家的导航技能水平不同，抓住兔子的时间也或长或短，但就算他们获胜的速度不够快，也永远都不会受到惩罚（死亡）。在顽皮狗（Naughty Dog）出品的《神秘海域 2》（*Uncharted 2*）中，玩家刚开始游戏，就在一辆悬浮于空中的火车尾部挂着。对玩家来说，在这种情况下学习导航机制显然很有意义。我觉得，这个游戏开篇的唯一问题是，如果玩家学得不够快，那他们就会受到真正的惩罚，他们会在这个开场中就死掉。最后一个例子是暴雪的《魔兽世界》，玩家只有在得到一个需要在水下完成的任务时，才学习如何游泳。

诚然，创造有意义的"做中学"环境，需要在开发上付出更多努力，但我认为，学习玩游戏完全是游戏体验的一部分，并因此应被视作关卡设计的一部分。然而，理想的做法是，在开发一款游戏时，我们有足够的资源为每个需要产生的教学体验创造此类最佳学习情境（即设计一套完整的任务或地图）。我们没做到。我们经常缺少时间和金钱，而且往往不得不为了最后期限而密集加班，同时希望不降低游戏质量。因此，你必须列出所有需要教会玩家的东西，为其确定优先顺序，并对每个元素的预期学习难度做出有根据的猜测（一个有创新性的游戏机制将比普通的游戏机制更难学会）。我们将在第 13 章中看到，此类优先顺序列表将帮助你在早期规划新手教程，并据此与开发团队一起设计相关开发任务。更为重要的是，要为多人游戏建立一个新手引导计划，因为新手引导部分需要尽可能简短，且尽可能有效（如此一来，玩家就不会在完整体验多人模式之前，就厌倦你的游戏）。对不熟练的玩家来说，若在第一次玩家对战（PvP）的比赛中被杀（不，你不能单纯依靠玩家匹配的平衡来扭转败局），那就可能获得负面体验。

　　当然，精心制作良好的用户体验，并不仅仅意味着让你的受众学会玩你的游戏并掌握它，但这是体验的起点，而且它构成了整个旅程的一大部分。了解学习背后的心理过程，还会帮助你提高游戏的易用性，因为这都是为了消除不必要的摩擦（如混淆点），从而让体验更直观，或者换句话说，更容易学会。

第9章 理解大脑的要点

9.1 感知

9.2 记忆

9.3 注意力

9.4 动机

9.5 情感

9.6 学习原则

我们的大脑包含约 1000 亿个神经元，每个神经元都与其他最多 10000 个神经元相连，这极大提升了研究的复杂性。我们的确知道，大脑虽然处理信息，并具有一些计算功能，但它却一点儿也不像计算机。大脑并未真正"处理""编码"或"存储"信息。尽管计算机的连接有限，而大脑的连接却有数万亿，我们的大脑也不会像计算机那么快，也没有那么可靠。我们的神经网络并未被严格分割成独立的模块，让每个模块都处理某个特定心理"进程"。大脑中没有孤立的感知、记忆或动机系统。我们不会仔细、客观地分析自身环境，也不会完美地记忆任何事件。当我们感知信息，并为其"编码"时，我们建构着信息；继而，当我们记住它时，我们会重构这些信息。我们倾向于走捷径，仓促下结论，使用经验法则，这是因为当我们的生存取决于快速决定是战是逃，或者至少是要回到大草原时，上述做法在大多数时候比仔细计算所有变量更有效。如史蒂芬·平克（Pinker，1997）所述，这并非因为我们的大脑是由自然选择所设计的一种适应结果，这种自然选择是一种让我们感知、思考或感觉的生物适应性方式。此外，我们当前所处的环境，与塑造我们大脑进化的环境极为不同。人类的大脑无疑是一个不可思议的器官，既能让我们登上月球，还能设计大规模杀伤性武器。然而，我们的大脑也有极大的局限性，可能让我们无法真正理解它的工作机制，除非我们能从足够聪明的人工智能或"自然计算"那里得到帮助。

计算机的隐喻虽然不准确，但有助于帮我们有限的大脑来理解大脑的工作原理。因此，我们要使用"处理"或"存储"等术语，以便能更容易地传达出我们对大脑极为有限的了解。然而要记住，我们的大脑有很多局限性，而且在日常生活中的大多数情况下，我们都无法发现这些局限性。更糟的是，我们总是高估自己的能力。玩家相信自己不需要教程，可以靠自己弄明白如何玩游戏，然而他们往往做不到，继而可能把自己的糟糕表现归咎于你的游戏，并以怒退而告终。同样，你可能高估了自己作为一名游戏开发者的能力。我们往往相信，因为自己有经验，或因为自己最新发布的游戏大获成功，所以我们知道玩家会对哪些内容感到兴奋，以及如何让他们上手。然而，认知偏差的诅咒让我们几乎不可能预测新玩家如何看待我们自己如此熟悉的游戏。大多数情况下，我们只是在自欺欺人，因为精心制作良好的用户体验是个艰巨的任务，而且认知失调会让我们像鸵鸟一样不敢正视现实，以便更舒适。"我不需要这种心理学废话，我知道怎么做游戏。"也许你需要。我们中的大多数人可以通过关注玩家的大脑，来节省时间和大量精力。

简而言之，你需要牢记以下内容。信息"处理"和学习始于对刺激的感知，并以突触修改结束，即记忆的改变。分配给该刺激多少注意力资源，可能决定了对它的记忆力度。另外两个影响学习质量的主要因素是：动机和情感。最后，通过使用（影响不同因素的）学习原则，整个"进程"可以得到优化。

9.1　感知

感知是一种主观的心理建构；我们所感知的世界，并非是它在现实中的样子，我们并不以相同的方式来感知某个特定输入。除了视错觉和格式塔原则外，我们已有的知识、我们感知某种输入的语境或我们的预期，也会让我们的感知产生偏差。它在游戏中的应用有：

1）首先要了解你的受众及其已有知识和预期。

2）定期请你的受众对你的游戏进行可玩性测试。

3）测试你的图标。

4）在适当时候使用格式塔原则。

5）使用功能可供性。

6）了解视觉意象和心理旋转。

7）注意韦伯 - 费希纳偏差。

9.2　记忆

记忆意味着（通过重构）检索之前被编码和存储的信息。它可以被分成三个部分：感官记忆（感知的一部分）、工作记忆和长期记忆。工作记忆具有空间（约三项）和时间（几分钟）上的局限性，并需要投入注意力资源。工作记忆很容易被抑制，尤其是在试图处理多个任务时。长期记忆包括外显记忆（陈述性）和内隐记忆（程序性）。它受到遗忘曲线的影响。它在游戏中的应用有：

1）减少记忆负荷。

2）为学习设定优先级。

3）随着时间推移进行分布式学习（间隔效应）。

4）重复信息。

5）给予提示。

9.3 注意力

注意力的工作原理就像聚光灯一样，选择某些输入来进行处理，同时过滤掉其他输入，这会导致无意视盲。注意力对工作记忆有重要影响，并进而对学习产生重要影响。分散的注意力（多任务处理）往往是无效的，因为我们的注意力资源极为稀缺。它在游戏中的应用有：

1）成为魔术师：将玩家的注意引导至相关元素。

2）避免认知过载，否则会给玩家带来负面影响，使其不知所措。

3）避免多任务处理的情况，尤其是当其中某个任务对新手的学习很重要时。

4）避免仅依赖一种感觉模态（如视觉）来传达重要信息。

9.4 动机

动机是任何一种行为的根源。目前没有统一的人类动机理论能解释我们所有的冲动和行为。然而，我们已尝试将动机分为四种类型：内隐动机（生理冲动）、由环境塑造的动机（习得冲动）、内在动机（认知需求）和人格（个体需求）。它在游戏中的应用有（第 12 章中有更多案例）：

1）提供清晰的目标，并为目标提供有意义的奖励。

2）了解不同类型的奖励（连续性奖励和间歇性奖励）以及不同类型的间歇性奖励，以便让你预测上述奖励所激励的玩家行为。

3）使用可变比率计划表来奖励那些与完成目标无关的行为（例如，打开一个在游戏世界中发现的箱子时）。

4）使用固定比率计划表来奖励习惯的形成和玩家的策略。

5）帮助玩家发现任务本身就是奖励，旨在满足他们自身对胜任、自主和关联方面的需求（自我决定理论）。

6）在心流领域，有意义的挑战既不太容易，也不会太难，它本身就是种激励。因此，游戏难度曲线必须遵循这一原则。

7）使用"大五"人格模型来理解个体需求。

8）聚焦意义，提升动机。意义意味着有一种使命感、价值感和影响力，有时超越了自我。

9.5　情感

情感是一种生理唤醒状态，可以与一种感觉相关联。情感影响我们的感知和认知，并引导我们的行为。它可以增强认知，但也会损害推理。它在游戏中的应用有（第 12 章中有更多案例）：

1）用情感来引导并取悦玩家。

2）尽可能地避免不公平的感觉。

3）打磨你的游戏感。

4）避免易用性方面的挫折。

9.6　学习原则

当前已有以下几种学习范式：行为范式、认知范式和建构主义范式。行为范式考察刺激与反应之间的关系，以及环境如何塑造学习，有经典条件反射（被动学习）和操作性条件反射（需要一个适当的行动）。对条件反射来说，奖励和惩罚最为重要。认知范式重点关注心理进程和人类的局限性。建构主义范式假定，人们通过自身与环境的互动来建构知识。学习原则在游戏中的应用有（第 12 章中有更多案例）：

1）给予玩家适当的奖励。

2）当玩家学习一个新的游戏机制时，避免惩罚他们。

3）利用认知科学的知识去创造一个学习环境，这个环境要考虑人们在感知、注意力、记忆、动机和情感方面的能力和局限性。

4）让玩家在做中学，在语境中有目的（意义）地学习。

5）让玩家深度处理那些你需要教给他们的重要元素，处理程度越深，留存率越高。

第二部分

电子游戏用户体验框架

第10章 游戏用户体验概述

10.1 用户体验简史

10.2 澄清有关用户体验的误解

10.3 一种游戏用户体验的定义

用户体验（UX）在电子游戏产业中是个较新的学科，但却越来越受追捧，因为人们对它有了更好的理解，而且它的好处也进一步为人所知。2005年左右，我还在玩具行业工作（为婴幼儿和少儿开发教育游戏），我的工作旨在让那些购买玩具的人（家长）满意。他们并非只考虑与产品的交互体验对用户（儿童）有多大教育意义以及有多有趣。毕竟，花钱买玩具的人（成年人）通常并不是玩儿玩具的人。2008年，我进入电子游戏产业，开始在育碧（法国）总部工作，因为育碧越发想要了解认知科学能够如何帮助其创作更好的游戏。当时在育碧，可玩性测试实验和用户研究已经是开发周期中的一环；它们正用外部玩家在开发过程中测试游戏，以便在游戏发行前找出并修复问题。虽然当时有几位认知人体工学专家正在与设计师和工程师合作，帮助他们预测用户与界面交互时可能体验到的问题，但是用户体验的概念还并不明晰。当时已经有了这样一种明确的理解，即一款游戏需要容易掌握（游戏的易用性），而且要有趣，但这并未被正式规范化。当然，很多开发者和学者都在介绍易用性、可玩性、游戏心流、玩家享受或乐趣元素等新概念，而且有些工作室比其他工作室在这方面要更先进，但却缺少一个用于描述游戏用户体验包含哪些内容的总体定义，或一种能被嵌入开发进程中的用户体验框架。

2017 年，用户体验在全球游戏开发者大会（电子游戏产业从业者规模最大的年度聚会）上正式亮相，首届用户体验峰会召开。虽然知道唐纳德·诺曼（Don Norman）早在 20 世纪 90 年代就推广了用户体验的概念（Norman et al.，1995），但终于看到这门学科在游戏产业中得到认可，还是让人备感兴奋。然而对这个产业来说，用户体验依然是个较新的领域，所以想要清晰地概括它在游戏开发中的定义、框架和实践，还有很多工作要做。本书的第二部分是我个人对此所做的一个尝试，它基于我在育碧（法国）总部、育碧（蒙特利尔）、卢卡斯艺术和艺铂游戏工作期间的心得，我选取了自己与游戏开发者最有共鸣的部分。在开始进入主题前，让我们先了解一下用户体验的简史，以便更好地理解其演变及其在游戏产业中的早期历程。

10.1 用户体验简史

从核心来看，作为一个学科用户体验使用认知科学的知识和研究方法，考察目标受众（终端用户）如何与产品互动，以及这种互动如何激发情感和行为。其宗旨是确保目标受众按照制作者的方式来体验产品，制作者通过塑造产品，使其契合目标受众的需求。在用户体验的研究方法中，人类处于设计进程的中心（以人为中心的设计）。用户体验的研究方法源于人类因素和人体工学，人们通常认为这些领域繁盛于第二次世界大战期间。当时有人指出，人们很难操纵战争机器，尤其是战斗机，有些人甚至会因为自己与这些机器互动时出现的致命错误而丧命。军队开始雇用心理学家来解决这些问题。那时候，机器主要是为了支持工程而设计的，而且操作者需要经过长时间的培训，以便理解它们的工作原理。训练有素的飞行员不断坠毁飞机（如因为一个操作配置问题，见 Fitts and Jones，1947），从而引起了一种思维上的转变：也许并不是飞行员的错（他们经过了精心训练），而是驾驶舱设计的错误导致了人类的错误。试想一下，处于压力之下的飞行员，（就像传说中的那样）弄混了弹射发射键和油门，或是混淆了起落架和襟翼手柄——因为在不同飞机驾驶舱中，这些操作键的位置都不一样。我相信你有过类似的经历，当你从一款游戏换到另一款时，不得不重新适应新的手柄映射方式，但错误的后果肯定没有那么严重。机器的设计开始以人类大脑的能力、表现和局限性为基础。与人类因素和人体工学相关的领域由此正式诞生，它从关注军队的安全意识，转而关注为工人和消费者创建以人为中心的技术。

人体工学包括不同的研究领域。例如，物理人体工学涉及人体解剖和操作机器时的身体疲劳，认知人体工学涉及心理进程，如我们在本书第一部分中看到的（感知、注意力、记忆等）进程。20 世纪 80 年代，计算机开始进入人们家中，从而出现了一个新的人类因素分支：人机交互（HCI）。人机交互已建立并完善了相应定律或原则，可被用于改善人类与计算机界面的交互。最著名的两个规律是菲茨定律（Fitts's law）和希克 - 海曼定律（Hick-Hyman law）（MacKenzie，2013）。菲茨定律让我们用数学预测人类用手触碰或用光标点击某个目标所需的时间，具体取决于目标的距离和目标的大小（Fitts，1954）。例如，在用户界面上，与大按钮相比，我们需要花费更多时间去点击一个小按钮；若两个按钮彼此过于接近，就会增加以下风险，即用户想点击一个按钮时，却误点到另一个按钮。再如，人们更容易瞄准一个位于屏幕角落的按钮，因为光标已经到达屏幕的边缘，不能继续再向前移动，所以无法超过按钮。因此，苹果计算机上的应用程序菜单没有被添加到应用程序窗口，使得目标"无限"高，而是一直位于屏幕顶部，因为光标会停在屏幕边缘。因此，当光标接近目标时，我们无须减速，因为不存在超过界限的风险。简单指向位于边缘的目标会更快。菲茨定律被广泛应用于用户界面及交互设计中，用来优化设计者期待用户完成的操作。希克 - 海曼定律（又叫作希克定律）认为，用户做出决定的反应时间将随选项显示数量的增加而呈对数趋势增加（即选项越多，做出决定所需的时间就越长）。鉴于这个定律，设计师应该在用户界面中避免复杂性。在为一款游戏设计用户界面、平视显示器以及菜单时，为了避免与游戏本身脱节这一常见的挫败感（除非让玩家对界面产生混淆是游戏的一部分），人机交互的规律尤为重要。

虽然人机交互主要关注如何使界面更有用，以及如何让人们更愉快地使用界面，但它并不考虑人们对某个产品的全部体验（首次听到它，在商店或网上看到它，购买它，开箱或启动应用程序，使用它，向别人介绍它，联系客户服务等）。因此，设计师唐纳德·诺曼在 20 世纪 90 年代引入了用户体验这一概念，用它来解释人类对某一特定产品的全部体验，无论该产品是一个物体、一项服务、一家网站、一个应用程序，还是一款电子游戏。"伟大的设计师会生产令人愉悦的体验"，诺曼（Norman，2013）如是说。本书使用同样的视角来理解用户体验，但我会进一步具体聚焦它对游戏设计的意义。因此，游戏用户体验既包括游戏的使用（易用性），还包括玩家体验的其他部分，即他们感知到的情感、动机、沉浸感、乐趣或心流。用户体验最初是对生死攸关的战时情况做出的反应，但如今，它已成为设计中规模最大、增长最快的领域之一，用户体验几乎能为人类使用的所有产品、系统或服务的设计提供指导。

10.2　澄清有关用户体验的误解

游戏用户体验是指在游戏开发中使用认知科学的知识和研究方法，由于它在许多游戏工作室中通常是一种新方法，所以可能存在一些阻力。就在不久前，这个行业中还没有任何带有"用户体验"字样的职位，但如今用户体验从业者到处都是！就像常见的情况那样，在引入一个新进程时，它会引起资深从业者的担忧和怀疑，这是可以理解的。如此一来，用户体验从业者（从交互设计师到用户研究员）就会面临人们对其领域的误解。回顾我自己向开发团队倡导用户体验或认知心理学的经历，我觉得需要澄清五种主要的误解（见 Hodent，2015），详情如下。

10.2.1　误解 1：用户体验会扭曲设计意图，并简化游戏

游戏开发者往往存在这样一种强烈的恐惧，认为用户体验会消除游戏中的所有挑战，并使其变得简单。非常有趣的是，在我的心理学和用户体验培训课上，听众经常问我，像佛朗软件（FromSoftware）推出的《黑暗之魂》（*Dark Souls*）这样的游戏，如何才能在用户体验的入侵中幸存下来。不知为什么，用户体验实践被视作一台蒸汽压路机，会消除所有游戏的特色，并将其标准化。这种误解一直是我最为惊讶的，因为用户体验的整个要义恰恰是帮助开发者实现他们的愿景，当然不是扭曲设计意图。因此，如果你的目标受众是硬核玩家，而且你想为他们提供痛苦的体验（打个比方），那么用户体验实践绝对会帮助你达成这个虐待目标。开心点！以卡普空的生存类恐怖游戏《生化危机》（*Resident Evil*）为例，试想有位用户研究员在可玩性测试中观察到以下情况：在游戏中的某一时刻，玩家打开一个壁橱，里面藏着的僵尸会立即攻击他们。大多数被观察的玩家都措手不及，第一个让自己放松的尝试都是向后退，远离僵尸，但有个关卡设计师留下一张桌子，正挡着他们撤退的路线（见图 10.1，见书前彩插）。结果，许多玩家都惊慌失措，拼命绕着桌子移动；其中大多数人被僵尸伤害，有些人甚至因此丧命。如果用户体验是为了让游戏变得更容易，那么用户研究员可以向开发团队报告，因为这个桌子会让玩家感到沮丧，因此应该被删除。然而，恐怖游戏的整体意图是吓人，所以惊慌失措实际上是在上述情况下想要引发的一种情感。因此，这种观察到的现象不太可能构成一个需要修复的用户体验问题，因为它可能与设计意图是一致的。实际上，这种情况可能会被当作一个正向发现，报告给开发团队。

目前会出现的情况是，开发团队也许与发行团队或管理层的目标不一致。也许你的梦想是设计下一款《黑暗之魂》，但工作室却想要一款更主流的游戏，吸引到更大受众群，并使用免费增值模式的游戏机制。在此情况下，用户体验方面的建议会兼顾商业目标以及设计目标，两者须协调一致。

若无法达成一致，用户体验的反馈会让开发团队感到沮丧，因为它也许遵循了某些他们不赞同的商业目标。我可以理解这种沮丧，但它不应该归咎于用户体验实践，而是因为没有正确匹配优先级，或因为开发团队和整个工作室内部沟通的失败。优秀的用户体验从业者不会试图推动任何个人规划，实际上，他们并非试图篡权的入侵者。我们为和平而来，是来这里帮忙的。

10.2.2　误解 2：用户体验会限制团队的创造性

许多开发者将电子游戏视作一种艺术形式（我对此表示赞同），所以他们有时指出，科学不应该干扰他们的艺术方向。毕竟，巴勃罗·毕加索（Pablo Picasso）从未在自己的艺术中经历过用户体验流程。一般来说，游戏是由一群艺术家（如艺术总监、平面设计师、音乐家、作家等）组成的团队开发的，而且艺术对电子游戏至关重要，最显著的是，要创造一种情感反应（我们将在第 12 章中讨论）。然而，科学和艺术实际上是最佳拍档（例如，理解物理对摄影师和摄像师来说是有用的，了解透视的数学原理对画家来说是有用的），电子游戏是一种独特的艺术形式。一款电子游戏是一段互动体验。它需要人们输入，以便揭示它的内容。因此，如果艺术的方向与人机交互的定律或易用性原则存在着冲突，那它就会自讨苦吃，因为它会让玩家无法充分体验这款游戏（并因此无法充分体验它的艺术）。正如艺铂游戏首席技术官基姆·利博莱利（Kim Libreri）在下文中说的，用户体验可以被当作一种内容优化工具。艺术家必须在技术及物理限制的范围内进行创作，但他们还必须要考虑人类在创作互动体验时的局限性。当然，你可以像 M. C. 埃舍尔（M. C. Escher）或萨尔瓦多·达利（Salvador Dalí）那样，利用人类的局限，如感知，只要这是你的特定意图即可。通过角色设计，使敌人难以被发现，这在恐怖游戏中也许可以理解，但制作一个带有绿色材质的高尔夫球，就会违背高尔夫球的易用性，因为游戏中的挑战并不是找球。电影制作人、作家及演员奥逊·威尔斯（Orson Welles）曾说过："艺术的敌人是缺乏限制。"

用户体验从业者不会阻碍团队的创造力，他们只会揭示出更多艺术家需要考虑到的限制（如人类思维的局限）。让这些额外的限制激发出你更大的创造力吧！

艺铂游戏首席技术官基姆·利博莱利
用户体验并非创造力的敌人

20 多年来，我一直投身于电子游戏和电影领域，致力于制作大众喜闻乐见的娱乐内容，根据我的经验，在观众的享受中，最重要的部分是理解。按照传统，这被当作成功的创意领导所具有的本能，但实际上，大多数伟大的创意总监都能在接受外部密友反馈的同时，将自己投射到观众的视角中。当他们这样做的时候，他们正在考虑用户体验，并考虑如何用最佳的方式向消费者表达他们的意图。

一名艺术家很容易用创造的纯粹性这一理由来坚持自己的想法，但如果这是以受众或玩家的体验为代价的，他会发现自己只是在迎合一名观众。用户体验分析为我们提供了工具，以客观科学的视角来理解消费者如何对我们的产品做出反应，而且它是可靠的内容优化机制，在大部分情况下都没有摩擦，这一点已得到验证。

用户体验测试并不是免费的。你需要确保自己的内容处于正确的开发状态，不会产生不必要的随机反馈，你还必须特别留心，基于实际需要反馈的内容而提出问题。但随着项目越发成熟，更重要的是要了解用户如何对该项目的整个表层区域做出反应。

没有人想故意制造一款会丢分的游戏作品，尤其是当数百万美元处于利害攸关时。用户体验测试是一个重要的工具，能避免创作团队和管理团队出现脱离用户的情况。用户体验反馈的难度也许很大，但为了成功，重点是要记住我们正在为谁制造产品。

10.2.3 误解 3：用户体验只是另一种意见

制作游戏通常需要协调很多专业人员，而且在大型工作室中，游戏开发团队可能需要处理许多意见，它们来自游戏团队内部、营销团队、发行团队、管理团队、受众等。因此，用户体验的输入可能被视作游戏团队必须要处理的另一类意见。设计师也许会尤为担心，因为他们已经习惯了所有人都把自己视作设计师。正如理查德·巴托（Richard Bartle）（2009）所指出的那样，游戏开发者（无论是高管、工程师，还是艺术家）、记者和玩家都认为自己是设计师。他们会不知疲倦地针对某些游戏机制或系统向游戏及关卡设计师提意见，说明应该添加或删除哪些内容，为什么他们认为某张特定的地图缺乏平衡等。就像很多人都相信，因为自己有人类的经验，于是就懂心理学，人们也相信，因为自己有使用物体、应用程序和电子游戏的经验，于是就懂设计。这并不是说非设计师不应该为游戏设计提供反馈，但上述现象会让一些设计师产生防备心理。艺术家也会碰到同样的问题，有些人因为喜欢故事、漫画书和电影，于是相信自己懂艺术。工程师往往不那么烦恼，因为不会编程的人能更容易发现自己不懂编程。然而，工程师却受到另一种问题的困扰：许多人都不理解，为什么一个看似微小的修改，对编程来说却如此大费周章。

总之，大多数游戏开发者往往已得到了不少反馈（通常很多！），不想再多此一举，因此，用户体验从业者就被看作一个"意见王国"中的新人。所以我经常开玩笑说用户体验从业者不提供意见，以此缓解开发者的担忧。用户体验从业者基于自己的专业知识和数据（如有）来提供分析。用户体验领域使用认知科学的知识和科学的方法来发现或预测一些问题，这些问题会对玩家体验产生负面的影响，而这种影响却并非出于开发者的本意。它通过标准化的研究计划来检验假设。诚然，有时候，找到需要解决的正确问题并非易事，而且由于每款游戏和每一段体验都不相同，所以我们并非总是知道正确答案是什么。对设计而言，迭代永远都至关重要——即便使用以人为本的设计方法，遵循人类因素原则和认知心理学，也是如此。然而，传达来自用户体验测试、专家评论或数据分析的用户体验反馈，不应被视为"只是另一种意见而已"。如果表述方式正确，用户体验反馈将是来自不同渠道的所有反馈中偏差最小的部分，同时也是最中立的。只要用户体验从业者知道自己所处的立场，并对设计目标和商业目标有清晰的理解，他们应该就能提供最客观的反馈。

10.2.4　误解 4：用户体验只是常识

对一些有经验又有能力的游戏开发者来说，有些用户体验反馈提到的问题确实会在他们的意料之中。受过训练的设计师凭借经验完善了自己的直觉，而且他们了解认知心理学和人机交互原则（不管他们是否能规范地表达自己的知识）。用户体验从业者知道的许多原则，实际上是"普遍的"设计原则（Lidwell et al.，2010）。然而有时候，有些结论只有在被指出后，看起来才明显。有一种名为"后视偏差"（hindsight bias）的认知偏差，它让我们相信自己一直都知道某些事情：因为我们在所有事实都被呈现出来之前，不一定记得自己感受到的不确定。此外，很多电子游戏都伴随着一些看起来似乎是"常识"的问题。这并不一定是因为开发者缺乏常识，也许是因为认知偏差的诅咒促使他们无法发现一个显而易见的问题，仅仅因为他们太了解自己的游戏，反而无法预测新玩家会如何感知它。也许是因为他们意识到了这个问题，但却习惯了，最终甚至忘记了它的存在。或者，也许是因为他们在面对所有其他优先事项时，没时间解决这个具体问题。这就是为什么在游戏发布后，批评游戏变得越来越容易，尤其是在我们不了解开发过程中发生了哪些事时。然而，这也强调了一个事实，即常识问题似乎会由于各种各样的原因而被忽视。

不过，大多数用户体验的建议都不是常识。如第一部分所述，人类的大脑因为感知偏差、认知偏差和社会偏见而存在着不足，这些都影响着开发者和玩家。任何一个领域的研究者都使用极为标准化的方案来检验自己的假设，这是有充足原因的——人们很容易错过一些东西，或误解实际正在发生的事。遵循一个良好的用户体验进程，会帮你识别出游戏中存在的大多数问题，而且更为重要的是，它将帮助你根据这些问题对玩家体验的影响程度以及它们对游戏功能的影响的重要程度，来确定问题的优先级。例如，有一个问题影响了玩家但却与某个高级功能相关，且该功能并非核心游戏玩法所必需的部分，另一个问题对玩家影响不太严重（在大多数情况下，他们会设法在某一时刻把它弄清楚）但却影响到你的一个核心游戏元素，两者相比，后者的优先等级更高。用户体验的方法还应该能帮你找到问题的来源，以便解决正确的问题。正如诺曼（Norman，2013）所指出的那样，问题往往不会并然有序地自我显现，它们需要被发现。

10.2.5 误解 5：没有足够的时间或资金来考虑用户体验

做游戏不容易。通常出现的情况是，开发者缺乏足够的资源，无论是时间、金钱，还是人，无法按照截止日期交付他们想要交付的游戏。他们要么不得不加班，最终砍掉了大量功能，要么不得不牺牲游戏质量。在2015 年发布的一份新闻稿中，全球游戏开发者协会指出，62% 的游戏开发者加过班，在这些密集加班的从业者中，近半数的人每周工作超过 60h。此外，游戏的开发及营销费用也非常高。因此，采用新流程以及雇用新人手，会被视作增加了更多复杂性。然而，对用户体验流程的投入，恰恰就是一种投资。发行一款有重大用户体验问题的游戏，最终会对你的游戏造成致命的伤害，尤其是考虑到你的受众可以选择把时间和金钱花在当今市场中的许多其他竞品游戏上。有时，即使是一个易用性方面的小问题（例如，在玩家与游戏商店界面互动时），影响了他们的购物心流体验，也能对你的收入产生巨大影响。大多数工作室采用完整的游戏测试，以便在游戏发行前修复最关键的漏洞。与之类似，试想一下，你的游戏所提供的用户体验，能帮你识别并修复那些会影响玩家的最关键的问题，并反过来影响到游戏的成功。不仅如此，如果在开发过程初期，你就在迭代流程中规划了一个用户体验进程，那么当你有了纸质或交互原型时，它就能立即帮你找出问题，让你用更低的成本和更快的速度来修复这些问题，不用再等到相关功能已在游戏引擎中实现的时候。对已实现的功能而言，若在这些功能被完全"艺术化"并被打磨好之前，就改变游戏中的元素，那也会帮你节省成本。当然，并非所有内容都可以通过原型来完成测试，有些游戏系统只能在封闭的 beta 阶段进行有效测试。但是，你早期处理的问题越多，就越能在开发流程后期抽出时间专注于系统和游戏平衡的问题。不要问自己是否有能力去考虑用户体验，问问自己是否有能力承担不考虑用户体验的后果。

10.3　一种游戏用户体验的定义

"用户体验"一词可以解释各种观点。如上文所述，这个词是由唐纳德·诺曼提出的，用于解释用户对产品、网站、应用程序或服务的全部体验。以这一理念为基础，游戏用户体验包括玩家使用电子游戏的全部体验：听说过它，看预告片，访问游戏网站，下载并 / 或安装游戏，与游戏交互，从菜单到游戏玩法，安装更新包，联系客服，在论坛上互动，向朋友介绍它，等等。这一切都是为改善游戏用户体验而需要考虑的重要方面。然而在本书中，我会主要讨论玩家与游戏本身进行互动时的体验。

在只考虑电子游戏的情况下，关于如何定义游戏用户体验，人们目前还没有达成共识。一些开发者只是为了更容易解释游戏的使用情况，而讨论用户体验，并将游戏的趣味性及情感参与方面标榜为玩家体验（如 Lazzaro，2008）。我对游戏用户体验的看法较为宽泛，与艾比斯特（Isbister）和谢弗（Schaffer）（2008）的定义一致，他们两人从广义上描述了用户体验：即与软件交互的感受以及这种体验具有多大的吸引力。一些开发者也会使用"用户研究"一词来解释用户体验，但对我来说，用户研究意味着我们用来测量游戏用户体验的工具和方法，并因此只是系统中的一个（但很重要的）组件。不存在定义游戏用户体验的最佳方法，只要和一起工作的游戏开发者达成一致即可。我自己对游戏用户体验的定义以及我说明它的方式，是在我与育碧、卢卡斯艺术和艺铂游戏的游戏开发者进行了大量互动与合作，以及我在游戏产业会议上的所有讨论后，才得以形成的。当然，这并不是说我对游戏用户体验的理解方式是最好的，但对我来说，它在我与同事合作的过程中，是一个有效又实用的框架。而且虽然我的框架通过科学知识来表述，但我并未在学术维度进行过测试。它源于游戏开发实践。因此，我依然在完善自己的观点，只要我在这个行业工作，我肯定会继续完善它。

我从实践角度来理解游戏用户体验的方法，是考虑玩家对游戏本身的全部体验，从与菜单交互，到在游戏进程中及游戏后感受到的情感及动机。它包括玩家在以下情况下获得的所有体验：感知系统图像，与游戏互动，思考它，享受游戏的视觉及听觉美学，玩家在认知和情感层面如何参与游戏，持续玩游戏的动机，以及玩家后来如何记住自己的体验。基于上述定义，游戏用户体验有两个需要考虑的主要组件：易用性和"参与力"（engage-ability）。一款游戏的易用性是指使用它的容易程度，玩家如何与游戏界面交互，以及这种交互是否令人满意。参与力是一个较为模糊的概念，它说明了游戏在多大程度上有趣、吸引人并富有情感。我曾把这个组件称为"游戏心流"（game flow），但这个术语对游戏开发者来说可能有太多歧义（如第12章所述，我现在是从更狭义的视角使用游戏心流一词）。我承认，"可参与力"一词听起来有些浮夸，而且你可能好奇，我为什么坚持使用这个复杂的术语。我之所以喜欢它，出于两个原因。第一，"参与"的概念会唤起更多人的共鸣，如开发者和游戏玩家，而"开心"（fun）或"心流"等词往往更为含混。当你参与到玩游戏的过程中时，这意味着你在意它，你有动力持续地玩，你的体验是带有情感的，你沉浸其中，你有一种现场感，而且你可能很开心，

无论"开心"对你来说意味着什么。那你可能会问，为何不干脆称其为
"参与"呢？这是个好问题，我不确定自己能给出一个令人满意的答案。但
我的第二个原因是："参与力"的后缀是"能力"（ability），它意味着要
考察游戏能在多大程度上让人参与其中，就像"易用性"意味着要考察
游戏能在多大程度上被人适当地使用一样。希望这些术语也能引起你的
共鸣！

　　总之，游戏用户体验包括玩家如何感知和理解一款游戏，如何与游戏
互动，以及通过这种互动所激发的情感和参与度。它考察游戏的易用性和
可参与力，我们将在以下两章中讨论这两个方面。请牢记，我在此尝试总
结的游戏用户体验，更准确地说，是面向设计师、艺术家、工程师、游戏
测试人员和负责开发游戏的制作人，以及在营销、发行或管理团队工作的
从业者的。我不认为自己的受众仅限于用户研究者和用户体验从业者，我
相信他们应该已经对此话题有了比此书更深的了解。因此，在用本书讨
论游戏用户体验时，我的目标主要是为各种职业和视角之间搭建桥梁，从
而让所有开发者都能彼此协作，共同提升玩家的用户体验。我的目标并不
是要事无巨细地总结迄今为止已被记录下来的研究、理论和框架，而是要
为用户体验从业者提供服务（有关上述话题的概述，见 Bernhaupt，2010；
Hartson and Pyla，2012）。令人遗憾的是，学者或研究人员有时无法有效地
传达各自的信息，因为他们的结论和建议没有被理解或被解释为"具有指
导意义"。用户体验从业者的主要目标是帮助团队中的所有人创造一段良好
的体验，而不是被当作"易用性警察"（实际上，我曾被人这么叫过一次，
你当然不想让同事产生这种感受）。良好的合作首先要确保我们以恰当的方
式传达自己的信息，并使我们能被人理解。就像我在第一部分讨论认知科
学时那样，我会在第二部分中把当前游戏中的用户体验知识和实践，简要
总结为最容易让广大游戏开发者们应用的框架。为了达到这一目标，我有
时会牺牲一些细微之处，不使用一些人类因素（心理学）的词汇，而使用

游戏开发者更熟悉的词汇。我之所以如此关心倡导用户体验，并传播有关用户体验概念的信息，是因为在开发团队（和工作室）中，人人都应该关心用户体验，而并非局限于用户体验从业者群体，他们只应为其他人提供指导和可用工具。因此最为重要的是，有一种可以供整个工作室使用的用户体验通用语言。

第11章 易用性

艾比斯特（Isbister）和谢弗（Schaffer）（2008）认为，使游戏（或软件）可用，意味着"关注人类在记忆、感知及注意力方面的限制，意味着预测可能犯的以及正在犯的错误，还意味着在工作中要考虑该软件的使用者的期待和能力"。易用性是指考虑系统图像（即用户感知到并与之交互的内容）的能力，以便清晰地传达这个系统意味着什么，以及能如何使用它。由于玩游戏的是人，因此游戏开发者必须考虑人类的能力和局限性，以确保他们的游戏是可用的。这并不意味着将游戏简单化，正如我们刚刚在描述用户体验的主要误解时所看到的那样（第10章）。它意味着消除一些不必要的、不想让其出现的挫败感，如果不考虑人类的感知、认知和动机，系统图像就会引发此类挫败感。

易用性是提供良好用户体验的第一步，因为在游戏中费力理解或完成简单的任务，会创造足够多的重要障碍，在极端情况下，这些障碍会导致玩家退出游戏。在最好的情况下，一款易用性很差的游戏，有时会让玩家产生厌烦的体验，或会阻止玩家发现或享受某些功能。在最坏的情况下，你的游戏原本可以很棒，但却可能完全没办法玩。如果你的游戏具有足够的创新性，玩家因为它正流行，或者因为所有朋友都在玩它，而愿意付出一些额外的努力来克服挫败感，那么它可能会摆脱重大易用性问题的困扰。也许吧。但那种情况相当罕见，所以如果我是你，我就不会有这种指望。例如，《我的世界》也许能摆脱一些易用性问题的困扰，因为它提供了一种独特又深刻的创造性体验，在它发布时，没有其他游戏能提供这种体验。然而，《我的世界》的后继者也许本身没有那么强的开创性，就无法享受这份奢侈。就免费增值模式游戏而言，易用性甚至更为关键，因为问题会影响玩家最初的参与或留存，因为玩家玩此类游戏的投资很低，他们在前期不需要花费任何资金。即便是小小的挫折，也会妨碍他们在游戏开始几分钟后继续玩下去。例如，如果玩家不明白为什么或者如何在商店里买东西，那会对你游戏的收入产生巨大影响。需要提醒的是，我在此讨论的是那些并非由设计引发的挫败感，比如不理解平视显示器中的图标是什么意思，很难佩带武器，或者在不明原因的情况下阵亡。当然，我不是在谈论游戏玩法以及游戏设计所提供的挑战。

11.1 软件及电子游戏中的易用性启发法

用户体验从业者往往指出，对用户（玩家）来说，一个可用的界面是让人感到"透明"的界面。然而，这个概念可能会被误解，尤其是在考察一款电子游戏的平视显示器时。游戏开发者有时认为，完全移除平视显示器，将给玩家提供更大的沉浸感，但最终可能会适得其反，因为之所以提供"平视显示器"，完全是为了避免用户记忆或不得不搜索重要的信息。虽然你肯定需要避免笨拙且令人压抑的平视显示器（例如，使其对环境敏感），但若完全移除它，可能会导致玩家有更多的摩擦、更多的认知负荷以及更弱的沉浸感，因为他们为了获取自己需要的信息，需要打开菜单，并将其从游戏世界中调取出来。当然，如果你能在游戏世界中直接提供有用信息，而不是依靠平视显示器，而且如果玩家对此很舒服，那更好！这种技巧被称为"剧情"界面（diegetic interface），它可能最终会更具沉浸感，更优雅。但要牢记，想要做到这一点，是难上加难。如何让剧情用户界面与游戏世界保持一致、清晰可见并易于感知，答案并不明显。提及精致有效的剧情用户界面，经常被引用的例子是韦瑟拉游戏（Visceral Games）的《死亡空间》（*Dead Space*）中的生命值系统。与大多数第三人称动作游戏不同，《死亡空间》中的血量条并没有显示在平视显示器的一角，也没有位于主人公角色下方。相反，它被集成到角色模型的身上（见图 11.1，见书前彩插）。游戏世界总体上极为黑暗，但血量条的亮度使其与背景形成了鲜明的对比。因此，它很容易被感知，而且因为大多数动作游戏的玩家都用眼盯着屏幕中心，也就是十字准线的位置，所以与平视显示器（外围视觉）相比，十字准线距离更近，有利于让玩家快速瞥一眼血量条。另一个经常被使用的剧情界面案例，是武器模型上显示的弹药计数。许多第一人称射击游戏都是这么做的，但这通常不会取代平视显示器上的弹药计数，这依然是必要的，因为它不会移动（不像武器模型那样），而且还提供了玩家需要的额外信息（例如，弹夹的数量）。

　　因此，让用户界面变得透明，并不意味着移除平视显示器。它意味着在正确的时间提供有用的信息，同时不会让玩家感到压抑或困惑，包括菜单、平视显示器、游戏世界和几乎所有游戏中的东西。试想一下，你正在租车，但对这个车型不太熟悉。你想要的体验是驾驶，所以你需要仪表盘能易于阅读及操作（例如，启动发动机，打开挡风玻璃上的雨刷等），以便容易驾驭。当你无须费力就找到并阅读自己所需的信息（速度表、燃油表等）或控制汽车时，用户界面就会让人感到透明。但那个界面仍然存在，为你提供支持，它只是不妨碍你。这就是透明的意思，你甚至都不会想到界面，这能让你完成自己的目标。恰恰是在界面很难使用时，玩家才会意识到它在妨碍自己，产生挫折感。这与游戏易用性类似，要确保没有任何东西会妨碍你想让玩家感受到的体验，并消除不必要的摩擦（即混淆点）。当然，并非所有的易用性问题都会让玩家有上述发现。有时候，玩家在与系统交互时会莫名沮丧，他们要么不一定知道其中的原因，要么可能会将沮丧的原因错误地归咎于别处。玩家不是设计师，他们不一定能找到自己遇到的易用性问题的根源，例如，当他们在论坛上抱怨时。为了检测到摩擦的原因，更准确的方法是，观察并分析玩家在可玩性测试等用户体验测试中操作游戏的行为，此时玩家在没有指导的情况下玩游戏，就像在他们家里一样。对提高游戏用户体验来说，用户体验测试、由人机交互专家开展的易用性评估以及用户研究一直都至关重要（见第 13 章），因为最终，用户体验与终端用户相关。因此，你需要验证他们体验到了什么，并分析可能导致他们沮丧的原因。迭代是开发周期中的关键，因此永远需要"设计 – 实现 – 测试"的循环。用头脑里已有的易用性原则来设计界面和交互，能帮助你有个好的起点。

确保良好的易用性，是人机交互领域的核心。20 世纪 90 年代，人们确立了一些准则，旨在用其评估哪些内容对网络或软件界面的易用性更重要。这些准则被称为启发法，或经验法则，它们有助于评估产品或软件的易用性。这些准则能帮助你节省宝贵的时间，避开常见的陷阱，预测问题，并更有效地解决问题，因为它们能协助你识别引起摩擦的原因，或者更好地理解用户研究员在游戏报告中所说的内容。虽然易用性启发法旨在为专家的易用性评估提供指导，并因此与设计标准不同，但将其牢记在心，还是有用的。它们能帮你了解在游戏设计过程中会遇到哪些常见的易用性问题。

最常被引用的软件及网络设计的启发式方法，是由人机交互专家及易用性顾问雅各布·尼尔森（Jakob Nielsen）（1994）提出的。1990 年，尼尔森与罗尔夫·莫利希（Rolf Molich）合作时，最早为交互设计提出了一套（包括 10 种）的启发法或普遍原则（Nielsen and Molich，1990）。人们可以在尼尔森诺曼集团的官网（https://www.nngroup.com/）上查阅。下文是对这 10 种易用性启发法的描述。

（1）系统状态的可见性　系统应该向用户传达可以完成哪些操作的信息（即"能指"）。一旦用户与系统交互，他们就应该迅速得到适当的反馈，用以确认用户的意图（在不发生错误的情况下）。例如，当你在电梯里，带楼层标签的按钮表明，你为了到达想去的楼层，需要按哪个位置。一旦按下按钮，一个好的易用性实践会立即向你提供反馈——被按下的按钮会亮起。缺乏反馈将导致混乱或沮丧。在我们的这个例子中，如果按钮不亮，你也许最后会把它砸烂。与之类似，一旦你点击"开始游戏"按钮，你就期待能得到一个反馈，这个反馈告诉你游戏正在加载。

（2）系统与现实世界的匹配　系统应该使用目标受众熟悉的语言和概念进行交流。系统还应该使用现实世界的隐喻或类比。例如，将文件放入"文件夹"中，是一个现实世界中的概念，在计算机界面中这样做，能帮助用户理解系统的工作机制。例如，在游戏中，背包是大家熟悉的玩家物品清单隐喻。

（3）用户控制和自由　用户可以犯错或改变主意。例如，在上网购物时，允许用户撤销或更改购物车中的货物数量，或允许他们轻松地删除货物，这都是实现用户控制和自由的例子。与之类似，在需要时，让玩家能改变主意，并撤销操作。

（4）一致性和标准　遵循平台惯例，这尤为重要，这是因为熟悉的词语、图标或操作能帮用户理解系统的工作机制。例如，按照传统，搜索功能用一个放大镜图标来呈现，这形成了一种惯例，可能已被用户所理解。例如，在游戏中，PS4 导航菜单中的"O"（圆圈）键在西方国家通常被用于取消或返回。

（5）错误预防　在设计系统时，我们应该秉承预防用户出错的原则。例如，允许用户完成一个有潜在伤害的操作之前——在没有保存任何更改的情况下关闭文件，系统应该请求用户确认。如果玩家准备回收一件珍贵物品（也许是为了从中得到一些制作原料），要请求玩家确认，以免这是一个错误操作。

（6）识别而不是回忆　为了让用户的记忆负荷最小化，重要的是让物品、操作和选项都清晰可见。避免强迫用户从不同对话中记忆信息。例如，用菜单导航时，用户应该始终能追踪自己在网站或应用程序中的位置（这被称为"面包屑路径"）。与之类似，显示整个手柄的图像，并在特定背景中突出玩家需要按下的按键，而不是只显示按钮标签（符号），让玩家自行回忆按钮的位置。

（7）灵活性和使用效率　通过允许用户添加或删除选项，并自定义自己的界面，来为用户提供拥有可定制体验的可能性。例如，搜索引擎向专家级用户提供了在搜索中增加筛选条件的选项。如在游戏中，为手柄提供重置映射的功能，就是一个不错的易用性及无障碍（accessibility）实践。

（8）美学和极简主义设计　删除所有分散注意力的无关信息。每个冗余的信息单位都像噪声一样，需要被用户过滤掉，从而能让他们识别并聚焦相关的信息。谷歌搜索引擎的默认页面是极简设计的一个绝佳案例。游戏亦是如此，试着删除平视显示器和菜单中所有不必要的信息，尤其是主屏幕上的那些。

（9）帮助用户识别、诊断错误，并从错误中恢复　出错提醒信息应使用简单的语言来准确解释问题，并提出解决方案。例如，系统与其告诉用户他们正在查寻的网页出现了"404错误"，不如显示一些所有人都能理解的话，如"对不起，无法找到你寻找的网页"，然后告诉用户他们接下来可以做些什么。与之类似，当玩家在用完弹药后尝试射击时，不要只播放令人讨厌的声音。例如，除了此类音效之外，你还可以显示这样一句话："没有弹药了！"

（10）帮助和文档　虽然一个系统在没有文档的情况下应该也能使用，但重要的是，在用户需要时，系统能为其提供高效且可理解的帮助。在具体语境中的帮助，通常用带圈的问号来表示，这是在需要的地方提供额外信息的案例。游戏不应该必须依靠手册来玩，但这却是一个很好的做法，把目前在游戏中看到的所有工具提示都收集起来，放在一个专用空间中，可供玩家在忘记东西时去查询。

早在1980年，就有人提出用启发法来评估游戏（Malone，1980），但直到21世纪，具体的电子游戏启发法才真正兴起（例如，Federoff，2002；Desurvire et al.，2004；Schaffer，2007；Laitinen，2008）。以下是一些游戏启发法的例子：

1）控制键应该是可自定义的，并默认为行业标准设置（Federoff，2002）。

2）应立即给出反馈，显示用户的操作（Federoff，2002）。

3）加快游戏节奏，给玩家施加压力，但不能让玩家沮丧（Federoff，2002）。

4）提供明确的目标，尽早展示首要目标，并在整个游戏中展示短期目标（Desurvire et al.，2004）。

5）游戏给予奖励的方式，应该是通过提升玩家的能力（道具），以及拓展玩家进行私人定制的能力，从而使玩家更深入地沉浸在游戏中（Desurvire et al.，2004）。

6）玩家在玩游戏的过程中发现故事（Desurvire et al.，2004）。

7）避免使用大段的文字（Schaffer，2007）。

8）玩家应该感到一切可控，他们需要时间和信息来对威胁及机会做出反应（Schaffer，2007）。

9）不要让玩家特别容易就陷入困境或困惑（Schaffer，2007）。

10）无论是游戏中的用户界面，还是游戏之间的用户界面，都应该保持一致（Laitinen，2008）。

11）游戏中使用的术语和语言应该易于理解（Laitinen，2008）。

12）用户界面的设计，应该防止玩家犯下不属于游戏玩法的错误（Laitinen，2008）。

如果你是一名用户体验从业者，并且对游戏启发法还不熟悉，那我一定鼓励你多了解一些。然而，这些启发法并非是为了要专门建立一种与开发团队通用的语言，也不是为了要提供容易记住的指导方针。更准确地说，它们是为了帮助用户研究员评估游戏的易用性。我会在下一节中列出一小组游戏易用性的主要方面，将启发法和设计原则结合起来，并使用一套游戏开发者应该更熟悉的词汇。

11.2　游戏用户体验中易用性的七大支柱

在本节中，我会将启发法和设计原则结合起来，根据我的经验，它们组成的核心支柱，能帮你确保自己的游戏具有良好的易用性。育碧开发者整理的易用性培训课程对此产生了极大影响，该课程介绍了一些易用性组件，这些组件给我本人的思考过程带来了启发。诚然，这些组件并非事无巨细，但我认为，它们足够有效地概述了应要牢记的内容。请注意，有些传统上与易用性相关的组件，如通过与系统交互而引发的情感，将在本书的"参与力"部分（第 12 章）进行讨论。需要再次强调的是，这个支柱列表主要是为了促进游戏工作室内的通用语言及框架优化，以便每个对优化游戏用户体验感兴趣的开发者都有能力参与其中。

11.2.1　符号与反馈

符号与反馈类似于雅各布·尼尔森（Nielsen，1994）的"系统状态的可见性"启发法。然而，我合作过的游戏开发者都未曾使用过"系统状态的可见性"这个词汇。与之不同，他们经常使用的术语是"提示""符号"和"反馈"。电子游戏中的符号，是指所有视觉提示、听觉提示和触觉提示，这些提示告诉玩家当前的游戏进展（即信息符号），或者鼓励玩家执行某个特定动作（即邀请符号）。符号具有特定的含义，它们将特定信息传达给玩家，供玩家解码。在符号学中，一个符号具有一种特定的形式（能指）和一个意义（所指）；但在游戏开发中，我们往往谈论那些用特定形式传达某种功能的符号（或提示）（见下文中的"功能决定形式"部分）。反馈是一种特定类型的符号，是系统对玩家行为做出的可感知反应。

1. 信息符号

信息符号向玩家呈现一种系统状态，例如在平视显示器上，用绿色条形图或红心（就剧情符号而言，有时会直接显示在角色模型上）来表现游戏角色的生命值。平视显示器由大量此类信息符号组成，例如，可以显示玩家自己的耐力值、弹药值、目前装备的武器、当前的分数、在地图上的位置、可使用的能力、哪些能力处于冷却状态等信息的符号。信息符号必须容易被感知，但它们不应该侵犯或分散玩家对游戏中正在发生的主要动作的注意力。因此，信息符号大多都在平视显示器上，处于玩家的外围视觉中。前端菜单也包括大量信息符号，大多采用文字的形式，来描述角色、设备、技能等，从而帮助玩家理解游戏的细节，并做出决策（例如，我接下来应该买哪种技能，技能 A 还是 B？）。

2．邀请符号

邀请符号旨在说服玩家完成某些动作。例如，非玩家角色（又被称为 NPC）上方的黄色感叹号，会鼓励玩家与 NPC 互动。电子游戏中的邀请符号旨在塑造并指导玩家的行为。在大多数情况下，邀请符号应该吸引玩家的注意力，并因此应与游戏世界形成鲜明的对比。有种例外是，邀请符号故意被设计得不明显，就像任天堂的《塞尔达传说：众神的三角力量》（*A Link to the Past*）那样，该游戏中墙上不明显的裂缝表明此墙可被摧毁。当有些信息符号表达的状态需要玩家立即关注时，它们可以变成邀请符号。例如，当玩家的生命值较低时，血量条会变红，并闪烁，以此让玩家把血量条补满（如服用某种生命药水，或者，若生命值能随时间的推移而恢复，那就退出对战）。

3．反馈

反馈是一种特定的符号，向玩家告知系统对玩家行为做出的反应。当玩家使用手柄把游戏角色向前移动时，游戏角色的动画就是一个反馈的例子。另一个反馈的例子是，随着玩家的射击，平视显示器或武器模型上的弹药数量正在耗尽。玩家的所有动作都应该有实时的适当反馈，以便让玩家知晓上述动作的结果。例如，在对战游戏中，如万代南梦宫的《铁拳》（*Tekken*）系列，当玩家击中敌人时，有一个反馈是碰撞的视觉效果。这个反馈告诉玩家击打的有效性：如果这次击打对敌人造成了伤害（见图 11.2，见书前彩插），那就是一个令人激动的橙色视觉效果；若对方躲过了这个攻击，则会出现一个白色光环。同样重要的是，当玩家试图完成一个无效的动作时，也要为其提供反馈。例如，如果他们按下一个没有任何功能的按钮，好的做法是，为其提供一个微妙的反馈，如一个简短的音效，通知他们该行动是无效的，以便让他们不再坚持尝试使用这个按钮。再如，当玩家试图使用一种目前处于冷却状态的技能时，反馈应该更为明显，它应该告诉玩家为什么不能在那个时候执行该动作（例如，为平视显示器上的冷却技能添加闪烁效果，并／或在瞄准线下添加一个弹出文本，上面写着"该技能还没有准备好！"）。

游戏中的所有功能及可能的交互都应具有与其相关的符号和反馈。因此关键是，一旦设定了功能、游戏机制、武器行为（包括符号和对瞄准线的反馈）、人物行为等，就必须要考虑它们。尽早列出所有可能与元素有关的标志和反馈，将有助于用户界面设计师、艺术家和声音设计师着手准备适当的资源（assets）。之后，这还能帮助用户研究员验证，是否所有标志都能以适当的方式被玩家解码（理解）。当一款游戏具有良好的符号和反馈时，它能通过玩家对游戏世界和用户界面的感知及交互，极大地帮助他们了解游戏的规则。它甚至能减少教程的文字数量；如果邀请符号恰如其分地发挥了本身的功能（例如，说服玩家与某个对象交互），那就无须添加文字，告诉玩家接下来要做什么。与之相反，当符号和反馈缺失或不够清晰时（见下文中的"清晰"部分），就会引发混乱和挫败感。"符号与反馈"是良好游戏易用性的核心支柱。

11.2.2　清晰

清晰，是指玩家能理解游戏中所有符号和反馈（例如，对比、使用的字体、信息层次），涉及符号和反馈的可感知度。如果某个符号邀请玩家与游戏中的某个元素交互，但该符号却与背景没有形成足够的对比，那么玩家也许会看不到它。因此，为了让符号和反馈清晰可见，良好的可感知度尤为关键。例如，你应该使用让人读起来舒服的字体。最好使用一种易于阅读的

"无聊"经典字体，而不是难以读懂的创意艺术字体。当然，如果你能为游戏创造出一种独特的艺术字体，而且最终还易于阅读，那不妨试试看！但即便情况确实如此，也不一定很容易验证，因为这种字体要么只能影响一部分你考虑不到的受众（例如，有阅读障碍的玩家），要么造成的影响过于微妙，以至于无法测量（例如，该字体仍然清晰，但却比阅读经典字体花费更长的时间）。字体的指导原则的确存在，而且很容易找到。例如，人们建议使用无衬线字体，把字体的数量和颜色维持在最低限度（不超过三种），避免只使用大写字母来呈现长文本（全部大写的文本更适合短标题），确保文本和背景之间有良好的对比（将文本放在对比明显的叠加层上，而不是直接将其覆盖在游戏世界上），确保字体大小要适当，等等。文本的可读性对界面尤为重要，玩家需要在界面上做出重要决策，例如选择角色的等级、能力、技能、装备等。有时候，设计师往往使用太多文字来描述一个物品。一段好的叙事，不仅能为游戏体验增加些许情感（见第 12 章），而且更重要的是，它对玩家的决策有帮助，尤其是策略性的决策（而不是简单的表面文章）。应使用项目符号来描述某个等级、武器或能力的主要特点和优势。避免使用那些多数受众无论如何都不会读的长句子。用上述方式组织信息，能够很容易地比较两个（或更多）项目，如图 11.3 所示（见书前彩插）暴雪的《暗黑破坏神 3：夺魂之镰》（Diablo III：Reaper of Souls）的例子。使用信息图表，能让人们更容易对信息一目了然。例如，用条形图来清晰呈现一件武器的优势和劣势。如图 11.4 所示（见书前彩插），在《孤岛惊魂 4》中，你很容易明白，位于焦点的武器能造成巨大伤害，并具有良好的移动性，但却在精准度、射程和射击频率方面表现不佳。

我们在第 3 章中曾提及感知的格式塔原则，它也为优化游戏界面的清晰提供了有用的指导原则。这些原则已被用来解释人类大脑是如何感知并组织环境的。例如，根据格式塔的邻近原则，彼此接近的元素会被解释为同属于一组。使用闭包原则，则可以帮助设计师用玩家能正确理解的方式来组织游戏界面。例如，我们在第 3 章中发现，重新排布《孤岛惊魂 4》前端菜单中技能图标之间的空白，是如何有助于玩家正确地感知并解读信息的。确保你在游戏中使用的所有图标都不会令人困惑或产生歧义（即避免多稳态），当然除非感知歧义是游戏挑战的一部分。

就符号清晰而言，最后一个核心概念是符号探测理论，这是一种经典的人类因素。符号探测理论的前提是，所有推理及决策的制订都是在某种程度的不确定性下进行的。它意味着探测处于干扰中的相关信息，例如在凌乱的桌子上找到你的钥匙，或是在马丁·汉福德（Martin Handford）的游戏《聪明的沃利》（*Where's Wally*，如果你住在美国，书名为 *Where's Waldo*）中找到沃利。以在射击类游戏中探测敌人为例，如果敌人的角色设计没有与游戏世界形成足够鲜明的对比，那么，玩家就很难发现此类敌人（当然，你可以故意为之）。如果这对游戏玩法有意义，那你可以戏弄一下玩家的感知，从而改变不确定性的程度（McLaughlin，2016）。你可以在游戏环境中添加一些看起来像敌人的元素（例如，具有相同的颜色或整体形状），从而增加"假警报"，并使玩家错误地射击一个无攻击性的物体。然而，当你需要玩家注意到游戏中的某个特定标志时，你需要确保它能很容易地在游戏环境中被探测到，以免让玩家错过它，例如我所说的"红色过载"（red overload）。红色是血液的颜色，也是一种传统的颜色惯例，用来传达警告或危险信号；在游戏中，它经常被用来表示受到的伤害或威胁。若对比强烈的话，它还是一种很容易在其他环境中脱颖而出的颜色。然而，如果游戏中已经有了太多的红色元素，那么，新增的红色符号因为不太明显，就不容易被探测到，它不会从其他元素中脱颖而出（对于玩家来说，红色的无关"干扰"过于重要，以至于他们无法快速探测到相关的红色符号）。在艺铂游戏的第一人称射击游戏《虚幻竞技场3》（*Unreal Tournament 3*）中，如果你在红队，那么平视显示器上的大部分元素都是红色的，如分数、你的生命值、弹药数量等。当你受到伤害时，屏幕外围也会变成红色。所有此类红色"干扰项"使玩家更难探测或专注瞄准线周围的红色箭头符号，后者表明攻击来自何处，如果玩家想找到一个机会，快速做出反应，从而赶在被敌人杀死前将敌人杀死（见图11.5，见书前彩插），那么这个符号是玩家需要注意到的最重要信息。在用户研究实验室的场景中，我的主张很难得到验证。然而我怀疑，红色过载现象可能会产生一些分散注意力的效果，尤其是对新手玩家而言。我还怀疑，红队的玩家也许要多花几毫秒，才能探测到蓝队的敌人，尤其是当他们曾以蓝队身份比赛，并因此训练自己射击所有红色的移动物体时。这可能会影响能力极高的玩家，对于他们来说，与敌人的反应时间相差几毫秒，就足以改变游戏的结果。它有点像我们在第 5 章中讨论的斯特鲁普效应（即当墨水颜色与颜色单词不一致时，需要花费更多时间才能说出颜色单词的墨水颜色）。当你目前不得不把红队角色当作友军时，你首先需要抑制自己训练好的本能反应，不去射击红色元素。因此我常常建议，只把红色留给关键符号（如，传达即时威胁的信号，告知玩家他们正在受到伤害，或者他们的生命值很低）。橙色也是一种可用于敌人的颜色（如敌人的轮廓或血量条）。

　　记住，感知是主观的（见第 3 章）。因此，你需要确保游戏中的所有符号和反馈能为你想要实现的游戏玩法提供良好的清晰度。还要记住，我们的注意力资源极为有限（见第 5 章），所以当你想让玩家关注相关信息时，你需要为他们提供帮助。此外，你需要为传达的信息确定好优先顺序，从而避免玩家的工作记忆难以承受（见第 4 章）。例如，在多人游戏里，将每个角色的每个元素的所有符号和反馈都显示出来，很快就会令人无法理解。因此，你需要确定应该优先考虑哪些声音和视觉效果（通常是告知玩家其正受到伤害的效果），以及当太多事情同时发生时，应忽略哪些效果。与之类似，你需要确定哪些动画、声音或对话能被切掉（例如，当玩家开始移动，重新加载的动画需要被切掉；或者当玩家附近的手榴弹意外爆炸时，次要对话需要被切掉），以及哪些不能。在现实生活中，声音切割（识别哪个声音属于哪个对象）通常比视觉切割要难得多（McDermott，2009），因此在电子游戏中，当声音来自立体声时，听觉切割甚至难上加难。当然，如果你有一个杜比 7.1 环绕声系统，可能就会没有那么多麻烦，因为杜比播放的任何声音都听起来效果更佳。还没有看过电影《摇滚万岁》（*This is Spinal Tap*）的读者无法理解这个梗，我向你们说声抱歉。音效的优先顺序显得尤为重要，能帮助玩家理解游戏中正在发生的事，所以要善待你的声音设计师，并确保让他们了解你的设计意图（我之所以强调这一点，是因为我常常发现，声音设计师被排除在流程循环之外，不得不在后面的流程中赶上来）。在接下来的部分，声音总监汤姆·拜博（Tom Bible）会分享一些提升用户体验的声音设计案例。

自由职业音效总监、声音设计师兼作曲家汤姆·拜博
声音设计与用户体验

乔治·卢卡斯（George Lucas）曾说过："声音占了体验的一半比重。"声音之所以能对用户体验产生强大的影响，是因为它构成了一个完整的感官输入类型。与其他感觉相比，大脑处理声音的速度要快得多，基于这一事实，我们拥有一条通往用户潜意识反应的捷径。众所周知，音乐对玩家具有强大的情感影响，声音设计也同样重要。

声音设计能以多种方式为积极的用户体验作出贡献。首先，它需要为玩家的动作提供清晰的用户反馈。尤为重要的是，动作能够通过声音得到很好的传达，让玩家本能地了解自己的输入是否触发了成功（或不成功）的动作。有个简单的例子是，在虚拟现实（VR）中拿起一个物体。在艺铂游戏的《机械重装》（Robo Recall）中，当玩家能够捡起一个物体时，游戏会播放一个声音，并且有个白色的圆环会变大。这是一个游戏体验的核心动作，并常常发生在玩家的视野之外。我们先使用一种实时的滴嗒声，继而使用一个声音来匹配白环变大的动画。然后，玩家学会把这种与视觉同步的声音跟准备抓取某个物体的感觉联系起来。经过几分钟的重复后，这个简单的听觉反馈就变成了潜意识，而且该动作也不再每次都需要视觉反馈。

其次，我们的设计需要符合玩家对声音的期待。例如在虚拟现实中，我们尝试提供一段沉浸式体验，让玩家感到自己处于另一个空间。为了实现这个目标，我们需要模拟声音在现实世界中的运作模式，以便让声音

"听起来"正确。如果这一点完成得不好，则会导致一种怪异的山谷效应，让玩家发现有些事情不对劲，但又无法确定是什么原因；但通过模拟声学物理，玩家体验到的认知失调就会少得多。我们还需要根据玩家已有的经验，创造出符合玩家预期的声音。那些玩过大量电子游戏的人，会期待某些声音以特定方式来传达信息。例如，为不说话的机器人创建发声时，我们会参考与人类类似的说话模式，以便传达角色的情感状态或意图。机器人 R2-D2 的声音在这方面表现得特别好，它所说的话在情感层面传达出了这个角色。关键是要注意，此处存在着文化的影响——来自美国的说话模式与来自中国或日本的说话模式有极大的差异。此外，我们还受到其他媒介的影响，如电影，它们迫使人们对某些东西的声音效果产生了期待，即便这些东西的声音在现实生活中并非如此。枪声是个很好的例子：在电影和游戏中，真枪的录音被大幅度修改，以便让人觉得强大并令人满意，而在现实生活中，它们基本上就是"噗"的一声。

就声音而言，也许用户体验中最重要且最容易被忽略的元素，就是混音。如果没有好的混音，就完全无法清晰传达声音设计。在虚拟现实中，创建清晰的混音特别具有挑战性，其中，我们还需要令人感觉自然且遵循声学物理原理的体验。这是个很好的平衡，能确保为混音的不同元素有效地制定优先级（将声音调大或调小），从而在任何时候都能突出最重要的声音，同时也不会让人注意到混音一直在变化。《机械重装》的混音就是一个很好的例子：播放某个类别的声音时，会"躲避"其他声音，或将其他声音调低。为了达到乱中有序，声音根据重要程度被分为不同类别，从极不重要到极为重要。例如，播放"高度重要"类声音时，那些"中等重要"类声音会被稍微调低一些，而"低度重要"类声音则被大幅度调低，但"重要性极高"类声音则不会受到影响。

若想实现有效的整合，需要用从玩家和其他声音从业者那里得到的反馈，进行大量的试错。传达具有极大的主观性，因此，通过可玩性测试获知玩家是否理解声音所传达的内容，是关键部分。对声音交互来说，上述迭代过程尤为重要，因为玩家在解释声音设计时，不一定会对声音设计做出预期的反应。

11.2.3　功能决定形式

该原则最初与现代主义建筑相关联，应用到游戏设计中时，它意味着，游戏中任何特定角色、图标或符号的使用形式（形式）如何传达其意义（功能）。工业设计使用了类似的"功能可供性"（affordance）概念，即"物体的属性与主体的能力之间的一种关系，这个主体决定了该物体可能以何种方式被使用"（Norman，2013），如第 3 章所述。例如，一个带手柄的物体（咖啡马克杯）让人们能用手抓住并拿起它，这个手柄可供抓取。与之类似，游戏元素的视觉表达应该直观地告知玩家如何与其交互。例如，一个带绿色十字架（形式）标记的盒状物体会告知玩家，捡起该物体将补充自己的生命值（功能）。玩家也许还期待，与没有盾牌的类似敌人角色相比，携带盾牌（形式）的敌人角色更难击败（功能）。我会在第 13 章中讨论不同类型的功能可供性。对于艺术家来说，这意味着他们的资源受到玩家需要理解的东西的制约，还意味着他们需要把"功能决定形式"作为一条美学指导原则。因此，我们需要追问以下问题："设计的哪些方面对成功尤为重要？"（Lidwell et al.，2010）。在此，成功意味着玩家能理解不同元素代表着什么，以及如何根据其形式使用它们（或如何预测它们的行为）。你也许能从游戏玩法中找到很好的理由，证明游戏不一定总是遵循"功能决定形式"的原则。然而，你越拥护这条原则，玩家就越能在你的游戏中凭直觉达成进步。如符号与反馈一节所述，符号之所以能在不产生歧义的情况下，说服玩家执行某些操作，是因为它们的功能是通过形式传达的，这会避免你（和你的受众）看到一些烦人的教程文字，这些文字通常还需要用好几种语言去完成本地化。在某些情况下，"功能决定形式"对游戏玩法尤为关键，如在多人游戏中，根据敌友角色的形式迅速准确地识别敌友，这对玩家非常重要。以维尔福（Valve）的《军团要塞 2》（*Team Fortress 2*）为例，众所周知，只需通过人物剪影就很容易区分游戏角色，这让玩家更容易协调自己的行动，因为他们知道附近的游戏角色具有哪些作用（功能）（见图 11.6，见书前彩插）。

为了实现"功能决定形式"，你需要具备两个条件：元素本身的形式需要能被人清晰地识别，不产生歧义（见前面的"清晰"部分），而且它应该准确地传达自己的功能。如果一个图标原本表示雷达罩，但却被感知为一片比萨，那就意味着该图标需要做一下微调。然而，如果一个形式被准确地感知，但玩家却误解了它所传达的功能，那就意味着你所使用的隐喻或类比不起作用。例如，试想一下，你设计了一个像放大镜（形式）的图标，用来表示放大能力（功能）。玩家能正确地感知图标的形式（他们看出它像放大镜），但也许会误以为它表示搜索物品的功能。创建一个调查问卷，每个页面上列出一个图标（以随机顺序显示），在你的受众中选取一些代表性样本，让他们先描述自己认为该图标看起来像什么（即描述其形式），然后描述自己认为图标传达的功能是什么（即描述其功能），你就能轻松地为自己最重要的图标（或角色、物品等）测试形式和功能。这个方法会帮你评估视觉设计中的某些部分（或全部）是否被正确感知，或是当该图标被正确感知时，它传达的功能是否准确。当然，有些功能很难通过一个小图标来传达，尤其是角色扮演游戏中的能力，这些能力可能极为具体或复杂。若玩家需要了解某些特定图标意味着什么，那也不是世界末日，只要这些图标不会产生误导即可。例如，如果你的大多数受众都认为某个图标表达了某种功能，但这个功能与它实际上应该代表的功能南辕北辙，那你就应该放弃这个图标，尝试使用另一个完全不同的隐喻。对玩家来说，与一开始被图标的意义所混淆相比，误以为自己理解某些东西，但付出代价后却发现自己的理解是错的，这反而会让他们更受挫。当玩家无法通过元素的形式明显发现某个功能时，就会产生以下心态：与其被欺骗，不如寄希望于必须用这个元素进行实验，从而理解和学习它的功能。

当然，"功能决定形式"不仅对你的图标很重要，它对你的角色、物品和环境设计也很重要。总之，尽可能通过形式传达功能，因为所有直观的东西都不需要学习，这有利于最大限度地减少认知负荷（见下文中最小工作负荷的部分）。就算做不到这一点，至少也要确保你不会欺骗玩家的期待。一如既往，除非欺骗玩家正是你的本意。若一个元素错误地提供虚假的功能，则会令人极为沮丧。例如，如果游戏世界中的某个区域看起来似乎可以让人探索（如果它提供了探索功能），玩家实际上却发现有一面隐形的墙正阻止游戏角色向前走，那会特别烦人。再如游戏世界提供了攀爬元素（如墙上的梯子），实际上却并不能让玩家交互。记住，感知是主观的：你对设计的感知不一定是你的受众将要感知到的，所以你需要测试最重要的视觉设计和最重要的声音设计，从而验证它们按照你的意图被感知，以及它们准确地传达了自身应该传达的内容。还要记住，你处于知识的诅咒之下：在游戏中，你觉得显而易见的东西，是你从内部视角了解到的，但对新玩家来说，它不一定也显而易见。

11.2.4 一致

电子游戏中的符号、反馈、控制、界面、菜单导航、世界规则和整体惯例必须保持一致。例如，如果在游戏中有可能打开门，那么每扇门都应该能打开，或者，如果只有某些类型的门可以打开，那它们应该有与众不同的视觉效果，以避免让玩家对系统的运行方式感到困惑。如果两个元素的形式相似，玩家就会期待它们具有相同的功能或相似的使用方式。相反，如果两个元素的形式不同，玩家就会期待它们具有不同的功能或不同的使用方式。如果系统是一致的，玩家一旦学会了特定规则，就可能将相同的规则应用于类似的物品。例如，玩家一旦了解到自己的手枪弹药数有限，需要重装子弹，他们就会期待获得带有弹药的新武器，如使用方式相同的一把带箭的弓。然而，他们也许期待在将敌人杀死后，能取回箭，除非这支箭看起来坏了，或消失了。现在，如果你想介绍一种带有无限弹药的新型射程武器，你也许想使用一种完全不同的武器类型，它不使用弹药，比如回旋镖。不同的功能应该通过不同的形式来传达，否则玩家会把一个符号与另一个符号混淆，并因此把一个功能与另一个功能搞混，继而导致出错。例如，如果你的游戏有昼夜周期，并使用数字来传达它在游戏世界中的时间，同时这款游戏还有一个倒计时，虽然看起来与时钟数字非常类似，但却表明了完成一项任务所需的剩余时间，那就会引发混乱。相似的功能应该采用一贯的相似的形式，但不同的功能应该采用不同的形式，从而避免产生混淆。

控制的一致性也非常重要，主要原因在于，为控制游戏而学习手或手指需要完成的动作，极为依赖内隐记忆（有时被称为"肌肉记忆"，因为它与动作有关）。当然，玩家一开始也许会学习关于手柄映射的事实类信息（例如 PS4 手柄上的"按 X 键跳跃"），但是随着他们在游戏中的进展，反复执行相同的动作时，他们的拇指会自动做出正确的动作，按下正确的按钮，同时无须有意识地思考如何实际执行整个流程。如第 4 章所述，通过一些实践，程序信息可以变得自动化，并因此更难被遗忘（就像一旦掌握了骑自行车的流程，就需要特别长的时间才能忘记它）。这意味着，你应该避免在功能相似的不同情况下更改手柄的映射。例如，让虚拟化身快速奔跑，与让化身策马加速驰骋，最好使用相同的按键。与之类似，游戏导航界面的使用方式也应该是一样的，例如，前端菜单中的导航方式应该与在虚拟化身的物品栏中的导航方式一致。如有明确的设计意图，你也可以在游戏中违背一致性原则。例如，在顽皮狗的《神秘海域 3》（*Uncharted 3*）中，若玩家位于那艘正在倾斜的沉船中，操作也会倾斜。例如，你可能需要把拇指摇杆向左推，看起来才会对准镜头的水平方向。在此，打破镜头和控制的一致性是有意为之的，目的是增加一个额外的（且意外的）挑战。

游戏之间的一致性也很重要，因为它能帮助那些熟悉特定游戏惯例的玩家快速上手。例如，很多动作游戏使用相同的按键组合来瞄准、射击、冲刺、跳跃、下蹲以及重新加载。如果你的游戏没有遵循相同的默认手柄映射，将增加玩家学习或习惯它的难度，从而引发玩家不必要的挫败感，如果玩家需要付出太多精力才能控制游戏，一些玩家会退出游戏不玩了。需要再次说明，如果你从设计出发，有很好的理由去改变某个惯例，那不妨一试；但要有心理准备，玩家需要时间来适应新惯例。以艺电（Electronic Arts）的游戏《滑板》（*Skate*）为例，手柄的映射并未遵循之前发行的滑板游戏所使用的惯例。这款游戏没有要求玩家使用面部按键来执行技巧，而是引入了"Flickit"控制操作，只使用拇指摇杆。这种惯例的改变可能是由一个核心游戏要素来驱动的，我猜这是为了给那些现实生活中玩滑板的玩家提供一种拇指带来的肌肉感觉，有点像他们用双腿在真实滑板上得到的体验（我自己不玩滑板，所以很难表达清楚）。

如果你一辈子都住在美国，却要在英国待几天，那你可能需要一些时间和精力来适应沿道路左侧驾驶，或是记住在横穿马路前，行人要先向右看。俗话说，积习难改，所以当你改变受众非常熟悉的某个游戏惯例时，头脑中应该有清晰的意图。否则，我会建议你避免多此一举。

11.2.5 最小工作负荷

你必须要考虑玩家的认知负荷（注意力和记忆）和身体负荷（例如，执行一个动作所需的按键次数），而且一如既往，当两者并不属于游戏本身的挑战时，要将其最小化。

1. 尽量减少身体负荷

有些游戏只是为了让你出汗，如育碧的《舞力全开》（*Just Dance*），或是为了让你按照节奏快速点击正确的按键，如合尼斯（Harmonix）的《吉他英雄》（*Guitar Hero*）。然而在其他游戏中，核心挑战并不在身体上。在这种情况下，减少身体负荷能够有效地减轻肌肉疼痛或身体疲劳。例如，一款游戏让玩家只需按住一个按钮就能冲刺（或让马飞奔），而不是反复按下那个按钮，这能减少玩家必须投入的体力活动。如果你的游戏节奏很快，那你就需要确保执行频繁动作时，无须按太多次按键（例如，扔手榴弹、换武器、装备新武器等）。

你还可以使用菲茨定律来预测从一个交互区域到另一个交互区域所需花费的时间，以及因此需要花费的体力。这是一个人类运动模型，根据从起点到终点的距离以及目标的大小来预测瞄准一个区域所需的时间。例如，在一款计算机游戏中，你为装配物品而浏览菜单时，首先需要单击屏幕左上角的一个按钮来选择一个物品，然后需要单击右下角的一个按钮来确认你的选择，从第一个目标到另一个目标，需要花费更多的时间和精力（即更大幅度的手势）。因此，你得注意玩家在执行游戏的常见操作时所需完成的所有姿势，从而减少身体负荷。

在游戏主机上，这（至少在前端菜单中）往往问题不大，因为玩家必须按下不同的按键，而不是用光标瞄准一个区域。例外情况是，当菜单导航使用虚拟光标时，玩家使用拇指摇杆把光标移动至特定的区域，例如，班吉（Bungie）的《命运》（*Destiny*）或哈喽游戏出品的《无人深空》。在使用虚拟光标时，重要的是要注意身体负荷，并使用菲茨定律，因为光标的运动速度与玩家的运动幅度并不完全一致。因此，如果不考虑交互区域的位置，那么在屏幕上拖拽一个缓慢到令人痛苦的虚拟光标，很快就会让玩家感到疲劳。通常，当玩家将摇杆完全推向一个方向时，虚拟光标会加快速度，而且互动区域是"带黏性的"，以便帮助玩家瞄准它们（与"瞄准辅助"中使用的原则相同）。

在移动设备上，身体负荷是一个极为重要的考虑因素。你的游戏需要玩家如何拿着他们的手机或平板计算机（例如，竖屏还是横屏），还必须要考虑他们需要用拇指和其他手指执行哪些手势。如果玩家直接单手拿着手机，而且用一个拇指就能玩，那么，与拇指成对角的所有交互区域（例如，对惯用右手的玩家来说，是屏幕左上角的按钮）都需要花费更多精力和时间才能触达。因此，你应该把玩家不常需要触摸的按钮（例如，设置按钮通常位于屏幕右上角）放在这些区域（即屏幕顶部）。

身体负荷能或多或少影响游戏的易用性，影响大小具体取决于游戏的平台及类型。总之，尽可能预测身体负荷，并将其最小化。

2. 尽量减少认知负荷

在第一部分，我们描述了记忆和注意力资源是多么有限。因此，你应该为游戏中的所有元素尽量减少认知负荷，按照你的设计，这些元素应该不需要这么大的负荷。例如，在育碧的系列游戏《刺客信条》中，游戏界面的平视显示器上不断显示着可能出现的行动和相关操作方式（按哪个按钮来完成哪个操作），如第 4 章所述（见图 4.7）。对那些需要记住按哪个按钮来完成哪个操作的玩家而言，这种显示减少了他们的认知负荷。游戏开发者认为，对于游戏体验来说，记住手柄映射并不重要。他们觉得更重要的是，玩家觉得自己在自由奔跑，四处攀爬，举世无双。如果你总是需要记住自己在具体情境中按哪个按钮，你就无法感到举世无双。游戏设计就是意味着做选择和权衡，所以你需要确定自己想让玩家把认知资源用在何处，以及你会在何处减轻玩家的认知负荷。

再如，当玩家从自己的平视显示器上查询雷达图或小地图时，玩家被迫执行心理旋转。如果小地图不是以自我为中心（不是根据玩家所站的位置来指示方向）的，那它就需要一定数量的认知资源，让玩家在头脑中旋转该地图。因此，提供以自我为中心的小地图通常是更好的做法。地图通常不会成为大问题，因为打开地图往往会暂停游戏，而且地图界面会占据整个屏幕。然而，明智的做法是，让玩家在地图上添加路径点，一旦地图关闭，这些路径点就会出现在玩家的雷达上——这减少了玩家的记忆负荷，因为他们无须记住自己的行程路线。

在其著作《点石成金》（*Don't Make Me Think*）中，用户体验从业者史蒂夫·克鲁格（Steve Krug）（2014）清晰地解释道，任何增加我们认知负荷的事物，实际上都会分散我们对想要完成的任务的注意力。在游戏中，认知负荷需要处理一些信息，这些信息对玩家想要克服的挑战并不重要，这可能会分散他们对该挑战的注意力（并／或令人沮丧）。根据第 5 章的认知负荷理论，在游戏的新手引导阶段，考虑认知负荷显得尤为重要，因为玩家此时正在学习主要的游戏机制和规则，如果学习所需的认知资源超出了工作记忆的极限，那么学习就会受到阻碍（Sweller，1994）。然而还要记住，处理程度越深，留存率越高。因此，你一定希望玩家把更多的工作记忆资源分配到你希望他们学习的机制或功能上，同时减轻分配给无关元素的认知负荷。最后，若想参与一项活动并达到心流体验的程度，玩家还需要在不分心的情况下，专注一项具有挑战性的任务。因此要记住，最小工作负荷只适用于那些与核心经验不直接相关的任务，以便让玩家为核心体验分配更多的认知资源（见第 12 章的游戏心流部分）。

11.2.6　错误预防与错误恢复

在电子游戏中，玩家会犯错，会死。这是很多游戏体验的一部分，而且如果挑战过于容易被克服，往往无法令玩家感到满意（见第 12 章中游戏心流部分）。然而，这并不意味着你不能对自己的玩家大方些，在符合自己意图的情况下防止某些错误发生。你也可以帮助玩家从错误中恢复，尤其是当错误会引发挫折时，这不会对游戏体验产生太大影响。记住，如果玩家并不能完全清楚地理解自己做错了什么，他们很可能由于认知失调，不责怪自己（就像《伊索寓言》中的那只狐狸，见第 6 章），而怪罪你的游戏，这是他们处理自身失败不适感的一种方式；他们会说游戏很蠢，并回归自己的生活（除非他们真有动力，为了在你的游戏中获得进步而持续感觉失败的痛苦）。

1. 错误预防

我们有很多认知局限，因此，我们无法关注自己一直在做的所有事情，也无法记住自己遇到的所有信息。如此一来，玩家可能会犯错误。作为一名设计师，你的工作是预测玩家可能犯的所有错误，这样你就能通过设计来预防这些错误。举个简单的例子，如果你有两个按钮，它们彼此离得很近，但功能却相反，如"确认"和"取消"，根据菲茨定律来预测，玩家此时按下错误按钮的可能性，要大于两个按钮彼此间隔更大的情况。这些按钮会导致玩家错误地执行一个代价极高的动作（例如当游戏快下载完时，却取消下载），因此，不要让这些按钮出现在玩家容易按到的位置。此外，当操作特别突然或不可逆时，要添加确认消息。例如，在暴雪的《魔兽世界》中，意外删除一个角色，是极其困难的：你必须键入"删除"一词，并确认自己的意图。总之，任何一个导致销毁或删除某物的行动，往往都需要确认（或支持恢复功能）。

　　并非只有菜单上的错误会令人沮丧。在游戏世界里，你也可以想办法大方些，预防错误发生。例如，在任天堂的《超级马里奥银河》中，敌人的碰撞区域要小于它们实际的三维模型。它允许玩家在不受惩罚的情况下接近敌人，这是一个深思熟虑的细节，因为若想估计出马里奥与游戏中的其他对象及角色有多接近，并非总是那么容易。在使用平台机制的游戏中，即使角色模型实际上只有一个像素与平台碰撞，提供空中控制功能，或让玩家安全地到达平台，都是实现错误预防的例子。例如，在使用制作机制的游戏中，如果你帮助玩家识别他们装备了哪些武器，以及他们因此应制造哪些弹药，你就能预防错误的发生。通过了解大脑的工作原理（第一部分），你能预测玩家可能会犯的一些错误，并决定（或不）防止它们发生。在可玩性测试环节中，观察玩家的自然探索，以及他们与你的游戏的互动，也能让你识别玩家正犯下的常见错误。记住，你需要在设计中考虑到人的能力和局限。如果玩家经常犯同样的错误，很可能是因为你的设计助长了此类错误的发生。记住，当飞机机舱设计得很糟时，即使是训练有素的飞行员也会犯下致命错误。如果你在单向透视玻璃后向玩家举起紧握的拳头抱怨，这对你没有任何帮助。如果可玩性测试的参与者之所以被选中，是为了准确地代表你的目标受众，那么游戏一旦发布，他们所犯的错误可能也会被整个目标受众群碰到。因此，如果你的目标是为自己的受众提供一段很好的体验，那你就需要与他们共情，并弄明白自己的设计为什么会鼓励他们去犯那些错误。

最后一点，永远不要让玩家在没存档时退出游戏。目前，大多数游戏都会自动保存玩家的进度（这也是一个错误预防的绝佳案例），但有时候，游戏需要手动存档。如果你的游戏也是这样，那么不要让玩家在保存进度前，被迫退出你的游戏，尤其是在这不再是标准程序时（除非你的系统只有一个存档位，如玩家想从上一个存档点重试，可能不想覆盖它）。让玩家追赶上自己在游戏中的进度，成本可能过高，令人过于沮丧。同样，如果你的游戏有检查点（checkpoints），那就确保用适当的方式告知玩家，如果他们在到达下一个检查点之前退出游戏，会发生什么（例如，告诉他们离自己最近的检查点有多远）。最后，在多人游戏中，清晰地告诉玩家，如果他们放弃一场正在进行中的比赛，会发生什么。许多游戏会惩罚那些放弃比赛的玩家，但并非所有玩家都明白，为什么对其他玩家来说退赛并非好事，而且也不理解自己退赛的后果。除此以外，在主机上，玩家也许会通过关闭主机来退出游戏，这意味着他们可能看不到任何告诉自己退出游戏后果的信息（如，禁令或警告）。那么当玩家重新启动游戏时，要考虑显示这些警告。

2. 错误恢复

当系统允许你从错误中恢复时，你也许已数次感到生命有了解脱。"撤销"是如此可爱的功能！在游戏中，提供"撤销"功能并非总是易事，除非它在你的游戏中是核心机制之一，例如第一号（Number One）出品的《时空幻境》（*Braid*）。然而，允许玩家从靠近他们犯错（并死亡）的检查点重新尝试，也会有类似的效果。在某些特定情况下，你还可以考虑添加一个"撤销"按钮。例如，拳头（Riot）的《英雄联盟》（*League of Legends*）允许玩家撤销自己在商店最后一次购买或出售的操作。还有一个例子是，允许玩家重置他们在一个技能树中花费的所有积分，这样一来，当他们为一个糟糕的决定而后悔时，就可以撤销这个决定了。

11.2.7 灵活

灵活性是指在游戏设置中，玩家可以选择定制，并进行调整。游戏中可定制的部分越多，如控制映射、字体大小和颜色，游戏就越容易被所有玩家接受，包括残障玩家。记住，感知是主观的——就用户界面（例如字体大小）而言，你觉得最舒服的地方，某些玩家不一定也喜欢（例如，如果他们视力受损，或只是因为他们需要阅读字幕），可能大多数玩家也不喜欢。大约 8% 的男性患有某种色盲，所以你也应该为这些人考虑。

就控制来说，有些人是右撇子，有些人是左撇子，还有一些人可能有暂时伤残（例如手腕扭伤）或永久伤残（如类风湿关节炎）。你可以提供的设置选项越多，无障碍以及整体上的易用性就越好。如果你确实提供了这种程度的灵活性，那就要确保玩家意识到，可以在你的游戏中进行个性化定制，因为大多数人在点击"开始游戏"按钮之前，都不会深入研究菜单。以顽皮狗的《神秘海域 4》（Uncharted 4）为例，当玩家首次启动游戏时，它呈现了极佳的无障碍和个人定制选项。此外，提供多个选项设置，不应妨碍你慎重选择默认设置应有的状态。大多数人一路经历最小阻力，并因此不改变任何选项设置。只有高手用户才会尝试不同的设置。因此，在选择默认设置（使用行业标准及惯例）时，要考虑一下你的主流受众。许多人体验世界的方式与我们不同，这一点很容易被我们忘记。让设计实现灵活性及无障碍，不仅是你对受众的殷切关照，也是良好的商业实践，你会因此扩大潜在受众的规模。想让你的游戏变得无障碍，若提前规划，并不一定需要花费较长的时间才能实现。在下文中，用户体验设计师伊恩·汉密尔顿（Ian Hamilton）解释了无障碍为什么重要，以及它不难实现的原因。此外，我也建议你查阅网站 http://gameaccessibilityguidelines.com/，它为游戏的包容性设计提供了清晰的指导。

灵活性也意味着让玩家决定自己想要玩的难度水平。有些玩家渴望接受极大的挑战，而其他人则只是想轻松地闲游。你也许还考虑，让一些玩家访问游戏的某些部分，这些部分往往是在玩过一段时间后才能解锁的。对于派对游戏（party games）来说，这一点尤其重要，因为此类游戏有时不允许玩家进入任何迷你游戏，直到玩家完成"故事模式"，才能通过不必要的假故事来逐个解锁迷你游戏（派对游戏之所以吸引人，主要是因为能随时与随机碰到的朋友一起玩，就像玩桌游一样）。那些刚买了你的派对游戏并打算晚上和朋友一起玩的人会特别沮丧。你没有理由阻止玩家体验游戏中各个不同的方面，特别是当玩家需要提前付费时。你如果在意游戏的复玩价值或留存率，那么可以使用其他不那么令人沮丧的机制（见第 12 章中的动机部分）。

你应该意识到的最后一个现象是"帕累托法则"（Pareto principle），也就是所谓的"二八定律"。它大致是指在一个系统中，20% 的变量决定了80% 的结果。例如，20% 的产品功能占据产品使用比重的 80%。所以，大多数人在游戏中只会使用约 20% 的功能。因此，为大多数玩家考虑，应使用简单的默认用户界面——只（在他们需要它们的时候）显示他们为了在游戏中进步而必需的部件，并让高手用户在其用户界面中添加选项和插件（《魔兽世界》的用户界面部件就能恰如其分地说明这种灵活性）。

无障碍专家、用户体验设计师伊恩·汉密尔顿

对我们的行业来说，无障碍是非常重要的一个方面，原因有很多。一个原因是市场规模。根据政府发布的数据，约 18% 的人患有某种残疾。并不是每个人都会在游戏中遇到障碍，但也有一些情况没有被政府数据所覆盖，例如，8% 的男性患有色盲，14% 的美国成年人患有阅读障碍。开发商不能错过这部分用户。无障碍之所以重要的另一个原因是人类福利。游戏提供了休闲、文化、社交的途径，我们很多人都将其视作理所当然。但如果人们获得这些东西的机会在现实中受到了某种程度的限制，那么游戏就能显著提升他们的生活质量。

由于这样那样的原因，看到这个领域的进步及其不断加快的步伐，是

一件美好的事情。虽然这个行业还有进步的空间，但它正朝着正确的方向发展。

这并非难事。从初期开始考虑无障碍，确定你的游戏中可能存在哪些与运动、听力、言语、视觉和认知能力有关的障碍。障碍总会有，这是使游戏有趣的必要部分，这没有问题。注意其他障碍，想想你怎么做才能避免或消除不必要的障碍。

通过多种方式来传达信息，大多数障碍都可以得到解决，例如同时使用符号和颜色，或文字和语音，或者仅需提供一点灵活性，如难度级别或可重新设定的操作映射。如果考虑得够早，有不少都能轻易达成，而且通常影响广泛。对那些拥有各种不同种类的永久身体运动损伤和视力损伤的人来说，以及在颠簸的公交车或阳光直射下玩游戏的人来说，避免使用小而烦琐的用户界面元素，你就已经让他们觉得游戏更令人愉悦了。对一个不戴耳机但身边有婴儿在睡觉的人来说，提供良好的字幕，就能让他在静音状态下玩游戏。单手操作可以方便只有一只手臂的人、断臂的人，或是一只手握着地铁扶手、袋子或啤酒的人。对所有玩家来说，在地图上同时使用图标和颜色，就是额外的强化。

无障碍与所有学科都相关，其中用户体验（UX）不仅要承担最大的责任，而且还是最强大的变革力量。只有这个学科支持所有玩家的需求，这一点从工作职位上可见一斑，"U"不代表"那些目前没有任何残疾的小用户群"。有些工具已经在用户体验中得到应用：专家测评、数据分析、用户研究。熟悉相关工具在实践中的最佳用法，以便你自己能在专家测评时使用。已有人整理了相关知识，可参考 http://gameaccessibilityguidelines.com 等网站上免费资源。

在我们的世界中，游戏是一种强大的向善力量，用户体验是一门独特的学科，既可以促进善，而且还能传达善。我们只需要将其实现。

第**12**章 参与力

人们通常用"有趣"来形容好的电子游戏，所以游戏设计师往往都在努力达成这一目标。对游戏设计师及教师特蕾西·富勒顿（Tracy Fullerton）来说，设计一款游戏，意味着创造一个"难以言说的组合，它兼具挑战、竞争以及能被玩家称之为'有趣'的互动"（Fullerton，2014）。因此，迭代设计的目标之一是，验证玩家是否玩得开心（Salen and Zimmerman，2004）。问题是，很难评估有哪些元素能让游戏"有趣"。游戏设计师杰西·谢尔（Jesse Schell）指出，"趣味性几乎是每款游戏梦寐以求的，但有时候，趣味性却与分析背道而驰"（Schell，2008）。例如，游戏设计师拉夫·科斯特（Raph Koster）将趣味性描述为"学习的代名词"，它让我们的大脑感觉良好，并消除无聊（Koster，2004），但研究者罗伯托·狄龙（Roberto Dillon）认为，"乐趣是极为个性化的活动，一个人和另一个人的乐趣完全不一样"（Dillon，2010）。正如游戏设计师斯科特·罗杰斯（Scott Rogers）所说，"与幽默一样，有趣的问题在于，它完全是主观的"（Rogers，2014）。

12.1　游戏用户体验参与力的三大支柱

虽然还没有一个被广泛认可的理论，也没有能预测和测量趣味性的方法，但人们已提出了几种模型和框架，例如，描述玩家的享受、在场、沉浸或游戏心流。这些框架源于学术界或游戏开发实践，不太容易达成统一。在与开发者合作时，有一个模型为我提供了很大的实际帮助，即来自斯威茨（Sweetser）和韦斯（Wyeth）（2005）的游戏心流（game flow）模型。他们发现，玩家的愉悦是电子游戏最重要的目标，它与心流的概念（Csikszentmihalyi，1990）有相似之处，列出了哪些原因让体验变得愉悦，让人们快乐。我们已在第 6 章中讨论过这个概念，在此，我会进一步详细对其进行描述，可参见"游戏心流"部分。简而言之，游戏心流提出了一个评估游戏愉悦感的模型，融合了与心流概念一致的用户体验启发法。"那家游戏公司"（Thatgamecompany）开发过游戏《浮游世界》（*Flow*）、《花》（*Flower*）和《风之旅人》（*Journey*），该公司幕后的游戏设计师陈星汉（Jenova Chen）认为，一款设计优良的游戏，要让玩家通达并待在自己的心流区域，那里的挑战不会过于简单，也不会太难（Chen，2007）。

就像我对易用性的解读方法一样，上述想法并不是为了详尽细数有关趣味、愉悦和沉浸的理论及框架。与之不同，我会提出一些广泛的支柱，使用与开发团队相同的语言来表达。这些支柱的核心元素来自认知科学，能帮我们理解那些影响玩家参与和留存率的最重要因素，同时忠实于开发者想要提供的游戏体验。

前面描述的易用性支柱提供了一个框架，可用来消除不必要的障碍，这些障碍会导致玩家沮丧，并妨碍玩家解除疑虑。易用性聚焦电子游戏的易用性，而参与力聚焦一款游戏的参与度及沉浸水平。诚然，衡量游戏的易用性要更容易，因为我们可以应用已被认可的人类因素原则，观察玩家是否犯了错，并检查他们对游戏有哪些理解，以及他们是否知道自己需要做些什么。

因此，用户体验实践能相当准确地预测一款游戏的易用性。而评估玩家的参与要更复杂，因为我们无法很容易地客观测量出玩家正体验着多少乐趣（沉浸感或心流），更重要的是，这种测量如何帮助我们预测游戏的成功程度。当然，你总是可以要求玩家告诉你，他们获得了多少乐趣，但自我评估带有极大的偏差，迄今为止，乐趣量表并不是一个特别好的预测工具，无法预测一款游戏后续的成功和乐趣。虽然我稍后会在第 14 章中讨论用户研究的方法，但关键是要记住如何测量成功。就一款游戏的成功而言，特别是免费增值模式游戏，一个最常用的关键性能指标就是玩家留存率。第 15 章会涉及分析和数据科学，但主要理念是，留存率反映出你能让玩家在你的游戏中玩多久。因此，"参与度"这一概念是打造成功（又有趣的）游戏的核心。

这个概念当然有待改进，接下来讲到的"参与力支柱"只是一种尝试，试图确定影响玩家参与的广泛因素，这些因素能在某种程度上实现客观测量。这是一个起点，旨在提供一些广泛的指导原则，以确定游戏参与力的优劣，但愿也能帮助开发者在早期解决问题，并能在游戏进入 beta 阶段后，帮开发者理解分析数据。没有动机，就不可能有任何行为或参与度，因此，动机是参与力的核心元素，并受到情感和游戏心流元素的支持。

12.2 动机

在第 6 章中，我尽最大努力就我们当前对人类动机的理解进行了广泛而准确的概述。我们知道动机是满足我们冲动、需求和欲望的动力。就动机而言，虽然目前还没有达成共识，或形成统一的理论，但我们知道，动机有不同类型（主要包括内隐动机、内在动机和外在动机），它们与不同的需求（生理需求、习得需求、认知需求和个体需求）有关。这些动机相互作用，以我们还无法清晰理解的方式，影响着我们的感知、认知和行为。根据你的个性和内外部的语境（即生理和环境），你将在不同时间受到激励，去做不同的事情。因此，研究人员无法轻松预测某个人的行为，尤其是在科学实验室外部，所有变量都不可控，也无法被谨慎操纵。就电子游戏而言，游戏设计师能够操纵环境，却无法控制玩家的生理或个人需求，但他们却可以对后者做出解释。开发者能够做的是，以这种方式设计环境（游戏），从而激发玩家的内在动机，并 / 或以反馈、奖励和惩罚的形式来使用外在动机。这就是游戏行业为什么主要通过区分外在动机（参与一项活动，以获得任务本身以外的奖励）和内在动机（因为活动本身而参与其中）来理解游戏中的动机。关键是要明白，上述区分存在于玩家的头脑中。某个特定的游戏玩法事件（例如，玩家在升级时获得新的技能得分）既被感知为一种内在奖励（对能力提升的反馈），也被视作外在奖励（可以花掉的技能分数）。此外，电子游戏被定义为一种自成目的的活动，我们因此可以认为，游戏中的所有奖励都是内在奖励，因为它们往往与活动本身相关（在游戏内部使用奖励）。例外情况是"严肃"游戏，因为人们之所以玩它们，并非是因为活动本身的乐趣，而是为了在现实生活中获得好处（如减肥）；此外，还有一些带有玩家强驱动经济的游戏，带有游戏内货币价值的游戏。我并不完全认同，通过内在 / 外在这组二元对立来理解游戏中的动机才是最准确的做法，但这是开发者经常使用且可理解的划分方式，由于缺乏更好的视角，所以我在此也使用这种方法。然而要记住，下列划分方式可能有点不稳定，因为我们还未真正理解不同类型的动机如何相互作用，并影响我们的行为。

12.2.1　内在动机：胜任、自主、关联性

当一个人为了活动本身而从事这项活动，而不是将其作为获得其他东西的手段时，就会产生内在动机（见第 6 章）。在游戏开发中，自我决定理论经常被当作内在动机的框架来使用。基于这种观点，游戏只有旨在满足胜任、自主和关联性方面的基本心理需求，才能吸引人（Przybylski et al., 2010）。胜任指向一种感受，让人觉得技术娴熟，并朝着明确的目标前进。自主的需求与以下感觉相关，即一个人被给予了有意义的选项和进行自我表达的场所。关联性主要是指需要感觉到与他人有关联。有些游戏在更大程度上

依赖于提升玩家的胜任感。以任天堂的《超级马里奥兄弟》为例，它很难达成进展，需要玩家变得更娴熟，并因此提高他们的导航能力和反应能力。其他游戏通过自身支持的实验来强调自主，例如，魔匠（Mojang，音译）的《我的世界》允许玩家以创造性的方式用游戏世界进行实验。最后，关联性通常通过多人功能来实现，允许玩家通过合作或竞争的目标，或是以不同步的方式，进行实时互动。感觉与他人有关联的需要，也许还可以通过能为游戏提供意义和情感的非玩家角色来满足，甚至也许是没有生命但却令人喜爱的对象，例如维尔福的《传送门 2》（Portal 2）中的重量同伴方块，但这稍微有点牵强。

1. 胜任

要满足玩家的胜任需求，最重要的方法之一是让他们感到技术娴熟，一切尽在掌握，并有进步感和驾驭感。因此，关键在于，向你的受众清晰地说明游戏的短期目标，还有中期和长期目标（或游戏玩法的深度），如此一来，玩家就能在玩游戏时付出更多努力，参与度更深，明白这是一项长期投入。例如，在任天堂的《精灵宝可梦》系列（Pokémon）中，短期目标、中期目标和长期目标都非常清晰：玩家（被指定为精灵培训师）需要赢得下一场比赛，抓住更多的小精灵（短期目标），打败"健身房领袖"，并让自己的小精灵升级（中期目标），将"四大精英""一网打尽"，并击败他们，成为所在地区的最佳培训师（长期目标）。达到目标是一种明确的内在奖励，但被视作外在奖励的东西往往也与目标相关（但我发现，在自成目的的活动中，很难清晰划分内在奖励和外在奖励之间的界限）。击败强大的敌人通常会获得经验点数、游戏内部的货币或物品。在你的游戏中，就任何一个功能和元素而言，你都需要问问自己，如何向受众清晰传达有意义的目标，这里有两个重要概念，即"清晰"和"有意义"。

之所以目标必须有意义，主要是因为：当我们清晰地知道自己"为什么"应该重视某些东西时，我们会投入更多注意力，并分配更多的认知资源。如第 5 章所述，为工作记忆分配注意力资源，是深度处理信息及学习的关键。游戏设计师不需要用户体验从业者提醒他们，设定目标是游戏中必不可少的部分，毕竟这是他们工作的一个重要组成部分。然而可能出现的情况是，在玩家遇到目标的那一刻，设定的目标没有呈现出预期的样子，不那么有意义。例如，试想有一个技能树，它是游戏中对目标设定的最直接的表达方式之一。对游戏设计师来说，尽早强调一项技能，也许是有意义的，能让玩家携带更大的物品栏（例如，以较大的背包的形式），因为他们能预测，这个物品栏很快就会成为游戏中一个非常有用的功能。然而，很多玩家在提升更具戏剧性效果的技能时，如具有宏大视觉效果的强大武器，或允许角色双跳或飞行的能力，都更容易为此激动不已，尤其是当他们只是在探索你的游戏时。这样的技能令玩家更容易预测自己在游戏中的能力提升。当然，一旦玩家开始体验到一些物品栏的限制，那对他们来说，寻找一个更大的袋子就是有意义的。因此，在设计技能树以及整体目标时，要确保传达出获得某项物品（技能、资源、武器等）对玩家的能力有多大意义。让自己站在玩家的角度，有能力考虑什么在何时对玩家有意义，这是挑战所在。就你的游戏而言，玩家对它的了解程度不如你，所以当玩家遇到的目标并不真的有意义时，不要期望他们认为这些目标具有内在吸引力。例如，如果玩家还没有体验到资源有多匮乏，或无法用这些资源制作任何他们认为有价值的东西，那建议他们开始做一项能获得宝贵资源奖励的任务，就不太有吸引力。不要只考虑游戏中某些元素本身多么有价值，而是要考虑玩家如何看待它们的价值（记住，感知是主观的）。如果你找到了在恰当时间设定目标的方法，让玩家觉得该目标是有意义的，那么你将有更大的机会提升他们的参与度，并能维持更长的参与时间。

这些有意义的目标，以及玩家达成它们的进度（例如，进度栏），需要在游戏中清晰地传达出来，至少要通过用户界面清楚地表达出来。很多与动机相关的问题，不是源于缺少目标，也不是因为它们对玩家没有意义，没有价值，而是因为表达不清晰。最为重要的是，确保你为玩家设定的所有目标具有良好的易用性。例如，如果你在自己的技能树中提供了一种能力，让玩家能在游戏中执行一个超级炫酷的动作，那就要确保代表该技能的图标看起来炫酷，而且它的形式要尽最大可能传达出它的功能。你也可以添加一个简短的视频，来展示这个动作的能力，因为它会有助于玩家想象自身能力的提升，并让他们梦想着自己何时能赢得并执行这种能力。还有一种方法能让一些前端菜单外的目标引人注目，那就是在游戏世界中激发玩家的好奇心。例如，在多人游戏中，当一个玩家赢得了某个梦寐以求的物品或能力时，使其明显被人察觉，且极为炫酷，这就会吸引到其他玩家对它的关注。当玩《魔兽世界》的你开始感受到四处走动的痛苦时，却看到级别更高的玩家炫耀着辛苦赢得的坐骑，这既有意义，又清晰。即便从用户界面上看，玩家并不清楚在某个级别能获得驾驭坐骑的能力，但看到它在发挥作用，就很有可能激发玩家的好奇心，玩家就会想要搞清楚如何才能获得一头坐骑。它还能让那些已经赢得坐骑的玩家有能力去炫耀，因此满足他们表达自身优越感的需要（当然，直到他们碰到一位骑着坐骑飞行的玩家）。在单人游戏中，通过激发玩家的好奇心，可以传达目标的清晰性，还会激发求知欲，这是另一种人类内在的激励因素。任天堂特别擅长激发玩家的好奇心。例如，在《塞尔达传说：众神的三角力量》中，玩家可以在某些位置放置炸弹，以开启秘密通道。在游戏中的某个时刻，玩家会遇到一种特定的裂缝墙，无法用普通炸弹摧毁它（激发好奇心）。在后面的游戏中，玩家在遇到一种新型超级炸弹时，就能清晰地意识到这种超级炸弹为什么有意义，以及如何使用它（用它来对付裂缝大墙）。与之类似，在 NDS（Nintendo DS）游戏《塞尔达传说：幻影沙漏》（*The Legend of Zelda: Phantom Hourglass*）中，玩家在得到抓钩前，会遇到柱子，它们有时靠近无法进入的区域。因此，一旦玩家获得了抓钩，他们就已经知道为什么这个新工具是有意义的，以及它将如何提高他们的能力：他们现在可以钩住柱子，抵达以前无法进入的区域。在提供相应的钥匙（例如，超级炸弹或我们的例子中的抓钩）之前就把锁（即障碍物）展示出来，这能以清晰并吸引人的方式为玩家设定目标，同时也鼓励了一种成长感，并激发了好奇心。另一种达成该目标的方法是，在你的游戏中设定一些区域，玩家只有达到所需的级别才能进入，或是玩家可以进入，但却立即就被比自己强大很多的敌人杀死。在初期就向玩家表明这些区域的存在，以及他们需要提升能力才能进入，是一个明确的（有时也是有意义的）目标。总之，要确保你的玩家理解你为他们设定的目标——验证他们是否能感知到获得哪个技能或物品是有意义的，它将如何为其赋能，以及他们是否能知道，自己一旦完成了某个任务或达到某一水平，将会发生什么。他们是否能识别自己的近期目标、中期目标和长期目标？他们是否期待达到某个等级，获得某个技能或物品？他们是否感知到这个技能或物品如何提升自己的能力？如果答案是否定的，那么：要么是缺少这些目标（游戏设计的问题），它们存在，但却没有通过前端菜单或游戏世界（易用性的问题：清晰性）被识别出来，或是被识别出来，但却没有被清晰地理解（易用性的问题：功能决定形式）；要么从玩家的角度看，它们在能力提升（参与力的问题）方面缺乏足够的意义。记住，要针对玩家的进展提供清晰的反馈，尤其是那些快要完成的目标，因为这会鼓励玩家为了完成一个目标而多玩一会儿。对能力来说，提供有关已取得进展和待完成工作的明确信息，是一个关键元素。还有一种提升能力感的方法，即提供一种即时反馈的游戏感，比如玩家在执行一项新获得的能力时，虚拟化身有一个炫酷的动画效果，我们稍后会讨论游戏感。

目标与达成目标的内在奖励相关，但它们通常还与可被视为外部奖励的东西有关。例如，击败强大的敌人是内在奖励，因为它提供了对玩家能力的反馈。然而，它通常也与游戏内货币、经验点数或物品等形式的奖励有关。由于奖励在游戏世界内部具有额外的关联性及意义，我发现很难明确划分游戏中的内在动机和外在动机之间的界限。然而在讨论外在动机时，我仍将进一步详细描述不同类型的奖励，以及它们对内在动机的相关潜在影响。总之，关键因素是，让玩家在游戏中获得其目标的使命感，并为他们取得的进展提供清晰的反馈，从而让他们也能得到成就感。最后一个要记住的问题是，玩家是否知晓如何在游戏中获得能力。玩家之所以死掉或没完成目标，是因为他们没有使用适当的能力来应对相应的威胁，因为他们没有探测到自己正处于危险之中，或是因为他们没有清晰地理解游戏规则，这些人不会有丝毫驾驭感。他们还有可能流失，或增强攻击性情绪（Przybylski et al.，2014）。对能力来说，易用性和学习曲线非常重要。如果你忽视了游戏的易用性，或是你把教程当作自己在最后一分钟才去解决的一件杂务，那你很可能无法让自己的玩家正确地上手游戏，无法让他们得到一种控制感和驾驭感。用户研究员测试了艺铂游戏的《虚幻争霸》（*Paragon*），这是一款多人在线战斗竞技场游戏（以下简称 MOBA，玩法是五对五），他们在开发初期发现，许多玩家（包括熟练玩家）都由于防御塔（强大的阻碍）而一次又一次地死亡。他们似乎不完全理解什么时候才能安全地接近敌人的防御塔（见图 12.1，见书前彩插），同时不被其瞄准并迅速杀死，什么会触发这种塔展开"攻击"（如果你在敌人的防御塔范围内伤害了一个敌方英雄，那就会触发这座塔向你射击）。游戏上线后，数据分析师得以挖掘数据。此时我们发现，没有理解防御塔攻击的规则，是退出游戏最重要的因素之一。被防御塔杀死次数最多的玩家，也最有可能流失。要认真打磨你的新手引导部分，在激发出玩家的好奇心后，让他们能理解自己的能力如何变强，他们为什么应该给予关注，这会对留存率产生影响。

2. 自主

满足玩家在自主方面的需求，主要是让他们能做出有意义的选择，并拥有一种意志感，而且还要使游戏系统清晰，从而让玩家能体验到驾驭感和使命感。玩家可以做出的最强大、最有意义的选择之一是表达自己的创造力。《我的世界》完美呈现了玩家在游戏中的自主性，因为这款由程序生成的游戏提供了深度的系统设计，让玩家用近乎无穷的方式来实验和创造。其他支持玩家自主的方法有，让他们自定义游戏中的元素，如虚拟化身的外形、角色的名字、基地的名字、横幅的选择等。你能提供的可定制选项越多越好。有种认知偏差以瑞典家具零售商的名字命名，被称为"宜家效应"（IKEA effect），是指当人们参与到产品概念中时，该产品被感知的价值会提升（Norton et al.，2012）。因此，当玩家参与创建自己的基地或虚拟化身时，他们可能会赋予这些元素更大的价值。当然，对玩家来说，这些定制必须是有意义的。如果你让他们花时间调整他们不太经常看到的角色外观（如，游戏提供了第一人称视角镜头），则不会被视作一项有价值的工作。除非你可以添加一些功能，让玩家在某些特定时间看到自己的虚拟化身，例如在玩家发表情包时，将镜头切换到第三人称视角，或者提供重播功能，以便让玩家看到，自己的虚拟化身在比赛中执行一些令人印象深刻的战斗动作时有多棒。

角色扮演游戏如《上古卷轴5：天际》（*Skyrim*），以及模拟游戏，往往能让个体行使权力，因为玩家在这些游戏中所做的选择，要么能让自己特别擅长某些特定的能力（设定自己的目标），影响游戏的故事，要么以不同的方式塑造环境，例如席德·梅尔（Sid Meier）的《文明》（*Civilization*）或威尔·赖特（Will Wright）的《模拟城市》（*Sim City*）。一如既往，选择必须要有意义，其目的应该在决策过程中被玩家理解，其总体影响必须被玩家感知。例如，在狮头工作室（Lionhead Studios）的游戏《黑与白》（*Black & White*）或猛拳工作室（Sucker Punch）的《恶名昭彰》（*Infamous*）中，你可以通过环境艺术、人工智能（AI）、视觉及声音效果等，来感知自己的行动对游戏世界的影响，这具体取决于你决定在游戏中采取哪些行动。如果玩家无法清晰感知自己的选择所造成的影响（当选择与某种概率算法相关时，例如装备某个物品就有 5% 的关键命中率），就会导致意义缺失，从而让玩家无法感到自己在行使权力。当玩家有好几种方法来克服挑战或解决问题时，就能体验到有意义的选择，例如在科乐美的《合金装备5：幻痛》（*Metal Gear Solid V: The Phantom Pain*）中，你可以选择潜行模式，也可以不用那么偷偷摸摸。另一种情况是，当游戏故事根据玩家的选择做出有意义的变化时，玩家也可以体验到这一点，例如《质量效应》（*Mass Effect*）系列。

无论游戏为玩家提供多少选择，关键在于，玩家必须理解选择的目的，并 / 或感知到选择带来的影响，他们为什么选择做这样的事，以及这对他们个人行使权力造成了何种影响。如果目的不清晰，或者它的影响没有被充分感知，那就可能影响玩家的游戏参与度，尤其是当自主功能是游戏玩法的核心时。因此，提供自主，并不意味着让玩家以完全自由的名义，在缺乏任何指导的情况下依靠自己来解决问题，因为如果玩家感到茫然或不知所措，那就既不会感到自主，也不会感到有能力。自主必须通过引导才能实现，才能让玩家充分体验到自己掌控着有意义的决策。

3. 关联性

满足玩家对关联性的需求，意味着在游戏中提供有意义的社交互动。人类是高度社会化的生物，若彼此缺乏联系，就无法生存下去。游戏在玩家间提供了各种通道，以便传达信息或情感（如聊天系统或表情包），相互竞争，或合作玩游戏，从而增加他们参与其中的可能性。一如既往，如果社交功能是有意义的，就会更吸引人。例如，当每个玩家都有要扮演的特定角色，并能对团队的成功做出可感知的贡献时，合作玩游戏就更有吸引力。这就意味着，能够在短时间内组合起来，克服某个特定的挑战，或为了形成长期关系而组织成公会或部落。需要注意的是，形成长期关系，会鼓励玩家更注重社交互动，合作性更强。例如，根据众所周知的博弈论，当处于囚徒困境中的玩家知道自己将与同一个搭档玩多个回合游戏时，他们就会更合作（Selten and Stoecker，1986）。试想在一款游戏中，你和队友因为共同实施的犯罪而被捕。然而，警方并没有足够的证据把你们任何一位长期关在监狱里。因为你和搭档都在单独的房间中接受审问，所以你面临着一个选择：要么揭发你的搭档（背叛），要么保持沉默（合作）。如果你们两人都合作，则各自都要服刑 1 年。如果你们两个都背叛，则各自服刑 3 年。但如果一个合作，另一个背叛，那么背叛者会立即被释放，而另一个则必须在监狱服刑 10 年。在上述情况下，当玩家只和一位随机的搭档玩一轮游戏时，往往都决定背叛，人们似乎很难信任以后再也不会碰到的陌生人！然而，当玩家知道自己将与同一个搭档玩好几轮时，他们往往就会表现出更强的合作意愿，尤其是在开始几轮中（随着该环节临近结束，协作也会减少）。这个故事的寓意是，当无须维持一段信任关系时，玩家更有可能恶意挑衅这位自己永远不会再互动的随机队友，或占他的便宜（Ariely，2016b）。后果很重要。因此，提供长期的社交关系，如公会，或只是让友好对待陌生人变得更容易（并更有意义），就是在帮助玩家创造一个更有利的合作环境。当然，理想状态是，你让玩家把他们"真正的"朋友带过来，帮助朋友的朋友彼此认识，并彼此轻松地玩游戏。你更容易信任并愿意帮助自己认识的人，或自己社交圈内的人。人类有一种倾向，往往会支持自己的"内群体"，即与自己亲近的人，"内群体"是其社交群体的一部分。这就是所谓的内群体偏差（ingroup bias）。因此，要确保你所实现的功能让玩家能轻而易举地邀请朋友加入游戏（例如，让他们自动导入社交媒体上的好友）。让玩家简单快速地加入朋友已经在玩的任务或比赛中。考虑通过前端菜单告诉玩家，他们的朋友最近完成了哪些任务，或赢得了哪些好东西，因为行为会受到同伴效应的影响。为玩家提供向其群体炫耀自身地位的途径。例如，在完成一项艰苦卓绝的任务后，获得一枚特定的徽章，就是一种在社交语境下肯定玩家能力的方式。它会让赢得徽章的玩家觉得特别值得，还能激发其他人获得它的热情（同伴压力发挥了作用）。最后，让玩家更容易善待彼此。例如，允许互赠礼物，或添加让玩家相互提示的功能，如给一个物品做标记，让队友能在自己的小地图上看到它，进而可以去查看它。有很多达成协作的设计手法。

　　竞争是体验关联性的另一种方式。但与合作相比，此类社交关系会引发更多的问题，主要是因为成为失败者会令人特别沮丧，尤其是当游戏令人感到不公平时，或可能出现羞辱时（如"吊茶包"）。另一方面，成为最佳玩家会令人满意，它清楚地表现出一个人的能力。然而，（最佳玩家）只能有一个，其他所有人也许都会因为不在积分榜榜首而感觉低落。而且对那些位于积分榜榜首的玩家而言，一旦被别人取而代之，他就必须忍受失去地位的痛苦。虽然一般来说，祝贺最佳玩家或最佳团队是个好做法，但游戏设计师也需要找到方法，从更积极的角度来描绘失败，并／或把它转变为一个学习和进步的机会。就像我们在第 7 章中讨论情感一样（因为任何一种用户体验支柱都不是独立存在的），我们可以使用认知重估来调节与失败相关的负面情感。例如，你可以强调玩家比其他人都更擅长的方面，或使用更好的方法，强调这位玩家在个人指标上的提升。《守望先锋》在这方面尤为擅长，在比赛结束时，指出玩家刷新了自己"职业生涯的平均得分"，而且可以使用很多不同的指标，如杀敌（消除）的数量、停留在目标区域的时长、完成的治疗、武器的精准率等（见图 12.2，见书前彩插）。如果你的玩家对战游戏具有合作的功能（团队特征），我建议你不仅要关注杀敌的数量，而且要赞扬那些以不同方式帮助团队的行动，尤其是在比赛目标方面，不要只赞扬谁是游戏中的最佳"杀手"。考虑在适当时机评估不同的角色，凸显出它们的重要性，并通过多个不同指标来让玩家满意。通过上述措施，你可能有更大的机会激励更多受众，而不仅仅是激励最佳射手和最有竞争力的玩家。辅助角色也很重要。最后，确保玩家理解自己输掉的原因，以及如何做才能有所改进。人类对不公平会产生强烈的反应，因此，如果游戏缺乏良好的平衡性，或不管真假直接就被视为不平衡，或是玩家失败的原因并不清晰，那就会引发玩家严重的挫败感。提供一个死亡回放（让死去的玩家通过回放看到已发生的事情）功能，能有所帮助，但它必须提供真正有用的信息。若无法清晰确定导致失败的原因，以及下次如何避免出现这种情况，那么，缓解失败的痛苦实际上只会有害无益。至少要确保死亡回放能被容易地跳过。

　　合作游戏和竞争游戏都饱受多人游戏恶毒行为的困扰，因为极小部分玩家会侮辱或骚扰其他人，因此毁掉后者的乐趣。恶毒行为是个严重的问题，你必须要解决它，不仅是为了受众的幸福，而且也是为了你的收入，因为有充分的理由让人相信，恶毒行为会对游戏收入产生负面影响。在玩游戏时受到侮辱，会让一些玩家望而却步。毕竟，大多数人注册游戏往往不是为了被骚扰。解决这个问题的最好方法是，在设计游戏时，尽早考虑预防恶毒行为的事宜。例如，允许友军交火，会鼓励网络喷子利用它。允许玩家间进行碰撞，会鼓励一些玩家把别人堵在角落里。如果只有给敌人最后一击的玩家或收集资源的玩家才能得到战利品，那会鼓励网络喷子凭借只给出最后一击来窃取战利品。让玩家看到敌方的重生点（spawn point），会出现杀死新生敌人的行为。当此类行为发生在陌生人身上时，最糟糕的情况是被当作骚扰，在最好的情况下，也会被视为不公。这两种感觉也许会引发报复行为，除此以外都不具有太大的激励作用，但暴力升级又是另一个话题。为玩家提供方法，使其可以拉黑自己不想再遇到的其他玩家，并给那些有不当行为的玩家做标记。界定好游戏中的不当行为，让玩家阅读并接受这些行为准则。不容忍违反该行为准则的现象。向违规者解释为什么要禁止他们的行为，并给他们一个改过自新的机会，但不要容忍不计后果的恶毒行为（记住在第 8 章的行为学习原则中学到的内容）。为恶毒行为的受害者提供反馈，说明已经收到了他们的意见，并对他们举报的玩家采取了相关措施（一旦恶毒行为被证实）。想办法赞美文明有礼的玩家，例如，让其他玩家对其表示赞同等。环境能塑造行为，恶毒行为亦是如此。正如用户研究员本·路易斯 - 埃文斯（Ben Lewis-Evans）在下文中所说的那样，游戏能（也应该）通过设计来减少恶毒行为，如果你尽早考虑这一点的话，这会更容易实现。当然，除非允许恶毒行为是设计意图中一部分。否则就要牢记，它很可能会缩小你的受众群，因为它会让很多玩家灰心丧气。

艺铂游戏用户体验研究员本·路易斯-埃文斯
通过"3E"原则来减少游戏中的反社会行为

　　玩家玩游戏，通常不是为了被骚扰，也不是为了让一个处于 AFK 状态（远离键盘）的人破坏自己的游戏，或是为了团灭、一人秀、作弊等玩家可以执行的其他多种负面行为。反社会行为还会伤害你的盈利能力，拳头游戏（Riot Games）和维尔福公司（Valve Corporation）的报告都指出，经历反社会行为是预测玩家远离游戏的一个强大指标。出于以上两个原因，减少游戏中的反社会行为成了一个关键的用户体验问题。

　　值得庆幸的是，100 多年来，减少反社会行为已成为心理学科学研究的一个焦点。例如，我在进入游戏产业前从事过道路安全研究，我们通过"3E"原则，即教育（education）、执法（enforcement）和工程设计（engineering），来考察反社会行为（如酒驾）。这三种方法同样适用于游戏。

- 简言之，教育就是要告诉人们哪些事不该做，或者更有效的是，告诉人们该做哪些事情。令人不解的是，尽管我们知道人们通常不愿意唯命是从，但人们却对教育有信心，而且这往往是他们尝试的第一个方法。当达成教育的成本低廉，而且将改变的重任置于被"教育"的人身上时，教育也许会有所帮助。但不幸的是，在针对恶毒行为的所有解决方案中，教育是效率最低的。通过加载屏幕的信息、行为守则等，教育虽然有其自身价值，并成为体现良好体育精神的案例，但不要指望它是解决方案。

- 执法是用惩罚来支持你向人们教授的规则。它还包括鼓励，当人们做了你想让他们做的事情后，要鼓励他们（这比惩罚更有效，但想要有效地实施，难度更大！）。执法比教育更有效，通过人们对执法的感知来达成预防或禁止某些行为的效果，尤其是通过惩罚那些被禁止行为的确定性和速度。惩罚的严重程度是最不重要的因素。重要的是犯错的人要被抓住，而且很快就被抓住，由此才能让他们相信事实就是如此，从而不会在一开始就做出该行为。在传统警察执法时，这是一个问题，因为他们不可能无处不在，而且法律体系也反馈缓慢。然而在游戏中，我们控制环境和数据，因此可以快速地发现相关行为，并对之进行奖惩。这种环境控制也会促使我们做⋯⋯

- 工程设计，是指为了减少或消除问题而进行设计。例如，就道路安全来说，你可以告诉人们不要酒后驾驶（教育），但效果不会太好；你可以增设临时站点，通过呼吸测试来查酒驾，罚款要超过一定额度（强制执行），这会产生更大的影响；你可以在汽车中放置一个感应器，如果它从司机呼吸中探测到酒精（工程），就会把车停下来。与之类似，相对简单的工程设计是，用路中间的障碍来划分道路，能让死亡人数减少 50% 以上！我们在游戏中看到的反社会行为不仅仅是"熊孩子"或"玩家都会做的事"，而是（在无意中）通过游戏设计实现的。例如，一款游戏需要普通的聊天功能，还是语音聊天？如果不需要，就不要添加上去，因为它只是另一个骚扰渠道。如果需要，是要默认开启，还是让玩家根据需要来选择加入？将其设定为根据需要来选择加入，会把那些想说话的人连接起来，同时避免只是把一群人撮合在一起，进而减少反社会倾向。另一个例子是，在 MOBA 游戏中不提供

"选秀"，而是让玩家选择自己喜欢的英雄及位置，从而减少比赛开始时的团队内部竞争。工程设计通常并非最简单的方法，而且需要在开发过程中的每个阶段和关卡都考虑设计决策的社会性结果（就像其他用户体验的因素一样）。但工程设计往往是最有效的选择。我们在创建系统时，可以通过设计来解决系统造成的问题。

4. 意义

你也许已注意到，在对胜任、自主和关联需求的描述中，有个概念一直重复出现，即"意义"。丹·艾瑞里（Ariely，2016a）认为，意义是指感受到"使命、价值和影响"。因此，揭示玩家需要去做或必须学习的所有事情背后的原因，显得尤为重要。我并不是指功能方面的原因（如，绿色药水能恢复生命值），而是意义方面的原因（如，你受到了伤害，因此需要找到一种治愈的方法，它可以通过使用一种生命药水来完成）。在介绍一个系统、一个游戏机制或一个物品前，想想你如何将玩家置于一个情境中，让学习该机制或赢得该物品有意义。这会帮助玩家理解它们的价值。最后，务必把清晰的符号及反馈与此类元素联系起来，从而让它们按照你的意愿被感知。在第13章，我们会讨论游戏心流中的学习曲线，以及如何为一款游戏制定完整的新手引导，届时，我们会再次讨论意义的重要性。但你需要一直牢记这个关键概念。

12.2.2　外在动机、习得型需求与奖励

如第6章所述，外在动机是指由环境塑造的习得型需求。我们通过体验自身的环境，并确定哪些行为会产生愉快的而非负面的结果，来了解我们所在的环境。某个特定行为带来的奖励价值，以及获得该奖励的概率，会影响我们的动机。以朱利安·迪诺（Julien Thiennot）的游戏《无尽的饼干》（*Cookie Clicker*）为例，你点击一下饼干，能额外多得一个饼干，如果你把这个反馈视作一个积极的强化物（奖励），那你就有可能再次去点击。很多免费增值模式游戏都使用外部奖励来鼓励玩家每日登录，例如，如果你登录

游戏，就会得到一个以每日开箱形式发放的奖励。即使有些玩家并不是真心想在某一天玩你的游戏，他们也可能想要得到一些游戏中的货币（或其他好东西），以便以后能用这些货币解锁一些特别好看的皮肤，这些皮肤也是他们想为自己的主英雄获取的。而且，谁知道呢，当他们登录并收集自己的每日奖励时，也许还会发现一个新任务，提供了其他有趣的奖励，或者被即将开始比赛的朋友发现，并因此邀请他们加入。向玩家建议，为获得他们觉得有价值的东西而完成一个行动，是让他们参与游戏的一种方式。每日开箱的概念和整体的推送通知，也许接近我们在游戏中能得到的纯外部奖励。如前文所述，根据定义，玩游戏是一种自成目的的活动，所以在大多数情况下，玩家在游戏中获得的奖励，只能在游戏内部发挥作用。每日开箱有些不一样，因为它诱导玩家只为获得奖励而启动游戏，即使他们那时不一定有玩游戏的内在需要。如果你还记得第 6 章中提到的"过度理由效应"，你可能好奇，用外部奖励来吸引玩家参与你的游戏，是否会破坏他们一开始玩游戏的内在动机。要使这种破坏效应发生，奖励需要被感知为活动的外部因素，而且更重要的是，需要停止奖励。针对外部奖励影响内在动机的研究通常会强调，与那些没有接触外部奖励的人相比，若最初受到内在激励的人接触了外部奖励（例如金钱），而后将其消除，那么他们追求这项活动的玩家动机就会下降。例如，回想一下，在一项研究中，与那些没有得到外部奖励的儿童相比，那些因画画而得到奖励的儿童（他们通常出于内在动机而画画）后来自发画画的可能性更低（Lepper et al.，1973）。那些被视作游戏活动之外的奖励（如每日开箱）会破坏玩家玩游戏的内在动机，所以你要确保自己不会在某个时刻将奖励移除。这就为什么惩罚那些没有登录游戏去收集日常开箱的玩家，往往是有风险的。例如，假设一款游戏需要你每天都登录，因此，奖励促使你连续登录的天数继续提升。一天，你忘记登录，或无法登录，进而打破了你的连胜态势，让你跌落奖励榜单。可能出现的情况是，虽然下次你也登录了，但你会感觉自己的一些奖励被剥夺了，这可能会影响你玩游戏的内在动机。因此，如果你想玩家继续登录，要避免惩罚那些不登录的玩家。

一旦你使用了外部奖励，移除它或降低它的价值，似乎并非明智之举。但要记住，我在此讨论的是真正的外部奖励，很多游戏的奖励不一定被感知为该活动的外部奖励。

有关外在动机，还有一个需要记住的重要概念，即使用的激励类型。让人感到"具有控制性"的奖励，主要是那些能妨碍内在动机的奖励。有些自我决定理论家正在摒弃严格的外在动机／内在动机二分法，转而聚焦自主动机与受控动机之间的区别（Gerhart and Fang，2015）。在这一视角下，激励与任务有关（对任务的参与、完成或表现进行奖励），还是与任务无关（与任何特定行为都无关），会对内在动机产生不同的影响。与任务无关的奖励被视作控制性较低，因为它们与人们正在做的事无关。职场中的一个例子是，获得一笔意外的奖金，但它却与你在工作中的表现无关。游戏中的一个例子是，随机获得一笔奖励，但它却与任何行为都无关（例如，收到游戏发行商的一封电子邮件，只是赠送一些你在游戏中无须赚取的货币）。然而游戏中的奖励主要是一种对玩家行为的特定反馈，因此是与任务相关的激励。与任务相关的激励有三种类型，分别与任务的参与（你因为参与一项任务而获得奖励）、任务的完成（在完成任务时获得奖励）或任务的表现（如果你在任务中表现优异，就会得到奖励，或是奖励的价值取决于你在多大程度上很好地完成了这项任务）有关。与任务表现相关的奖励最有可能被感知为具有控制性，因为玩家在达到一定的优秀标准时才会得到它们。然而，它们还有力地传达出一种驾驭感和进步感，这是其他与任务相关的奖励无法做到的。

总之，人们不再认为外在动机对内在动机有害，而且在某些情况下，它实际上能提高绩效和创造力。想要实现这一目标，外部奖励需要成为重要的工具，并对玩家目标有价值。再次强调，这就是为什么确保玩家认为奖励有意义才是最重要的。例如，如果你提供了宝石，将其作为一段探险的奖励，那玩家就需要了解宝石的价值，以及自己能用它们来做什么。为了让你的游戏更具吸引力，这是一个非常重要的观念，需要牢记于心：获得一个关键奖励，不应该被视作一个目标的终点，而是应被视为下个目标的起点。此外，在电子游戏中，奖励是一种常见的做法，因此它们是被期待之物，而且还能显示出玩家在游戏中的表现。因此，奖励应该被当作一种特定的反馈类型，易用性的所有方面都与之相关。与任务的表现相关的奖励，其价值应该随着任务难度（或持续时间）的提升而增加。任务难度越高，奖励就应该越好。这些奖励并非总是实体形式的，也不一定总是完成其他目标的重要工具。当由于玩家取得小成就而将给予玩家奖励时，也可以采用非实体形式（如口头表扬），只要表扬提到了有关玩家技能的信息即可。例如，只用"做得好！"来口头表扬，就不如"双杀"一类的话传达的信息更多，后者为玩家取得的成就提供了清晰具体的反馈。还有一种奖励形式，即用游戏世界对玩家正在做的事情做出反应。例如，如果玩家从可怕的恶魔手中拯救了一个村庄，非玩家角色可以做出以下反应，如变得开心起来，感谢玩家，上街庆祝等。由于奖励是一种特定类型的反馈，能让玩家了解自身驾驭力的程度，所以缺乏奖励可能会被视作一种惩罚。因此，如果玩家拯救了世界，但游戏世界并未做出反应，那就会令人有些失望。例如，在《刺客信条》中，如果你花费时间和精力去收集散布在游戏世界中的 100 面旗帜，虽然你由于自己完成的探索和一种成就感而获得了内在奖励，但对如此艰苦的奋斗只给予这样一种奖励，可能你会觉得索然无味（玩家只解锁了一项成就）。即使没有大肆宣传集齐 100 面旗帜能得大奖，玩家仍然会期望得到更有意义的奖励，而不仅仅是一项成就而已。所以要记住，为玩家付出的时间和精力提供相应的奖励。

12.2.3　个体需求与内隐动机

虽然与差异相比，人类拥有更多的相似之处，但个体差异及偏好的确存在。如第 3 章所述，这些差异对我们的感知有显著影响，还影响着我们发现的内隐动机。例如，你的权力、成就和从属动机有多强，你就有同等程度的动力去支配其他人、提高自己的技能和与他人联系。作为一名设计师，如果你有强大的权力动机，你也许会设计一款具有高度竞争性的游戏，因此目标用户就是那些具有强大权力欲望同时却疏远他人的玩家。如果你打算锚定一个具有特定动机的特定人群，当然是你说了算。如若不然，我的建议是，提供一个能吸引更大群体的系统和游戏机制。

除了内隐动机，人类还有不同的人格类型。如第 6 章所述，从总体上看，人格模型不是特别可靠，尤其是在预测行为方面。当前，"大五"人格模型似乎是最为稳健的人格特点模型之一。五种人格特征被视作广泛的特征，能涵盖所观察到的大多数人格差异：对体验的开放性（O）、尽责性（C）、外向性（E）、宜人性（A）和神经质（N），又被称为"OCEAN"。但该模型并不能准确地预测行为。然而，它可以被应用在游戏中，帮助设计师思考各种各样的人格特征，以及如何在自己的游戏中满足玩家的个人需求，尤其是那些不同于开发者需求的部分。余健伦（Nick Yee）在不久前提出，"大五"人格模型可能与游戏动机一致（Yee，2016）。在一篇博客文章中，他基于超过 14 万名玩家填写的调查问卷数据，说明了游戏动机的三个高级集群：行动与社交（action-social）、驾驭与成就（mastery-achievement）、沉浸与创造力（immersion-creativity）。"行动"指对破坏和刺激的需求，"社交"则指对竞争和社群的需求；"驾驭"意味着对挑战和战略的需求，而"成就"则意味着对完成任务和权力的需求；"沉浸"指对幻想和故事的需求，而"创造力"则指对设计和发现的需求。余健伦认为，行动与社交集群和外向性相关，驾驭与成就集群和尽责性相关，沉浸与创造力集群和开放性相关。然而他发现，神经质和宜人性与任何游戏动机集群都不相关。还有一些游戏动机类型已被理论化。例如，巴托（Bartle，1996）提出了一种玩家分类方式：成就型（由驾驭和成就驱动）、探索型（由发现和探索驱动）、社交型（由社交互动驱动）和杀手型（由竞争和破坏驱动）。

据我所知，目前还没有一种可靠的人格模型，能预测不同类型的玩家在某款特定游戏中的行为。但你能做的是，解释所有的人格类型及其内隐动机。例如，提供不同类型的活动、任务、完成任务的方式以及奖励，以满足各种各样的需求，并吸引更广泛的受众。如果你的受众是儿童，那你就要知道他们的行为并不像小大人。这并非本书的主题，所以我不会详细讨论儿童发展，但你一定要了解低龄受众的特性，具体特性要取决于他们的年龄。

我们对人类动机的了解越来越多，现在正开始更好地理解游戏中使用了哪些与动机相关的元素。如实验心理学家安德鲁·K. 普莱贝尔斯基（Andrew K. Przybylski）在下文中所述，我们现在需要进一步详细探讨这些元素。

牛津大学实验心理学学院牛津互联网研究院（Oxford Internet Institute）安德鲁·K. 普莱贝尔斯基博士

在这个激动人心的时代，我成为一名科学家或用户体验专家，研究动机，并将其应用在电子游戏和虚拟世界中。在过去 10 年中，我们可以说是已"登陆岛屿"。我们知道，心理学理论和动机理论能有助于预测玩家的行为（例如，流失）和情感（无论好坏），而且我们还有一些线索，用于分析可能导致这些行为和情感的原因。在接下来的 10 年，我们面临着"探索岛屿"这一重大挑战，我们需要弄清楚如何将这些原则应用于特定的游戏机制和用户体验上。若想实现这一目标，我们能使用的唯一方法是，在游戏设计师、用户体验研究员和社会数据科学家之间建立开放、稳健的跨学科合作。我对此保持谨慎的乐观态度，此类合作将对有效的游戏设计产生影响，并拓展我们对人类游戏的了解。

12.3　情感

如诺曼（Norman）（2005）所说："与实用元素相比，设计的情感元素对产品的成功更关键。"与之相应，玩游戏的感觉如何，游戏提供了哪些惊喜，被激发的整体情感是怎样的，都是游戏用户体验的关键部分。电子游戏的情感元素往往通过视觉美学或音乐及叙事来表达。然而，游戏情感设计的一个重要方面通常被忽略：即"游戏感"（game feel）。游戏设计师史蒂夫·斯温克（Steve Swink）（2009）指出，游戏感包括"熟练及笨拙的感觉，以及与虚拟客体互动的触感"。设计游戏感，需要关注控制、镜头（玩家看向游戏世界的方式）以及角色。例如，如果游戏镜头提供了一个非常窄的视野，而且倾斜到难以看到水平线，玩家就会感到幽闭恐惧，不适合他们在放松的状态下探索游戏（但适合惊心动魄的恐怖生存类游戏）。

12.3.1　游戏感

一款交互感良好的游戏，其控制要让人感到操作起来反应敏捷并令人愉悦。游戏感就是给玩家一种处于游戏世界中的感觉。它还涉及玩家控制的虚拟化身如何在屏幕上进化，以及其他角色的进展。它与氛围、凝聚力和艺术方向相关。根据游戏开发者史蒂夫·斯温克（Swink，2009）的定义，游戏感是"实时控制一个模拟空间中的虚拟对象，并通过打磨来强调交互"。斯温克认为，感觉很棒的游戏为玩家传达了五种类型的体验：控制美感、学习技能的快感、感官的延伸、身份的延伸以及与独特的游戏物理现实互动。如果你想深入了解这一话题，我建议你读一读史蒂夫·斯温克的书。在此，本书会简单浅显地处理以上元素中的大部分内容（我不是游戏设计师，更不是游戏玩法程序员），唯一的例外是"学习技能的快感"部分，我们将在游戏心流部分对其进行讨论。用户体验的支柱不是彼此独立的；这就是为什么不同的人，无论是游戏开发者还是学者，都会用不同的方式划分我在此讨论的一些概念。

1. "3C" 原则

"3C"代表控制（control）、镜头（camera）和角色（character），它对很多游戏开发者都非常重要。我是在育碧第一次接触到"3C"原则的，它们被视作游戏中需要界定的最重要元素之一。让我们先来讨论控制。我们脑海中首先出现的是，手柄或键盘的映射应该感觉自然。之所以通常把射击设定在手柄右侧的触发器，是为了模拟现实中按下扳机的动作。玩家不是章鱼，所以控制操作也应该让其感觉舒服。另一个需要考虑的重要事宜是，玩家应该有一切尽在掌握的感觉（它也是内在动机的一个重要因素）。这是为什么应该立即给玩家的输入提供反馈的原因。如果反应不是即时的，人们可能会觉得控制过于草率。因此，角色动画发挥着重要作用。如果玩家向一个方向推动拇指摇杆，与虚拟化身真正移动的时间间隔过长，就会让人觉得别扭。斯温克（Swink，2009）用初代《波斯王子》（*Prince of Persia*）的例子解释说，由于动画需要太长时间（虽然看起来炫酷），王子从站立姿势到全速运行需要花费 900ms。控制的审美感受与角色动画密切相关，因为它对输入响应有影响。例如，如果玩家在重新加载时受到攻击，而重新加载动画没有被中断，或在玩家试图逃跑时，加载速度不够快，那么玩家就无法感到足够的驾驭感，并因此会感到沮丧。还有一个平台游戏的例子，即考虑一个角色的惯性有多大，如何进行碰撞（例如，角色和地面之间是否有摩擦），以及是否提供了空中加速功能。对射击游戏来说，重要的是在瞄准时，考虑目标的加速度与目标的黏性。记住要考虑韦伯 - 费希纳偏差，物理强度越大，我们需要在两个等级间探测的差异值就越大（第 3 章），这也适用于模拟控制和预期响应中使用的物理强度。这些只是少数案例，但总之，输入输出的关系应该是可预测的，而且对输入的反馈应该具有可感知性、清晰性以及即时性。我强烈建议你创建各种健身房关卡（即测试室），通过任务分析用户体验测试，来评估玩家的反应和期待（见第 14 章）。控制支持玩家行使权力，因此要认真考虑控制元素。如果玩家没有体验到实时控制，那他们可能会感到被游戏控制，这会对他们的自主感受产生负面的影响。

　　镜头是另一个关键因素，因为它定义了玩家在游戏世界的视角。游戏应提供哪种视角？是俯视、斜 45° 等距视角、第三人称过肩视角，还是第一人称视角？镜头是静止的，还是滚动的？它应该滚动得多快，应该如何跟随角色滚动？玩家是否直接控制它？视野如何？上述所有参数都会改变游戏感，因此应该谨慎选择，从而超越游戏设计意图，并提升玩家的控制感，同时减少易用性摩擦和晕动病。其中一个需要考虑的因素是，让玩家在某些时候无法控制镜头，而在其余时间，让他们基本上都能自由控制镜头。因为你不容易控制用何种方式鼓励玩家选择自己的视角，镜头的角度会给出下一步内容的一些指示，所以在动作冒险游戏中，设计师往往暂时让玩家无法控制镜头，以向其展示游戏世界中的某个特定元素。但这样做会让玩家有被控制的感觉，所以至少要保证，玩家能很容易地预测到控制权会在何时被剥夺（但如果找到无须这么做的替代方法，会更优雅）。在此，虚拟现实（VR）是一个特殊挑战，因为剥夺玩家对镜头的控制很可能会引发不适感。例如，在第三人称或第一人称视角下，当角色站在墙边时，如何处理镜头，是需要考虑的一个重要游戏感参数。在此情况下，你也许想强制使用某种特定的镜头视角，从而避免尴尬，或是使用非固定视角，分散玩家对行动的注意力，并再次妨碍控制感。把镜头困在几何结构中，不会让玩家感到特别娴熟。如果你担心镜头碰撞行为，那就可以要求关卡设计师避免使用狭窄的走廊或角落。此外，还要注意镜头移动的幅度，从而避免晕动病（以及 VR 模拟中的不适感）。虽然镜头抖动可以成为一种很好的效果，用来模拟爆炸的物理特征，但同样也能令人不安，而且也会让玩家感到不适（尤其是在 VR 中）。有一种替代做法是，让用户界面抖动。镜头代表玩家对游戏世界的视角，因此会对游戏感产生极大的影响。

最后，所有角色（和交互物品）的外貌、声音和动画都会影响玩家对游戏规则的理解和期待。认真确定角色形式，让玩家能够预测它们的功能和行为，是一个关键元素。一个庞大的敌人，除了背上的巨剑，以及沉重且巨大的脚步声，还有全副武装的盔甲，会被预判为缓慢，有抵抗力，能造成大量伤害，并在身后有一个弱点。玩家虚拟化身的设计甚至应更认真，因为它代表了玩家在游戏世界中的延伸，将在很长一段时间内被玩家看到（除非游戏是第一人称视角）。角色动画的优劣尤为重要：它如何移动，它的重量、惯性等，都应该和移动手柄摇杆的拇指产生的本体感受反馈相匹配，从而让人觉得真实可信。动画的简单变化，有时会对感知产生极大的影响。例如，在一款第三人称视角游戏中，如果玩家抱怨，感觉自己的虚拟化身在向后移动时太慢，你可以通过改变动画，让该角色看起来移动得更快，在不改变角色的实际速度的情况下，改变玩家的感知。除了角色，游戏中的物体也会带来不同的感觉，这具体取决于它们的材质、形状及交互属性。例如，根据玩家的期待，尖尖的物体要么是危险物品，要么对战斗有用。这同样适用于用户界面，尤其是图标的形状。三角形图标可能与战斗相关，而圆形图标更有可能与生命值有关。仔细制作并打磨你的主要角色和物品，让它们在独特的物理现实中栩栩如生，而且具有关联性。它们应该表达与人类相似的情感。对游戏感来说，解除疑虑是一个令人激动且需要达成的目标，其中，角色设计发挥着重要的作用。

2. 在场

当玩家幻想自己与虚拟世界之间没有任何隔阂时，当他们感知到自己在游戏中没有任何中介时，就会体验到在场感。有人设计了测量在场感的调查问卷（Lombard et al.，2009），发现它与愉悦感正相关（Horvath and Lombard，2009；Takatalo et al.，2010；Shafer et al.，2011）。此外，研究表明，满足动机需求的游戏能提供更好的在场感（Przybylski et al.，2010）。它可被划分为以下三部分，即身体在场、情感在场和叙事在场，这三部分都与游戏感相关联。当玩家感觉到他们真的处于这个世界中时，就出现了身体在场。这个概念非常像斯温克所说的"感官延伸"，他认为，当屏幕、音响和手柄成为玩家对游戏世界的感觉延伸时，就会达成这一状态。当镜头和控制经过精心设计，而且比较直观时，玩家"会用自己的视觉感受代替游戏世界中的感受"（Swink，2009），玩家控制的虚拟化身，感觉就像是他们的身体在虚拟世界中的延伸。情感在场，是指玩家感到虚拟世界中发生的事，发生在自己身上，并且具有真实的情感影响。在某种程度上，这一观念与斯温克的"身份延伸"概念有关，一旦玩家的感知延伸到游戏世界，其身份也会延伸到游戏世界。当玩家参与到故事中，并发现角色具有可信性和关联性，就会出现叙事在场，例如，玩家的选择和行动造成进行中事件的真实后果时（Isbister，2016）。精心设计控制、镜头和角色（即"3C"），能涵盖在场的许多组件，因为控制和镜头是身体在场的核心，而角色设计会对叙事在场产生影响，"3C"原则组合起来，影响着情感在场。物理现实和游戏心流（如本章后文所述）也是提升在场感的重要组成部分。

　　艺术方向、声音设计、音乐和叙事都通过自身传达的情感来促进在场感。记住，情感（生理唤醒和与其潜在相关的感觉）影响着我们的大脑，并指导着我们的行为，但感知和认知也能诱发情感（见第 7 章）。按照唐纳德·诺曼（Norman，2005）的说法，任何设计都从三个维度将情感和认知交织在一起：本能维度（visceral）、行为维度（behavioral）和反思维度（reflective）。本能维度触发自动的情感反应，例如，由大脑边缘系统支持的"是战是逃"反应，或条件反射行为，例如在《合金装备》中，玩家在听到警报音效时，会提高警觉。它帮助我们确认哪些东西看起来好、坏、安全或危险。行为维度与使用的快感和容易程度有关，大部分内容已在易用性支柱和游戏感部分中讨论过。最后，反思维度与产品的知性化相关，如产品传达的信息和价值观，使用它时反映的自我形象，它触发的记忆等。以一件衣服为例，将它穿在身上，看起来很好，感觉也不错（本能维度），因为有拉链，所以让人很容易穿上它（行为维度），但你最终却没有买它，因为你得知制造商雇用了童工，或它是卷入"拉纳大厦"（Rana Plaza）悲剧的制造商之一，当时，这家位于孟加拉国的血汗工厂倒塌，造成 1000 多名工人（主要是女性）死亡。尤其是游戏叙事设计，它可以激发电影或书籍无法带来的情感，如内疚感。让我们参考凯瑟琳·艾比斯特（Katherine Isbister）（2016）提到过的一个案例，即 IndieCade 获奖桌游《火车》（Train），开发者为布伦达·罗梅罗（Brenda Romero）。在游戏中，玩家需要一路克服障碍和挑战，把装满乘客的车厢从一个地方运送至另一个地方。游戏结束时，玩家发现火车的目的地是奥斯威辛（Auschwitz），这激发出了他们的强烈情感，他们往往因为觉得自己是同谋而内疚。这个例子可以用来解释影响了本能维度（如果我们使用第 7 章达马西奥的躯体标记理论来分析本能反应，则反映了道德判断的厌恶感）的反思维度（指向了大屠杀的恐怖）。难怪据说玩家不想再玩这款游戏！在游戏中，虽然叙事可以发挥重要的作用，但你必须要小心，不能让它妨碍游戏玩法和玩家控制。例如，在游戏开始时，必须坐着看完长达 20min 的过场动画，不仅成本高，而且往往还会损害可参与力。要克制地使用过场动画，最好是将叙事设计嵌入游戏玩法中，让玩家去操控。

音乐也是一种强大的情感传送器。如唐纳德·诺曼（Norman，2005）所述，音乐是我们进化遗产的一部分，在整个人类中具有普遍性，并能触发本能反应。事实上，有研究表明，音乐能塑造大脑结构中的活动，这些结构往往与涉及情感的大脑边缘系统相关，如杏仁核、下丘脑和海马体（Koelsch，2014）。节奏（每分钟的节拍数）遵循着身体的自然节拍：快拍子适合行动，而慢拍子则更适合放松。音乐拥有感动人的力量，事实的确如此。它也有能力唤起各种情感。音高变化较大的快拍子音乐可以表达快乐，用小调演奏的旋律通常让人觉得忧伤（我听说 D 小调是所有调子中最悲伤的一种，抱歉，这个梗也来自《摇滚万岁》），不和谐的非线性音乐会引发恐惧。诸如此类。最后，音乐还能产生有益的效果。人脑会受到某些重复刺激的吸引，而音乐中存在着固有的重复倾向（Sacks，2007）。因此，音乐可以让人愉悦，它是一个强大的工具，让你用来唤起玩家的特定情绪。然而，对音乐的反应也是主观的，有些玩家可能认为某种类型的音乐很烦人，但另一些人则会认为它振奋人心。

上述所有元素（以及其他元素，如"3C"原则、物理现实和游戏心流）都会对身体在场、情感在场和叙事在场产生影响。它们影响着玩家在多大程度上认为自己处于游戏世界"中"，他们与界面交互时能获得多少快感，在多大程度上在意当前的进展，随着游戏的进展将感受到什么样的情感等。

3. 物理现实和鲜活的虚拟世界

无论你的游戏是一个巨大的现实开放世界，还是仅仅包含卡通用户界面，它都有一个需要让人觉得可信的物理现实。人类凭借强烈的直觉来理解物理世界。就算是年幼的婴儿，也对物理事件有特定的期待：他们认为，一个固体不能穿过另一个固体，或者如果一个物体比一个容器大，那它就不能被装进这个容器（Baillargeon，2004）。游戏世界中的物理事件不一定要精准地模仿现实，但它们必须让人觉得可信。此外，还要注意符号及反馈的重要性，以及"功能决定形式"原则。应该清晰明确游戏世界中发生的事件，玩家在这个世界里可以做些什么，以及对玩家行动的反馈，它们的物质性应该是有意义的。例如，子弹没有打中敌人，但却击中了金属表面，其声音不应与玩家击中敌人的声效相同。再如，当砖块或瓦片被玩家的手指击中时，想要表现冲击的物质性，应该使用裂缝，并继而使用粒子效果来呈现破坏结果。在赛车游戏中，赛车与其他车相撞时，看起来应该是逐步损坏的。在平台游戏中，角色在四处奔跑时会张开双臂（马里奥就有如此有趣的动画）。在菜单中，当玩家悬停在按钮上时，会出现一个与之相关的反馈：按钮可抬起，并播放一个音效，以搭载任天堂 Wii 的育碧游戏《舞力全开 2》（*Just Dance 2*）为例，当玩家关注按钮时，每对准一个按钮，都会听到一个不同的音符，这使导航菜单有趣又悦耳。在艺铂游戏的《堡垒之夜》中，玩家可以击中一个羊驼形状的彩色礼品包（这是艺术团队为开启游戏商店中的卡片包而找到的一个隐喻），而且羊驼被击中之前，它的眼睛会跟随光标移动（见图 12.3，见书前彩插）。在开放世界中，不同的生物可以按照昼夜周期和天气在这里生活。人工智能中介应该根据游戏世界里正在发生的事，以及玩家正在做的事，提供相应的反应。以超级细胞的策略类手机游戏《部落冲突》为例，当玩家为一座建筑升级时，有个建造者角色冲向大楼，似乎正在卖力修建，同时可以听到敲击的音效等。上述所有案例只是一部分，它们说明了如何将一个界面转变为一个玩具，以及如何为虚拟空间赋予生命，这会让玩家与它的交互更好玩，对它的观察更有趣，并因此提升整体的游戏感。

12.3.2　发现、新颖与惊喜

玩家一旦熟悉了一款游戏，在一遍遍重复后，他们的很多动作就会变得自动化。就像在学习滑冰或开车时，你无须努力思考要怎么做，一旦完成了足够的练习，就会自动做出相应的行为。此外，如果你习惯了在同一个熟悉的区域滑冰或开车，过了一段时间后，你就不会太关注道路。为了提高你的意识，需要引入新颖事物。这实际上是儿童发展研究者用来研究前语言期儿童的方法，即通过引入新颖的事物，或创造一个令人惊喜的事件，来观察他们的反应。例如，为了确定婴儿是否能区分三角形和圆形，研究者通过测量注视时间（婴儿凝视某个物体的时间），来测试他们"对新颖事物的反应"。假设，将一个三角形的图像反复呈现给一个婴儿。在开始时，婴儿可能会将目光固定在该图像上一段时间，但因为同一图像反复出现，他的注意力反应会逐渐减弱。当婴儿不再对图像感兴趣时，就表明他"习惯化"（habituation）了。如今，这个刺激（即三角形）变得熟悉，不再让婴儿感到有趣，婴儿分配给它的注意力资源就减少了。研究人员继而将图像换成一个圆形。如果婴儿对新颖事物没有反应，则可能意味着他没有感知到差异。但如果观察到婴儿注视新物品的时间有所增加，出现了"去习惯化"（dishabituation）现象，则表明婴儿感知到了差异，并对新的刺激产生了兴趣反应。同样，婴儿有一种倾向，在观察"惊喜"事件时能持续更长的时间，例如消失的物品，或违反某些物理规则的物品（如一个固体物体穿过另一个固体物体，而不是与其碰撞）。我们的大脑之所以对新颖和惊喜做出反应，是因为我们需要快速学习并适应自身环境中的任何一个新元素，可以说，我们习惯了对新颖和惊喜做出反应。然而，如果在一个特定时间里出现了过多的新事物，则会令我们感到巨大的压力，因为有太多的刺激需要我们的注意力，这会让我们精疲力竭（见第 5 章关于注意力的部分）。

　　从某种程度上说，游戏中也会发生类似的反应。当玩家适应了游戏世界、控制和规则时，引入新颖事物或惊喜，会打破自动化行为，吸引玩家的注意力和激发其好奇心。新颖事物总是备受期待，例如，在巨石软件（Monolith）的游戏《中土世界：暗影魔多》（*Middle-earth: Shadow of Mordor*）中，玩家会获得思维控制能力，当那些肮脏的乌格鲁克人开始为玩家而战时，这为战斗提供了一个令人相当满意的新颖之处。新颖可以表现为奇特的游戏玩法任务。一个游戏机制被移除，就可以创造新颖。例如，在《神秘海域》系列中，让玩家坐在一辆自动驾驶的车里，只需要瞄准和射击，由此将导航机制移除。当新颖事物完全出乎意料时，就是一个惊喜。例如在《堡垒之夜》的游戏世界中，玩家习惯了在发现箱子后将其打开。但在游戏的某个时刻，有些箱子是伪装的僵尸，一旦玩家天真地试图打开这些箱子，就会受到攻击。虽然对游戏感和易用性来说，重要的是，要确保游戏世界和输入的结果可预测且具有一致性，但同样重要的是，应时不时引入一些新颖事物和惊喜，以便提高玩家的意识，重新激发他们的兴趣。然而，要谨慎对待你埋下的惊喜：开启一个全新的游戏区域，能让依然为之投入的玩家满意，但对半路玩家来说，如果他们没有确定长期目标，就可能退出游戏。这完全是道听途说，所以不妨对此持保留态度，因为它与我本人对游戏的偏见和幼稚的感知有关，但在玩《中土世界：暗影魔多》时，在一个全新的区域，你能获得最强大以及最令人满意的能力（用思维控制敌人的能力），我在发现自己能进入该区域前，几乎就要放弃游戏了。我在第一个区域（也是迄今为止我觉得唯一有存在感的区域）中非常受挫，进展颇为痛苦，因为我没有体会到丝毫的驾驭感，我不断地被恶心的乌格鲁克人击败（令认知重估变得困难……），被他们嘲笑。我无法预测自己的进展，也无法清晰地确定一个较为长期的目标（如，发现一个全新区域）。我之所以能坚持下来，仅仅是因为我的一个朋友让我继续前进，因为当第二个区域被发现时，游戏会令人怡然自乐（多谢乔纳森！）。他说对了，我非常享受到达第二个区域后的体验，但我需要外部鼓励，才能继续玩下去。所以没错，要提供新颖和惊喜，但不要牺牲清晰的短期目标、中期目标和长期目标，以及玩家的进步感。还要记住，感知是主观的：并非所有玩家都能依靠仔细检查技能树，来预测自己的进步。为了解决我在《中土世界：暗影魔多》中经历的类似用户体验问题，你可以使用一个"战争迷雾"（fog of war）来激发玩家的好奇心，用于在某一时刻开启一个新区域。它会显示那里有东西，但却不透露到底是什么。激发好奇心并促成探索发现，非常重要，因为探索发现会带来快感，而快感是在人类进化过程中发现的，能用于激励人类选择有效的行为（Cabanac，1992；Anselme，2010）。

12.4　游戏心流

所谓心流，是当我们完全投入并沉浸在一种受到内在激励的活动中时的一种愉悦的状态，例如，当你花了很多精力，学习弹奏一首自己极为在意的钢琴曲时的状态（见第 6 章中有关动机的部分）。对心理学家米哈里·契克森米哈来说，心流是幸福的秘诀，因为当人们拥有这种有意义的最佳体验时，他们似乎是最幸福的（Csikszentmihalyi，1990）。如他所说，"生命的意义即意义：无论它是什么，无论它来自哪里，只有一个统一的目的，那就是将意义赋予生命的东西"，这就是心流状态的全部含义。这也是为什么心流的概念对参与力如此重要的原因，因为意义是动机的一个关键概念。按照契克森米哈的说法，心流体验包括八个组成部分：

1）一项需要技能且具有挑战性的活动（我们知道自己有机会完成它）。

2）行动和意识的融合（人的注意力完全被该活动所吸引）。

3）清晰的目标（完成该目标具有挑战性，而且是有意义的）。

4）直接反馈（反馈是即时的，而且与目标相关）。

5）专注手头上的任务（我们忘了生活中不愉快的方面以及与任务无关的信息）。

6）驾驭感（培养用于掌控该任务的足够技能）。

7）自我意识的丧失（没有自我审视的空间）。

8）时间的转化（忘记时间）。

这些组成部分与电子游戏极为相关。实际上，斯威茨和韦斯（Sweetser and Wyeth，2005）已将心流的组成部分改编为游戏心流启发法，为评估玩家在游戏中的愉悦感，提供了一个有趣的模型。游戏心流模型由八个核心元素组成：专注、挑战、玩家技能、控制、清晰的目标、反馈、沉浸感和社交。在用户体验部分，我们已经讨论过其中的大部分内容。例如，专注意味着吸引并保持玩家的注意力。因此，它主要与符号、反馈以及与核心体验无关的最小负荷有关。玩家技能与动机（胜任和奖励）相关，还与学习曲线有关，我们稍后会在本节讨论。控制主要与"3C"原则和（动机部分中的）自主有关。明确的目标主要与（动机部分中的）胜任有关。反馈显然隶属于符号和反馈易用性部分。至于沉浸感，它的一部分与游戏感有关，还与此处描述的游戏心流组成部分有关。最后，社交互动主要与（动机部分中的）关联和（游戏感部分中的）叙事在场有关。在游戏心流的组成部分中，我们还没有讨论过挑战。游戏设计师陈星汉也通过那家游戏公司（Thatgamecompany）的《浮游世界》或《风之旅人》，有力地具体践行了心流的概念。

如你所见，大量的游戏用户体验概念在不同的框架和理论之间重叠，因此，将这些框架统一起来极具挑战性，而且可能无法对用户体验的元素和组件进行严格且独立的分类。因此，我们将在本节中进一步具体讨论与难度曲线（玩家感受到的挑战、节奏及压力水平）和学习曲线（一种特殊的挑战类型，鉴于其重要性，需要单独考虑）相关的游戏心流组成部分。一如既往，这些组件并不是相互独立的。

12.4.1 难度曲线：挑战与节奏

确定挑战，是游戏设计的核心，而感知到的挑战水平，是游戏心流传统定义的核心。随着游戏的进展，玩家应按照理想状态，处于"心流区域"，其中的挑战不会太简单，也不会太难（Chen，2007）。一方面，太容易或太简单的游戏（与受众体验相关，而不是开发者在知识的诅咒下玩并评估自己的游戏时所获得的体验）会导致注意力的丧失，并变得无聊。另一方面，若游戏过于具有挑战性，以至于玩家认为自己无法战胜挑战，就会引发焦虑，并令人过于沮丧（见图 12.4，见书前彩插）。玩家的专业水平不同，所需要的挑战水平也不同；不同专业水平的玩家，其心流区域也不一样，与大多数新手玩家或休闲玩家相比，最专业且最硬核的玩家往往需要挑战性更强的体验。有一个解决方法可以适应不同的心流区域，即提供不同的难度等级，以便玩家做出选择（例如轻松模式、正常模式、困难模式、噩梦模式、受虐模式等，最多可达 11 种）。另一种解决方法是，根据玩家的技能和表现，使用动态的难度调节系统，但其实现和微调要复杂得多。与之不同，陈星汉提出了一种方法，即提供广泛的活动和难度，无论玩家想要哪种程度的挑战，如何设定自己的挑战，都能在游戏中实现，这可以让玩家控制自己的心流体验。

在任何情况下，为了让玩家体验到游戏心流，必须要在挑战与玩家驾驭力（能力）之间实现良好的平衡关系，而且不应该是线性关系。首先，在体验之初（新手引导）应该简单且有回报，因为玩家正在探索游戏，需要处理很多事情。我们稍后会进一步详细讨论新手引导和学习曲线，但这是需要记住的内容。另一项需要记住的重要事宜是，如果游戏挑战的水平随玩家驾驭力（能力）呈线性增长，那么玩家就很难感受到成长和进步，这对动机尤为重要。这就是为什么图 12.4 的心流区域使用了正弦曲线的原因。在理想情况下，你会让具有深度挑战的时刻和不太具有挑战性的时刻交替出现，从而让玩家能降低警惕性，放松一会儿，自己暂时轻易打败敌人或主导游戏场景时，会感觉很棒。这就是游戏设计师所说的"锯齿形挑战"，它对表现玩家的驾驭力最为重要。想要设计锯齿形挑战，有很多种方法，创意总监达伦·萨格（Darren Sugg）在下文中提供了案例。简单的做法是，让玩家每隔一段时间就遇到一个级别比自己低得多的敌人，如果玩家能清楚地识别出以前尝试打败的敌人，效果就会更好。《中土世界：暗影魔多》是一个很好的例子，主要是因为玩家能追踪之前打败他们的乌格鲁克队长。另一个例子是《魔兽世界》，玩家有时需要（或选择）回到较低级别的区域，那里的敌人更容易被打败。在正确的时间设定正确的挑战水平，是关键，但也是挑战。游戏开发者倾向于高估所需的正确挑战水平，主要是因为他们自己一遍又一遍地玩游戏（即知识的诅咒），跟初次接触游戏的玩家相比，他们往往感觉挑战难度不大，尤其是对游戏从里到外都颇为熟悉的游戏测试人员。如果一款游戏过于简单，会使人觉得无聊，从而使一些玩家流失；但如果一款游戏太难，也会让玩家厌恶，尤其是当他们在游戏中过早死掉，并为自己的失败感到不公平时。当玩家不清楚自己成功的重要元素有哪些，或是不完全理解自己为什么被打败，以及如何克服障碍时，就会发生上述情况。因此，打磨新手引导流程才是根本，在免费增值模式游戏中，更是如此，因为玩家不一定觉得有义务参与此类游戏。游戏进展到 beta 阶段时，可以让大批受众来体验，并通过遥测技术追踪，在此之前，难度平衡都是个棘手的问题。然而，通过可玩性测试来测试你这款游戏的用户体验，让少量目标受众样本从头至尾玩玩你的游戏，就像在家里一样，用户研究人员不提供任何指导，这会为你提供宝贵的提示，了解玩家体验到的难度水平。可玩性测试将为你提供非常多的信息，即使在开发初期，更确切地说，是在你设计新手引导时（因为你正在尽早设计游戏的这个关键部分，对吗？）。

节奏决定着游戏的节拍，它也是挑战的一个重要组成部分。它受被感知到的压力的影响，这种压力与施加给玩家的压力及认知负荷的水平相关，包括时间限制、对失败和失误的严厉惩罚，或对长时间持续关注的需求。如果玩家必须在很长一段时间内同时处理多个事宜，之后紧接着出现了一个具有挑战性的敌人，那么这个敌人会被感知为更难打败。因此，在平衡难度时，必须要考虑玩家的疲劳程度。重要的是，给玩家提供喘息的空间，例如，如果你的游戏提供了影像短片，那就在紧张的行动后（如果由于其制作成本，你需要尽量少使用过场动画，那就别在行动前用），播放一段过场动画，或是使用无须投入同等水平注意力的各种活动。例如，战斗通常意味着更大的压力及认知负荷，因为玩家只要一走神，往往就容易受伤或死亡，而对导航类挑战来说，玩家通常可以按照自己的节奏来体验，除非有时间压力（例如，虚拟化身被巨石怪追逐，因此无法停下来思考）。小心避免以下情况，即由于玩家的失误而使难度急剧飙升，这会让玩家觉得不公平且有压力。罗杰斯（Rogers，2014）使用了血液飞溅到屏幕上的例子，当生命值至关重要时，玩家受的伤害越大，屏幕就变得越暗：对已经陷入麻烦的玩家来说，这堪称一种惩罚，因为它引发了一个额外的不利条件，让玩家无法看清自己周围。能在危急关头逃脱死亡，会令人非常满意，所以不妨尝试促成这种结果。另一个更有效的节奏控制工具是，使用人工智能来预测玩家的压力水平，进而调节游戏的压力。维尔福（Valve）的《求生之路》（Left 4 Dead）就使用了这个方法。正如罗杰斯所述，游戏使用了一个"人工智能导演"，用生命值、技能熟练程度和位置等变量来预测玩家的压力水平。根据这些变量，人工智能导演会调节重生僵尸的数量、生成的弹药和生命值等。最重要的节奏是（根据玩家的表现和所需的压力水平，提供恰如其分的挑战水平），使其更好地感知到游戏心流。

艺铂游戏创意总监达伦·萨格
锯齿的力量，或"你为什么需要改变挑战难度"

首先，难度锯齿的想法并非是我首创的。它是现代游戏开发的重要组成部分。因此，当我们审视人们玩游戏的原因时，通常是他们个人感觉有趣，并因"获胜"而兴奋。在这种情况下，我们将获胜定义为玩家完成挑战后的兴奋感，而这些挑战是狡猾的（或残忍的）游戏设计师摆在玩家面前的。你是否曾停下来考虑过，游戏设计师如何创造并调节他们向玩家提供的困难程度？在此，有几项指导原则，可用来帮你创造一段具有挑战性的体验。

1. 与你的受众达成一致。这是你创造游戏体验的必备部分。有些游戏难度曲线呈快速上升趋势，要求玩家像喝了10倍浓缩咖啡的章鱼一样，适应并克服挑战，而有些游戏选择较为容易的难度曲线，依靠调整难度或让用户选择难度等，来维持挑战。你所设计的难度控制，往往取决于游戏的受众。

2. 一旦你确定了自己想让游戏具有多大难度，就应该努力创造一个固定的挑战水平，使其随着时间推移，沿着你规划的挑战曲线发展。

3. 持续给予玩家更多力量和能力，以便能在不同的时间及时克服挑战曲线（因此形成锯齿）。一个很好的例子是：玩家在碰到大怪前，进入了一个房间，在里面解锁了一种新能力，不费吹灰之力就能击溃普通的敌人，只有在被大怪挑战时，玩家才需要真正掌握自己新发现的能力，从而获得成功。

4. 让玩家在自己的力量巅峰时觉得有驾驭能力，让他感觉自己很棒，并继续引入新的敌人，以平衡玩家新发现的技能/力量。

5. 当玩家快要厌倦了因使用新技能或难以置信的强大武器（这会让他们退出自己的心流状态）而感觉良好时，就要引入一个新敌人，来对抗玩家新增强的力量，或在这种力量下幸存下来。这继而要求玩家追求一种新技能，或收集一种新武器，以此来夺回他们之前的"无敌状态"。

为了解释这条原则，让我们把它应用在名为《地牢与讨厌怪》（*Crypts & Creeps*）的虚构游戏中。玩家首次在《地牢与讨厌怪》中开始自己的冒险时，是一位独行侠，带着一把生锈的剑，用一招"快速刺伤"来攻击。通过第一个关卡后，玩家面前出现了缓慢移动的生物，他们能选择攻击的时机，从而获得一种驾驭感。然而随着玩家的进步，他们开始遇到更多更快的生物，"快速刺伤"不够用了。在游戏出现成群的敌人之前，玩家解锁了一种基于时间的攻击技能，叫作"高能扫杀"，在适当时机释放这种技能，能一招扫清这些快速移动的小恶魔，这是另一个获得驾驭感的机会。就在这个攻击技能"应该"被掌握时，游戏出现了一个大怪，玩家需要两种攻击手法并用，才能获胜。如果玩家学会了这些攻击招数（而且游戏应该根据自己尝试服务的受众类型，来决定学习的难度曲线），就能为了勇士的巨大荣耀去打败那些邪恶的讨厌鬼。

为了将《地牢与讨厌怪》打磨得更好，这款游戏还应该推测一下，玩家在精疲力竭地与大怪对战后，会在现实生活中做什么。他们稍后可能需要休息一下。有些玩家甚至在通过一个棘手的关卡后，结束游戏。当玩家进入下一个关卡后，一段良好的潜在心流体验设计是，让他们在前一两分钟遇到与上一次一模一样的敌人，从而再次进入自己的心流状态，而且在出现下一个挑战之前，让他们感到自己很强大。

因此，当你不知如何为游戏挑战创造恰如其分的心流体验时，永远记住锯齿结构的基本知识，因为它可以让你精简一些迭代流程。

12.4.2　学习曲线与新手引导

一款游戏之所以能吸引人，其中一个关键在于，它"易学会，难驾驭"，这援引自雅达利（Atari）的创始人诺兰·布什内尔（Nolan Bushnell）。一款电子游戏是一段学习体验：前几分钟或几小时的游戏是在学习如何玩（即新手引导），其余的体验是在学习如何驾驭游戏，通常也是在学习新的游戏机制。本书的第一部分概述了大脑如何处理信息，如何学习，第 8 章描述了一些学习原则。所有这些有关"玩家大脑"的知识，都可直接应用于游戏设计、关卡设计、用户界面设计、交互设计、声音设计，以及玩家在你的游戏中感知、感觉、思考和交互的几乎所有内容。为了提供一种良好的学习曲线，首要的一点是，优化所有符号及反馈，很好地实现功能决定形式（即功能可供性）原则，并确保没有任何关键的易用性问题妨碍玩家对游戏的理解。为接下来要做的事提供明确的线索，为正在发生的事以及玩家行动的结果提供清晰的即时反馈，所有与上述途径类似的东西，不仅能促进学习的进程，而且还能减少查看教程文字的频率。于是，你需要以这样的方式制作新手引导，从而确保能有效地教授所有关键的游戏机制、系统和目标。通常，引导新手玩家的最佳方法是，让他们在语境中通过有意义的实践来学习。对于游戏中的核心功能以及最难掌握的元素来说，这意味着，你需要把玩家置于一个有意义的情境中，通过引导玩家在该环境中实验，从而证明有必要学习这些东西，这就是我所说的教程。语境式教程，需要把教程很好地整合至一个任务中，当它被教授时，玩家能在一个情境中实验一种新的游戏机制。一个有意义的教程，要在游戏体验（相对于玩家当前的目标和兴趣而言）中被玩家理解，并能激发玩家的好奇心。玩家必须理解，学习某个功能为什么对自己有意义。

让我们用三个例子来说明我的观点。

例 1：无语境，无意义。教程是暂停游戏的文本块，你要先读过它，才能执行它所描述的行动。玩家不能边做边学。在这种情况下，任何类型的意义都很难被传达，因为教程可能会被玩家视作一个烦人的指令列表。

例 2：有语境，但无意义。在平台游戏的开端，屏幕上显示着教程文字，游戏没有暂停，指示玩家"按 X 键跳跃"。然而在那一刻，玩家没有任何有意义的理由跳跃，因为没有东西可以跳。这次，教程位于语境中（在被教导时，玩家可以跳过），但玩家练习这个游戏机制的动机会很弱。

例3：有语境，有意义。让我们再次使用之前的例子，但这次，玩家可以在上层的平台上看到一些奖品。有些教程文本解释了如何跳上去，如果玩家自己无法搞清楚，它会在几秒钟后弹出来。这次，该指令更有意义，因为正在教授的游戏机制是达成目标的一个手段，应该提升玩家学习这个游戏机制的动机。

在此，我使用的例子非常简单，但同样的原则也适用于教授更复杂的游戏机制和系统。游戏机制越复杂，你需要提供的有意义的、语境式的、深度学习体验就越多。"有黏性"的学习，需要主动学习。记住，处理程度越深，留存率就越高。因此，关键的游戏机制需要通过情境来教授，让玩家将自己的认知资源分配到学习这些游戏机制上，同时消除其他所有干扰，从而避免认知过载。这就是为什么你需要规划你的新手引导（见第 13 章），并将教程视为关卡设计本身的学习体验而不是一种施与于人的指导。把学习玩游戏视作游戏用户体验的一个组成部分，因为的确如此。

有些设计师认为教程具有控制性，宁愿避免使用它们，希望让玩家完全自主并通过自己学习游戏来获得满足感。这种观点是一种误解，主要原因有两个。第一，教程不一定必须要高冷并具有控制性。如果它们是被精心设计的（即通过实践在语境中进行有意义的学习），并与关卡设计很好地融合在一起，玩家应该觉得自己在驾驭游戏，而不是被其控制。第二，如果玩家不明白自己需要做什么，而且更重要的是，不明白自己为什么这么做，那么实际上，他们就无法获得驾驭、胜任或自主的感受。如果有些玩家不知所措，那么你看到他们流失的概率就会提升。即便有些硬核玩家抱怨教程，并告诉你他们不需要教程，但用户体验测试通常显示，当游戏缺乏适当的教程时，玩家会误解或完全错过游戏的重要元素，他们会因此对游戏产生负面看法。所以，让玩家回答自己是否认为游戏简单易懂，作用不大，这只能评估他们的感知，因为大多数人都会回答说已经足够清楚了。然而，如果向他们提一些客观的问题，如某个物品的目的，或某个任务的目标，则会获得更多信息。我们将在第 14 章讨论一些用户研究的小技巧。总之，要靠你自己来设计具有吸引力的教程，但这并非易事，需要很多次测试 - 再测试的循环，并因此需要你尽早考虑。当教程和整个新手引导被忽略时，游戏往往最终会通过屏幕来显示教程文字，这对玩家来说，要么效率不高，要么招人烦，要么两者兼而有之。

当你为自己的游戏设计新手引导时，必须密切关注游戏机制或系统的教学是如何随时间推移来分布的。记住，分布式学习比密集式学习的效率要高得多。所以，要注意你想在同一时间用相同节奏教授多少个元素，这具体取决于学习的复杂性（这很难确定，但要根据你的受众应该在多大程度上熟悉某项功能，但愿也基于游戏体验测试，来做出最好的推测）。注意玩家在新手引导期间的认知负荷，因为如果他们现在还不熟悉游戏机制，那么现在就不是挑战他们的时机。你需要考虑的另一个因素是，不要在玩家学习新机制时惩罚他们。我在这里所说的惩罚，是指让人沮丧的失败，或是不公平的死亡。例如，当玩家初次学习跳过悬崖时，不要让他们死亡，如果他们踩空了，跌下悬崖，就会遭受重新加载的痛苦。相反，要考虑一定不要让跌倒产生致命的影响，并提供一个梯子，以便让玩家能爬上来再试一次。玩家肯定应该收到了清晰的反馈，表明他所尝试的行动是无效的。虽然无论如何，玩家因为行动而伤害了虚拟化身，就应该承担相应的后果，但当他们学习时，不要惩罚得过于严厉。玩家若在学习时死去，会感到不公平，而且不公平是一种强烈的负面感觉，你通常想避开它。玩家们应该受到鼓舞，再次尝试，并为进步的想法而兴奋。他们不应该感到无能又无措。当然，一旦玩家开始驾驭一个游戏机制，你可以随便为他们提供相应的挑战。如果玩家理解了自己为什么会死，以及如何克服自己的失败，那么死亡就无所谓了，这只会让未来的成功更有意义，并更令人满意。

总之，游戏心流设计意味着，通过关卡设计优先考虑挑战水平（难度曲线）、压力值（节奏），还需要通过实践进行分布式学习（学习曲线）。最后需要记住的一点是，避免"心流破坏者"。它们是游戏中的摩擦，强烈到足以妨碍玩家解除疑虑。不公平或令人误解的死亡及失败，通过冻结屏幕（通常插入非文本和无意义的教程文本）或镜头运动来让玩家无法控制，过长的过场动画，让玩家失去来之不易的财产（损失规避是一种强势现象），过于严厉的惩罚，看起来无法克服的障碍，等等，都是心流破坏者。

综上所述，这个用户体验框架能为你提供指导，思考自己的游戏为目标受众提供的易用性和参与力。根据我的经验，前面描述的用户体验支柱，构成了影响游戏乐趣及成功的主要因素。其中，易用性支柱指向消除不必要的摩擦点，参与力支柱意味着通过动机、情感和游戏心流来提升玩家的参与度。在下文中，阿努克·本·柴夫恰瓦泽（Anouk Ben-Tchavtchavadze）使用了一个博彩游戏的例子，用来说明如何在用户体验中使用参与力支柱。第17章列出了针对用户体验的全面总结，并列出了所有支柱的清单。

国王工作室（King）游戏用户体验主设计师阿努克·本·柴夫恰瓦泽
社交类博彩游戏的用户体验

你也许会说，自己并不喜欢社交类博彩游戏，但分析一下老虎机的成功秘诀，有助于说明博彩行业如何使用心理学原理，来改善这些游戏的用户体验，并由此拥有极高的留存率和参与度。在分析社交类博彩游戏时，你能迅速理解动机、情感和游戏心流对游戏的成功有多重要。

动机：波动性奖励，额外奖励回合以及玩家类型

在老虎机的设计中，奖励处于重要地位；玩家直观地知道并理解自己支持哪些符号。额外奖励回合的特色是，不同类型的迷你游戏提供了不同的游戏玩法、兴奋感和玩家中介。玩家之所以继续玩下去，通常不只是为了奖励，还为了额外奖励回合本身。在获得奖励或触发了额外奖励回合后，紧随其后的是一场长时间的庆祝和表演，让每个见证这一奇观的人都觉得自己是赢家。

从设计及数学模型来看，老虎机一般分为两种：波动幅度大的和波动幅度小的。机器可能会提供频率不高的大额奖励，或是频率高的小额奖励。每种类型都迎合了一个不同的受众群和游戏风格。了解不同的玩家类型以及激励他们的因素，就能以有针对性的方式优化奖励计划和类型，还能成为行业标准以及最佳实践。

情感：获胜和真实的重要性

在玩游戏的过程中，有一些关于失败的常见假设。例如，你可能认为，接连失败的玩家期待能尽快获得好运。然而，我们在社交类博彩游戏中看到，投入其中的玩家若处于连败状态，很有可能停下来不玩了。我们还发现，在一场大胜之后，投入其中的玩家更有可能提高自己的赌注，并继续玩游戏。损失规避一旦出现，就会让玩家停下来不玩了，但玩家的胜利可以将其消解，只要游戏不让其觉得有暗箱操作——即使是对玩家有利的。

在观察新玩家的留存率时，我们还发现，如果玩家输掉了前几回合的游戏，那么他们就不太可能留存。在前几个回合的游戏中，驾驭感和成功很重要，这一点尤为关键。我们当时在观察每周留存率时发现，玩家获胜率为 25%～75% 时，玩家留存率和参与度更高。输得太多或赢得太多，都会降低留存率和参与度。

游戏心流：控制、清晰和专注

研究表明，玩家之所以经常玩老虎机，主要是为了"放空大脑"，轻松一下，忘记自己生活中的压力。老虎机游戏并不复杂，如果设计得当，它们会在用户控制、变化和易用性方面达成恰如其分的平衡，让玩家注意并聚焦手头的简单任务。提供强大的反馈以及清晰的奖励，能维持玩家的兴趣。通过丰富的动画视觉效果、声音效果和触觉效果来呈现反馈，能让玩家放松，并使其轻而易举地忘掉时间，从而让玩家沉浸其中。

第13章 设计思维

13.1 迭代周期

13.2 功能可供性

13.3 新手引导计划

设计思维是一种策略，它将用户置于进程的中心，同时承认用户具有人的能力和局限性，以此来解决设计问题。就设计思维而言，首先要理解真正的问题是什么。这是一种以人为中心的设计思维方式。诺曼（Norman，2013）指出，"以人为中心的设计"（HCD）是这样一种过程，它确保人们的需求得到满足，最终产品能被理解和使用，它完成了预期任务，使用体验是正向的，并令人愉悦。当然，就游戏而言，产品也必须有趣，或具有参与力。在游戏行业，HCD有时被称为"以玩家为中心的方法"（Fullerton，2014），是指在开发过程中考虑玩家的体验。这种方法需要一个迭代周期，会一直重复下去，直到设计令人满意为止。它需要（但不限于）为创意搭建原型，用受众的代表性样本来测试这些创意，并进行迭代。

诺曼（Norman，2013）认为，迭代的循环包括观察——生成创意——搭建原型——测试，还必须包含失败。你需要尽早且频繁地失败，如此一来，你的迭代过程才能富有成效，你才能真正确定自己要为受众提供的设计。然而，许多开发者（包括高管）都不理解这一理念。"为什么优秀的设计师不能在一开始就把它做对呢？这难道不是他们的分内之事吗？"我听过很多不是设计师的人都这样说，而且在大多情况下，他们会接着说："我一遍就能完成得更好，只要套用常识即可。我心中有数。"首先，专家级设计师的确能创建一个好的开始（利用设计原则、易用性支柱和人机交互原则）；然而从根本上看，想要在第一次就设计出很棒的游戏体验，是不可能做到的，因为用户体验并不在设计中，而是与用户相关（Hartson and Pyla，2012）。我本人并不是设计师，但我的大部分工作都是在试着帮助设计师弄清楚他们想用设计唤起什么样的用户体验。我可以向你保证，在看到实情后（后视偏差），人们往往更容易批评设计方案。法语里有句俗话，只有那些什么都不做的人才不会犯错。其次，每个人都有自己的想法。我毫不怀疑，游戏行业的任何一个人，包括玩家，都可以有高明的想法，这一点毫无争议。但只有想法是不够的。它在工作中的比重甚至还不足 15%。真正重要的是，实现这个想法。企业家盖伊·川崎（Guy Kawasaki）认为："想法很容易，但实现很难。"想法很棒，但实现得很糟，最后还不如一个被精心呵护至成熟的普通想法。最终，重要的并不是"有想法的人"脑子里想什么，而是终端用户如何体验产品。这就是为什么"常识论"是一个谬误（见第 10 章中对用户体验误解的描述）。如诺曼所述，设计思维并不意味着找到解决方案，而是找到与用户想要拥有的体验相关的真正问题。这意味着解决正确的问题，意味着考虑广泛的潜在解决方案，并为你的项目做出最优选择。通常，被选中的解决方案并不完美，但它应该最契合你的设计意图。超级细胞的开发者在接受《投资脉搏》（*VentureBeat*）采访时解释说，在成功推出第四款游戏《部落冲突》之前，他们毙掉了 14 款游戏（Takahashi，2016）。设计思维意味着在整个开发周期中，有时甚至在整个工作室中，做出正确的权衡。

在下文中，Oculus 故事工作室（Oculus Story Studio）的游戏技术负责人约翰·巴兰蒂恩（John Ballantyne）提到了一个有趣的例子，说明了在虚拟现实用户体验设计中遇到的挑战。稍后，我也会列举更多的案例，来说明用户体验进程如何对设计产生影响，但我不会过多讨论游戏设计、互动设计或用户界面设计，这主要是因为我本人并不是一位设计师。因此，本章在更大程度上是通过广泛的用户体验透视设计进程。

Oculus故事工作室游戏技术负责人约翰·巴兰蒂恩
虚拟现实用户体验中的挑战

虚拟现实（VR）对内容开发提出了很多有趣的挑战。其中最重要的是，与其他任何一种媒介相比，VR玩家在更大程度上将他们自己带入了体验中。这导致用户体验设计需要考虑的事宜一跃成为我们故事工作室流程的最前沿。

举一个小例子，在游戏中，我们想当然地认为玩家虚拟化身的身高一直都相同，例如，士官长（Master Chief）身高7英尺（约2.13m）。然而，不同身高的人在大多数具有位置追踪功能的VR体验中，依然保持着不同的身高。这是因为，如果玩家的位置让他们觉得现实世界里的双脚位于虚拟地板的上方或下方，往往就会"不对劲"。玩家会以为自己要么被埋在游戏世界的几何结构中，要么就是漂浮在上面。为了让玩家的脚处于正确位置，我们需要有效地调节游戏中的镜头高度，从而反映出他们在现实世界中的身高。

事实证明，当虚拟化身不再具有相同身高时，体验设计会以某些有趣的方式发生改变。我们已经发现了一些小的边缘案例，比如特别高的人超出了基准数值，并破坏了脚本。但我们遇到了更大的体验设计挑战，例如，玩家也许无法感受到"英雄气质"：因为他们在现实生活中很矮，所以在游戏世界中也不高。如果你比游戏体验中的所有NPC（非玩家角色）都矮，那你还会觉得自己是一名超级强大的士官长吗？

我们已经发现，在制作游戏机制原型并完成设计时，我们必须用一组非常多样化的玩家来测试我们的游戏体验。除了要为游戏开发而测试典型受众群外，如今我们还必须测试多种多样的玩家身体属性。这为用户体验带来了新的挑战。我们如何才能满足那些不能或不想走路的人的需求？如何才能为身高千差万别的人设定一致的叙事感受？如何创造一个可信的玩家虚拟化身，同时满足男性和女性的需求？

回答这些问题，为我们的开发进程带来了重大挑战。幸运的是，用户体验设计实践为我们提供了一条前进之路。和所有学科一样，虽然这些进程无法立即提供答案，但却为寻求答案提供了一个很棒的框架。

13.1　迭代周期

很多事宜出现在进入迭代周期以前，我不会在此赘述。例如，工作室想要探索（或接受委托去开发）一个大致的游戏创意，或者一个开发者小组可能已经制作了一些原型，或者限时游戏开发大赛上出现了一个更宽泛的游戏想法。接着，在概念阶段，游戏的核心要素、游戏玩法循环和整体功能被一一列出，但愿还选择并界定了目标受众（即用户）、设计及商业意图（即体验）。在试开发阶段，一旦这些部分各就各位，迭代周期就会全速开启，因为大部分原型都会出现在这一时期，只要游戏没做完，它就应该继续下去。因此，如果你正忙于一款处于开发进程中的游戏，那么迭代周期永远不会真正结束。正如哈特森（Hartson）和派拉（Pyla）（2012）所述：" 大多数交互设计天生很糟，设计团队在它后续的生命周期中，为了救赎它展开了艰苦的迭代之战。"

对一个特定功能来说，它的迭代周期包括设计、原型或实现、测试、分析，然后确定对设计进行的调整，以便优化该功能，并进入下一个周期。这个 " 具有启迪性的试错 " 周期（Kelley，2001）是设计中的一个关键进程。在理想状态下，你应该先用纸质（或具有同样效果的）原型完成最初的几次迭代循环，接着进入交互式原型，然后才应该着手实现需要再次测试的功能。先制作原型，再实现，这样会非常有益，主要是因为设计一旦在游戏引擎中被实现，其调整成本就比调整廉价的原型要昂贵得多。此外，对某种功能产生依恋，是一种非常自然的人类反应。因此，如果该功能已经实现或经打磨而成了艺术，结果却无法按预期工作，那么任何人都很难保持开放的心态，将它全部推翻。然而，诺曼（2013）曾幽默地指出，"产品开发进程在开始的那一天，就落后于原计划，还超出了预算"，这是产品开发中的一个主要问题。这在游戏行业似乎尤为真实，人们饱受超时工作的困扰（别名"密集加班时刻"）。正因为如此，一个功能往往没有经过真正的设计，就被实现，更不用说原型和测试了。"没时间了！"紧张的截止日期和／或薄弱的开发进程，导致开发者尽可能快地把功能填充进去，以便他们能按时交付游戏，同时希望游戏不会崩溃。不幸的是，至少以我的经验来看，当实现得过于匆忙时，游戏确实会崩溃。游戏或升级包／补丁也许是按时交付的，而且可能也赚了一些钱，但事实往往证明，要么流失的玩家要比预期的更多，要么购买付费物品的玩家比预期的要少，而这些物品对游戏的财务状况非常关键。当新功能最终在用户体验实验室中（太晚）进行测试时，往往很容易出现一些原本可以避免或至少能被改进的关键用户体验问题。对一项功能来说，一旦确认，就极难更改，而且想要在后面承认它需要进行重大调整，会更难。如果这些改变被实现，它们可能会引发连锁效应，影响整个开发工作。因此，虽然乍一看，开发实现前的纸质原型和持续迭代似乎是在浪费时间，但是要记住，这一进程可能会为将来节省宝贵的时间和金钱。把迭代周期当作对未来的投资。正如菲力克游戏（Feerik Games）总裁费雷德里克·马库斯（Frederic Markus）在下文所述，原型"终将发挥作用"，尤其是当用户研究介入循环中时。

在迭代周期中，测试是用户体验从业者最关心的问题。测试必须遵循预定义的用户体验目标（想让玩家如何理解该功能，并与之交互），并在执行过程中使用用户体验的支柱和指标。最重要的是，认真分析测试结果。认知偏差和仓促下结论，对每个开发者（甚至用户体验人员，但他们至少应该意识到这些偏见）都是威胁。第 14 章描述了一些用户研究方法及技巧的案例。记住，实验方案要严格遵循学术研究的标准，这是有充分理由的。游戏工作室可能没有遵循严格的标准化测试计划，但至少应该尽可能地理解并使用科学的方法。记住，设计思维主要是为了解决正确的问题。

在游戏开发进程中的某个时刻（但愿是在试开发阶段结束时，但通常是在开发过程中），迭代周期不仅会影响单个功能，而且会影响整个系统，甚至整个游戏。接下来的重要事宜是，确定哪些元素无法真正提升你想要呈现的游戏体验，并将其删除。我们有种天然的倾向，即便还没有确定核心体验，或没有定义并实现系统正常运行的所有关键元素，还是要添加更多功能。丹·艾瑞里（Ariely，2008）解释说，人类无法忍受将选项拒之门外的想法。然而，最重要的不是功能的数量，而是体验有多大的吸引力。人们通常用黑莓手机和苹果手机之间的区别来说明这一观念。黑莓曾是智能手机市场的领军者，刚问世时，它提供的特色和功能远远多于苹果手机。然而，苹果手机迅速成为智能手机市场的新领导者。纯粹性（purity）通常被视作产品设计的终极追求。问题是，体验的深度也很重要，尤其是在游戏中。因此，你需要识别哪些功能真正提供了有意义的选项，并提升了游戏玩法的深度，同时确定应该放弃哪些功能。有深度很好，但它通常会让游戏变得更复杂，甚至更糟糕的是，变得更混乱。混乱会引发挫败感，并让玩家感到自己正在失去控制权和自主权，继而会导致他们流失（当然，我们也可以说，缺乏深度的游戏会变得无聊，也会导致玩家流失）。如果你认为一个功能无法被削减，因为它提供的深度对游戏玩法体验很重要，那就需要确保它在游戏中的呈现不会让人困惑（试着尽可能地消除界面中的干扰，从而提高易用性），或者保证玩家一旦掌握了核心系统的工作原理后，就让它立即出现。你也许还想把复杂的功能放在用户界面中不太突出的位置，如此一来，只有经验更丰富或意志更坚定的玩家才有可能找到它们。

游戏设计是一种平衡行为，没有预定好的解决方案。它完全取决于你的开发限制（时间、资源、预算等）以及你的优先级。试着记住，你的用户是谁（因为有时添加更多功能是为了取悦开发者，而不是受众），你想提供哪种核心体验。这会帮助你采用一种以玩家为中心的方法，去定义你应该做何权衡（因为你无法兼顾各个方面），应该削减什么，以及为了提升游戏用户体验，需要优先实现哪些重要功能。

菲力克游戏总裁弗雷德里克·马库斯
用户体验与原型制作

多年来，我一直很享受电子游戏原型方面的工作，并逐渐坚定地感觉到，在制作一款很棒的游戏时，还有比游戏玩法和故事更重要的东西。我发现（也许有点晚了），一款游戏的所有元素，从包装、主机上的安装程序，到计算机、第一个菜单、游戏、结局……从声音到色调、每个输入，事实证明，所有这些元素都是用户体验，独一无二的整体用户体验。

人们发现，这个领域涉及针对人类行为、大脑工作和其他多个学科的研究。该发现是一个突破，所有将用户作为存在理由的行业都应重视这个发现，而且它改变了我的一切。它意味着我们能从其他行业那里学习用户体验，意味着我们能确认或反驳自己亲身经历并观察到的东西，还意味着我们可以实现相关进程。

现在谈谈进程。这个部分实际上完全违背了电子游戏只是创造性工作的信念，让我非常好奇，而且它意义重大。

我认为，要尽可能早地把用户整合至体验质量测试中，获得反馈，我们应对自己将得到的东西保持开放的态度，并做出相应的反应。下一步当然是迭代，然后再次测试，看看我们已改进或未改进那些内容。

这个循环是一个迭代循环，我在游戏原型中只学到一点，即尽可能频繁地迭代。所以，让用户从设计进程之初就参与进来，虽然现在看起来毫不起眼，但实际上肯定会发挥作用。

这种整合最令人惊艳的结果是，因为用户体验涵盖了太多领域，我们从中学到了太多东西，所以我们现在是游戏用户体验的建设者，而游戏玩法和故事是其重要的卫星系统。我们发现，一款游戏围绕着用户体验运转，而非与之相反。

13.2 功能可供性

如第 3 章和第 11 章所述，感知一个物体的功能可供性，能让人们确定如何使用这个物体（Norman，2013）。例如，马克杯的把手可供人抓握。在游戏设计和整个用户体验中，功能可供性是一个重要的概念，直觉能感知到的东西不需要学习（或因此被记住），因此它们需要较少的注意力资源来处理并理解。你在游戏中感知到的功能可供性越强，就越不需要解释事物是如何运作的。这会同时促进易用性和游戏心流。因此，你需要打磨功能可供性的可感知部分（能指），从而使其相应被感知及理解。哈特森（Hartson，2003）定义了四种功能可供性。

1. 身体的功能可供性

身体的功能可供性，是指那些便于使用身体做事的功能。例如，有些啤酒盖不需要开瓶器就可以徒手打开。这就是一种身体的功能可供性。在电子游戏中，它可以意味着便于用光标或手指指向按钮的身体动作，例如，让按钮变得足够大。在手机用户界面设计中，它可能意味着将最有用的命令放置在拇指停留的地方，从而能舒适地触达交互区域等。菲茨定律（见第 10 章）是一条重要的人机交互原则，可被用于提升身体的功能可供性。

2. 认知的功能可供性

认知的功能可供性帮助用户学习、理解、了解某物，并决定如何使用它。按钮的标签、图标的形状以及用来传达功能的隐喻等，都是认知的功能可供性。功能决定形式这一原则，就与认知的功能可供性有关。

3. 感官的功能可供性

感官的功能可供性，是帮助用户感知某物的功能。它意味着帮助用户看到、听到并感觉到某物。例如，使用一种足够大的字体，使其易于阅读，就是一种感官的功能可供性。能指（我们在游戏中将其称为符号和反馈）应该是能被注意到的、可识别的、可读的以及可听的。在易用性的核心元素中，清晰性就指向感官的功能可供性。

4. 功能的功能可供性

功能的功能可供性（functional affordances）是指帮助用户完成某项任务的设计功能，例如，能够对物品栏中的物体进行排序。物品比较功能、筛选和固定，都是功能的功能可供性。

虽然我已强调过好几次，但在设计中，打磨你的功能可供性是一个关键方面。功能可供性帮助玩家理解和使用一个界面。应确保你的符号和反馈具有易用性，并遵循功能决定形式的原则。要避免认知的功能可供性出现错误（见第 11 章），否则会让你的玩家感觉混乱，并感到沮丧。例如，如果地图的某个区域不对玩家开放，那它就不应该看上去像是开放的（否则就是错误的功能可供性）。（如果有条件）与用户研究人员合作，尽早测试游戏中的功能可供性。按钮是否容易点击？符号和反馈是否能被感知、是否清晰？玩家是否只通过观察物品的形状就能理解它们的功能？他们能否无须使用大段的文字，通过观察敌人的角色设计就能预测敌人的行为，只通过观察环境就能理解自己马上接下来的目标是什么？如果玩家可以使用不同的功能，那么某些任务是否会更容易？

通过功能可供性来思考功能和系统，能帮助你确定如何在游戏中尽可能直观地传达它们的功能。不仅如此，在迭代周期的测试阶段，记住不同类型的功能可供性能帮助你向测试人员提出最有用的问题（例如，向其出示一张平视显示器的截屏，并询问他们每个元素都是什么），并更快地找到最关键的问题。

13.3　新手引导计划

用前几分钟的游戏吸引到你的受众，是个细致活儿，而且在免费增值模式游戏时代，这已成为一个关键开发事项。如果你的游戏不能迅速抓住受众的注意力，你甚至都轮不到去担心任何留存率的问题。对那些称得上成功的免费增值模式游戏来说，我们在观察其平均累积游戏时间时发现（例如，在 SteamSpy.com 上），通常大约 20% 的用户只玩了一个小时，就离开了，所以对初次用户体验（FTUE）来说，第一个小时是关键，大部分新手引导在此期间出现。

但不要误会，即使新手引导体验特别出色，也不能保证游戏一定能成功。如第 12 章所述，能长期吸引玩家，也极为重要。还要记住，每当你介绍或教授新的功能、系统或事件时，你就依然在引导玩家，即便是在他们玩了数个小时之后。然而在此，我们将进一步具体关注初期的新手引导。如第 12 章所述，游戏心流支柱的一个重要方面是学习曲线。你需要找到一种有效的方法来教会受众如何玩你的游戏。你需要激发玩家的好奇心。你需要让他们感到胜任和自主，让他们预测到游戏中的短期成长和长期成长，同时关注他们的认知负荷，从而避免使其混淆，并不堪重负。此外，这一切都需要尽可能快地完成，因为如果玩家没有提前付费，那你就没有太多时间去接触你的受众。在移动设备上，这个空窗期很短，以分钟为单位。这就是为什么如果你想把新手引导和教程设计好，会特别棘手，换句话说，让新手引导有意义（吸引人）又有效率（达成学习）很有挑战。我发现了一个有助于克服这个挑战的方法，那就是制订一个新手引导计划。具体做法如下：设计师创建一个列表，列出玩家在游戏中需要学习的每一个元素，将其按主要系统分类，然后确定为达成核心体验需要学习的最重要元素，你需要谨慎处理这些内容。最终，你会得到一个庞大的列表，但可以把这个进程精简一下，只关注那些你认为最关键的游戏机制和系统，这是玩家需要在游戏的前几个小时学习的内容。使用电子表格，将所有元素摆在一列，每行一个元素。其他列应包括以下信息：

1）类别（主要系统）。

2）优先级（确定游戏中最重要的功能）。

3）何时教（大约何时应该教授这个元素，使用整数来大致确定哪个元素应该在何时出现。例如，应该在第一个任务中或前 15min 内讲授的所有内容，标记为"1"；在第二个任务中教授的元素，标记为"2"，依次类推。可能有些元素使用了相同的数字，可以在教程顺序一列中进行细化）。

4）教程顺序（教学出现的顺序。在这一列中，每个元素对应一个唯一的数字，以便让你能根据这个顺序，对表格进行排序，例如 1.1、1.2、1.3、2.1、2.2 等）。

5）难度（你对这个功能的难度预期，例如，困难、中等、简单）。

6）为什么教（确定玩家学习这个功能为什么是有意义的，它如何提升玩家的能力，如何帮助玩家实现自己的目标。这样做将帮助你创建有意义的情境，以便来教授这个功能，例如"如果不学习如何制作武器，我就会被怪物杀死"）。

7）如何教（你使用教程的方法，是只通过用户界面，通过做中学，还是通过动态的教程文本等）。

8）叙事包装（按照教程顺序将你的列表进行时间排序，这会帮你编写能支撑新手引导计划的故事）。

9）用户体验反馈（如果你的团队中有用户体验专家，他们能告诉你早期的用户体验测试结果，或者预测到玩家可能遇到的困难）。

新手引导计划案例见表 13.1。

表13.1 新手引导计划案例

哪个阶段教	教程顺序	类别	教什么	难度	为什么教（意义）	如何教	叙事包装
0	0	元游戏	玩家控制一系列英雄指挥官玩家是指挥官	中等	我是很多英雄的指挥官。我派他们去完成任务，而且我能任务过程中控制他们	做中学	向玩家介绍指挥官的概念：需要从僵尸手中拯救世界，一位被困的英雄需要在任务中接受领导。玩家变成了首位英雄的指挥官
1	1.1	导航	基础移动操作	简单	我需要到处移动去探索	语境式教程文字	现在玩家控制着英雄
1	1.2	射击	基础射击操作	简单	我需要瞄准并射击，从而有效地摧毁僵尸	语境式教程文字	敌人正在赶来，但玩家能在一个安全的位置向其射击
1	1.3	采收	能在游戏世界中找到用于修建和制作的材料	简单	我需要探索并采收游戏世界中的元素，收集材料，以制作炫酷的武器，并修建炫酷的堡垒	语境式教程文字	玩家在击中最后一个敌人时，枪坏了，所以需要通过采收来制作新枪
1	1.4	制作	基础制作	中等	当我无法在游戏世界中找到枪支时，我需要自己制作	做中学	玩家现在能制作一把新枪
1	1.5	修建	放置梯子碎片	容易	梯子让我能到达无法进入的较高地面	做中学	玩家在一个地洞中，看到上面有一个梯子。只有梯子能让玩家到达那里
2	2.1	元游戏	对玩家来说，大本营的能量是最重要的元素	困难	我的大本营能量越高，我就越强大	做中学	随着第一个任务的完成，向玩家介绍大本营的力量
2	2.2	修建	修建一扇门	中等	在墙上修建门，让我能在破坏墙的情况下到达墙后面	做中学	在下一个任务中，一堵坚固的墙会花费很长时间才能摧毁，但玩家可以修建一扇门
2	2.3	修建	修建整个堡垒，以保护一个目标	困难	堡垒需要足够强，从而让僵尸无法触达我正在保护的东西。陷阱能帮助我，为了能在堡垒内四处移动，我需要门	做中学	玩家需要为一次僵尸入侵做好准备，需要向玩家解释如何修建一个有效的堡垒

在表 13.1 中，你可以看到示例。用《堡垒之夜》的一些功能来说明新手引导计划。它首先列出了这些功能，并将其按照系统分类，标记重要性（例如，0= 关键功能，1= 重要，2= 有也行，3= 玩家永远搞不清也没关系）。然后，确定玩家学习这个功能的难度。了解你的受众和他们已有的知识，尤为重要。得到用户研究人员的帮助，也会非常有价值。总之，如果一个游戏机制在很多游戏中比较常见，而且跟你的游戏机制运作方式相同，那应该很容易驾驭（例如，射击机制）。相反，如果一个游戏机制是你的游戏所特有的，或是不那么标准化的，那么学习并驾驭它的难度则是中等至困难（例如，掩护机制）。建立一个新手引导计划似乎令人望而生畏，但它会帮你更好地理解你让玩家承担什么样的认知负荷，以及你是否能发现同时教授了太多功能（如果使用电子表格的排序功能，这很容易做到），这也有助于你传达这个新手引导。记住，分布式学习比集中式学习更有效率，因此建立新手引导计划会让你根据每个功能的难度，随着时间的推移更有效地分配教学内容（功能越难，所需的认知负荷越多，你能同时教授其他功能的数量就越少）。根据我以往的经验，应尽量避免接连教授两个困难的功能。你一旦认为自己为每个功能都分配了正确的教程顺序，那就按升序来排列教程顺序：它会揭示你的新手引导计划。

你不一定需要为每个元素完整地填写每一列，但我强烈建议你至少为所有不容易学会的功能填写"为什么教"一列（可使用"简单""中等"和"困难"等标签，从而让你能轻松地根据"难度"一列的字母顺序，对所有功能进行排序）。每个不容易学会的功能都应该更认真地教授，之后还需要重复。你的受众应该在有意义的语境中通过实践来学习这些功能。填写这些单元格，会帮助你使用玩家的视角，确定这些功能为什么应该是有意义的，为什么值得学习，并让你思考一种在设计初期就实现这些学习体验的方法。

这个新手引导计划还能帮助你为必须教授的每个功能分配适当数量的资源。通常，所有的"简单"功能都可以通过教程文本来教授，甚至只有在玩家没有自然地执行正确操作时，才会显示动态的教程文本（例如，如果玩家没有在开始的几秒内靠自己完成移动动作，则只显示教程提示，解释移动的方法）。在你开始为自己的游戏做用户测试后，你也许需要重新安排自己的计划，因为你以为有些功能很容易教会，结果玩家在学习时却面临着更大的挑战。你还可以用这个新手引导表格来确定哪些教程提示可以展示在加载屏幕上，以及何时展示。你可能需要提醒玩家，并重复一些教程，你可以使用加载屏幕来提醒，或做出不太重要的提示。但要小心，不要在一屏篇幅里，用文字教授太多内容。解释简单事宜时，不要超过三项，如果你使用加载屏幕来教授任务规则，则要关注为什么做（主要目标），而不是如何做（达到这些目标）或什么（你需要在游戏中与之交互的物品）。

使用加载屏幕来讲解功能，通常不太有效。然而，这是一个让玩家忙碌的好办法，因为等待会非常痛苦。这也是一个感知的问题。例如，在以下情况下，等待时间看起来没那么长：

1）有一个带动画效果的进度条。

2）这个进度条在加速（而不是减速和停止）。

3）玩家在等待的时候有事情做（而不是看着空屏幕）。

因此，虽然你应该使用加载屏幕来传达教程或游戏玩法提示，但却不应该太依赖它。记住，如果信息太多，玩家可能不会阅读文本，或者就算真的读了，也不太可能记住太多东西。别忘了人类在感知、注意力和记忆方面的局限性。

总而言之，这种引导新手的方法会让你能更快地做出决策，提出关于游戏及其体验的假设，并让你能用可玩性测试及分析来验证你的假设。它还会让你构建叙事包装，将所有的部分组装起来，以支持新手引导计划和玩家的学习之旅。如果你一开始就确定叙事（这很诱人，因为我们都喜欢故事），那你就有根据叙事来调整新手引导的风险，这会损害学习曲线，进而损害用户体验。就像其他任何方法一样，叙事设计应该服务于游戏玩法，通过考虑玩家的动机和游戏心流，来为用户体验服务，并应因此超越新手引导计划。

第14章 游戏用户研究

14.1 科学的方法
14.2 用户研究方法及工具
14.3 最后的用户研究提示

　　用户研究的主要功能是评估游戏（或应用程序、网站、工具界面等）的易用性以及它在多大程度上吸引玩家。用户研究人员将无情地追踪尽可能多的易用性和参与力的问题，并提出修复建议，供开发团队参考。他们能帮助开发者挑战知识的诅咒，后退一步，从一个新角度（目标受众探索游戏的视角）看待游戏。他们的主要任务是，发现那些无法让用户体验具有吸引力的障碍，同时牢记设计意图和商业目标。

　　用户研究依靠两种主要工具来完成这一任务：知识（即认知科学知识、人机交互和人类因素的原则、启发法）和方法论（如科学的方法）。在本书中，我们已经广泛地介绍了前者，所以如果你对科学的方法还不熟悉，那就让我为你介绍一下。

14.1　科学的方法

　　科学的方法能促成一种系统的思维方式，从而找到问题的解决办法，或回答一个问题。这是一个假设演绎模型，使用标准化的协议收集并分析可测量的证据，从而证实或否定一个假设，但愿不会出现任何偏差。科学的方法是一个迭代的过程，它与设计思维的迭代过程差别不大。它往往从一般理论开始，然后是概念化阶段，在此期间，科学家们会回顾某个特定主题的相关文献，做些广泛的观察，并界定将要探索的问题。后续步骤如下：假设——实验方案设计——测试——结果与分析——确认、拒绝或完善假设——返回至一般理论（从而让相同的研究人员或其他研究人员可以对研究发现进行迭代）。研究人员在概述一个假设时，他们还会提出一个"零假设"，说明被测试的变量不会造成影响。例如，将一个实验假设应用在游戏中，即："在游戏的第一个小时里，与只阅读教程文本相比，通过做中学来学习游戏规则的玩家死亡频率更低。"零假设则是："在游戏的第一个小时里，与只阅读教程文本相比，通过做中学来学习游戏规则的玩家死亡频率不会更低。"在做完实验并分析完结果之后，如果显著性检验提出，检验结果不符合零假设的可能性大于或等于 95%，则零假设就会被否定，从而支持实验假设。实验方案必须确保两组之间测量到的差异（例如，边做边学组和边读边学组）能真正归因于那些开发者感兴趣的变量（做中学的影响）。例如，如果确定，与阅读相同内容的教程文字相比，通过做中学来学习游戏机制和游戏规则的玩家死亡率较低，并且这种差异在统计学意义上很显著，那也许是因为阅读文字平均花费的时间要少于做中学。因此，测量的效果可能源于处理时间的差异，而不是学习类型本身。研究要有严格的标准化协议，从而确保得出正确的结论。

在学术界，实验可以用一篇论文来描述，经过科学的同行评审，如果评审结果认为方法论可靠，论文就会被发表在期刊上，这样整个学术界就可以将这些发现纳入自己的理论框架和后续实验中。至少应该这么做。问题是，当零假设不能被推翻时，研究人员通常就无须费心提交自己的研究论文了，或者即便提交了，论文也很可能被拒稿，无法发表。这有可能会给一些科学家带来偏差，他们过于努力地尝试证实自己的实验假设（从出现无意识偏差到有意欺诈），并让整个学术圈丧失了有趣的发现。没有发现某种效果（无法反驳零假设）也是一个有趣的发现。诺贝尔经济学奖获得者、精神病学家埃里克·坎德尔（Eric Kandel）在其引人入胜的著作《追寻记忆的痕迹》（*In Search of Memory*，2006）中，援引了神经生理学家约翰·埃克尔斯（John Eccles）的话，后者于1963年曾因突触方面的成果而获得诺贝尔奖，他说："我学到……由于反驳了一个被珍视的假说而欢欣鼓舞，因为这也是一项科学成就，而且通过反驳也学到了很多东西。"

当前，许多学科中都存在着"复制"危机（Przybylski，2016），更具体地说，受到极大关注的是社会心理学领域。事实上，原创研究中发现的某些结果不一定可以被复制——相同的实验方案被不同的研究人员（有时是被原来的研究人员本人）重复。能复制实验结果非常重要，因为它意味着研究方法是可靠的，偏差降至最低，而且测量的效果也不是随机的。若无法复制，则会令人担忧，也可能引发公众的困惑，主要是因为这些研究在被发现不可复制之前，有时就被媒体通过标题党传播开来，完全看不到研究人员对其结果持有的谨小慎微的态度。使用不严谨的方案和少量样本完成的草率实验，可能正在损害科学的声誉。不仅如此，有些欺诈行为是由产业主导的，试图说服人们企业的产品并不危险，以便能让大家继续消费，这种做法进一步引发了人们心中的质疑。例如，一些烟草企业收买了科学家及专家，去质疑吸烟与癌症之间已被确认的科学发现，这是众所周知的事实（Saloojee and Dagli，2000）。此外，有项研究提出了误导性的观念，认为疫苗会增加自闭症的风险，想想它造成的影响。尽管后来它由于严重缺乏严谨性，而且大量研究发现并没有证据支持该假设，使得这一研究被彻底推翻，但仅一项研究就足以引发疑虑，并导致部分父母因为害怕伤害自己的孩子而拒绝为孩子接种疫苗。

这种对科学越发不信任的倾向，是一个真正的问题，因为它让假新闻（或"替代事实"）蓬勃发展，从而使公众舆论更容易被操纵，进一步看，这会让用户研究者的生活变得复杂。科学以探寻真理为使命，不应该成为一种竞争，用于决定谁才是正确的，也不应该成为一种动摇人心的工具。因此，至关重要的是，用户研究人员应保持中立。他们不是来推进任何日程的。他们不应该提供自己的"个人意见"，而是应该提供对某个情况的分析，在需要时使用自己的科学知识和数据。用户研究人员的工作是提供客观证据，帮助开发者做出决策，同时尽力不要爱上这款游戏，因为这可能会导致一些偏差。虽然我相信，在一个项目中，因为大家需要建立信任，必须紧密合作，所以用户研究人员融入游戏开发团队很重要，但同样重要的是，他们要尝试与游戏本身保持一定的情感距离，或者让其他研究人员进行用户体验测试，从而避免让结果受到偏差的影响。尽管如此，用户研究可以成为一个非常强大的工具，帮助开发者在很早的阶段确定要解决的正确问题是什么，将这些问题按严重程度排序，并找到解决方案。

14.2　用户研究方法及工具

虽然游戏用户研究使用了科学的方法，但游戏工作室不是学术实验室。他们的游戏要交付，而且往往时间紧迫。因此，游戏用户研究是在快速周转和科学严谨之间达成平衡的一种行为，这就是用户研究员伊恩·利文斯顿（Ian Livingston）所说的"足够好"的研究（Livingston，2016）。举个例子，假设你设计了一个测试，用来测量一个条件对另一个条件所造成的影响，如分别用两种不同的手柄映射（条件 A 和条件 B）完成一项任务花费多长时间（以分钟为单位）。在你测量了每个条件的表现，并计算了各组内的标准差（即数据值的离散情况）之后，你可以用不同的置信区间（数据中存在多大的不确定性）来查看结果。如使用假数据的图 14.1 所示（见书前彩插），在 95% 置信区间（这通常是研究结果中所需的最小值）中，两个条件之间的表现没有显著差异。然而，通过观察 80% 置信区间的数据，可以得出如下结论：这些条件导致了玩家的不同表现。虽然 80% 的置信区间肯定不会被一篇研究论文接受，但它却足以决定应该把哪种条件设定为默认的手柄映射，而且肯定比不收集任何数据就做出决定要好。尽管如此，我们通常没有足够的条件招募足够的参与者，无法拥有足够大的样本量，难以在进行用户研究时完成此类统计工作，因此我们无法在用户体验实验室中轻松地比较不同的条件。然而，在向大量样本发送调查问卷，或在封闭测试期间收集遥测数据时，重要的是，同时修改几个变量（即 A/B 测试，观察用条件 A 得到的表现或转化率与条件 B 的进行比较），从而确定一个可接受的不确定性水平（见第 15 章）。

用户研究无法像学术研究那样严谨，主要是因为每当开发团队需要用于制定决策的洞察时，我们通常无法用足够大的样本量来进行快速测试。鉴于游戏开发的沉重约束（特别是时间限制），这是一个我们必须接受的限制，也因此需要尽可能小心地消除更多测试方案中的潜在偏差。例如，被招募的参与者应该匹配游戏的目标受众画像；游戏开发者不应该与测试的参与者互动，避免为他们的炒作推波助澜（能在工作室的办公室里测试开发中的游戏，往往会让玩家非常兴奋）；参与者应该无法看到其他参与者正在做什么（从而避免同伴压力，并通过观察其他人玩游戏来妨碍他们自己理解某些东西等）；应该告知参与者，被测试的对象是这款游戏本身，而不是他们自己理解这款游戏的能力。好的做法是，让参与者意识到，自己即将遇到的所有困难以及想要上报的所有困惑，即使是轻微的，也会有助于为所有玩家提升游戏品质，包括那些技术不如他们熟练的玩家（否则，一些参与者会倾向于不上报自己的某些困惑，因为他们不想被人认为不具备玩游戏的能力）。一定要告诉参与者，与他们互动的研究者和主持人没有直接参与游戏项目，因此无论反馈有多严厉，他们的感受都不会受到伤害。根据我的经验，参与者倾向于温柔宽容，因为他们大多乐于玩正在开发中的游戏，同时还能获得酬劳。要提醒他们提供冷静坦率的反馈，并简明地解释自己为什么喜欢或讨厌某些内容。无论他们做了什么，用户体验测试的观察员都必须尽可能地保持中立，不应对正在发生的事情做出反应，在参与者最终克服一个障碍时，观察者应不悲不喜，不欢呼，什么都不做。如果可能的话，参与者应该忘记自己正被人观察，他们应该永远不会感到自己受到任何形式的评判，否则他们的表现会被影响。例如，出现皮格马利翁效应（Pygmalion effect）或罗森塔尔效应（Rosenthal effect），他人的期待和暗示会影响一个人的表现（Rosenthal and Jacobson，1992）。用户体验测试的观察者还应该非常小心，不要从自己观察到的行为中推断玩家的任何意图。例如，如果他们观察到一些玩家在屏幕上停留了很长时间，如需要在这里给自己的基地命名，那么观察者应该把这种行为标记为"在基地命名屏幕上停留了很长时间"，而不是立即得出草率的结论，如"玩家在基地命名界面颇为纠结"。也许玩家只是在考虑自己想选取什么名字，而不是为界面本身而纠结。只有在分析了来自观察笔记、玩家在游戏中的表现以及测试问卷的数据后，才能推断出玩家的意图和纠结之处。但如果观察结果已经受到偏差污染，那分析的其他部分也会被污染。所以，当你写下玩家的行为时，要注意保持中立。还要小心，单向透视玻璃后面的游戏开发者不会自己草率地得出结论。游戏开发者要想从观看测试中受益，他们就必须要明白，自己的知识和期待会产生偏见，影响自己对玩家所做的事（和没做的事）进行阐释的方式。因此，他们应该等到收到用户体验报告后，再总结玩家理解了什么，以及打算在游戏中做什么。科学的方法的真正意义在于避免上述偏差，所以要确保每个人都明白它的重要性。

最后，要确保参与者签署了保密协议（NDA），并提醒他们，不能与任何人谈论他们在测试期间的体验。我从未经历过任何源于用户体验测试的泄密，但风险却真实存在，泄密无疑会损害用户研究团队和工作室其他成员之间的信任。常用的好做法是，让参与者清空口袋，并将所有录制设备（如智能手机、U 盘等）放在储物柜里，由他们来保管钥匙。

现在，我会快速描述一下可供游戏行业使用的主要用户研究方法和工具（Lewis-Evans，2012）。其中，大多数都需要招募参与者，而且这些参与者要能代表你的核心受众，因此你必须考虑好自己的核心受众是谁。招募工作特别费时，因为你需要按照正确的年龄段来找到目标玩家（要特别注意这一点，如果你想招募未成年人，还需面临某些法律限制），他们玩的游戏与你的游戏类似，玩的频率符合你的要求（偶尔玩或经常玩），而且他们的时间和日期契合你预期的测试计划。所以，一定要提前做好招募计划。想要找到一个好的玩家样本，通常至少需要花费一周时间。

14.2.1　用户体验测试

用户体验测试是游戏用户研究使用的主要方法。它意味着招募外部参与者（代表你的目标受众的玩家），这些人将与部分游戏（或网站、应用程序等）互动。因此，你需要与开发团队紧密合作，尤其是游戏测试人员，从而确保你的结构足够好（不会一直不可用），而且没有任何漏洞会影响到你感兴趣的元素。例如，如果你正在测试一个特定的功能，那么影响该功能的漏洞就是一个问题。有其他不严重的漏洞也没关系，只要你知道如何绕开它们运行即可。例如，如果选择一位特定的英雄或使用一种特定的能力会让游戏崩溃，你可以叮嘱参与者不要使用它们。根据游戏处于哪个开发阶段以及你的测试目的，可以使用不同类型的用户体验测试。

- 任务分析，用于你想看玩家是否能够在游戏中完成某个特定任务时，例如创建一套卡片。这种测试通常很短，会测量特定的指标，例如参与者完成任务所使用的时间，或所犯错误的数量。为了观察玩家瞄准的速度，看他们是否有所突破，或止步于目标等，使用健身房关卡（测试房间）来开展此类测试，会非常有用。你可以创建各种各样的健身房关卡来测试各种对游戏感尤为重要的东西。在为一个功能制作原型时，你还可以使用特定的任务，如卡片排序。在实现任何东西之前，你可以使用组卡器中的模板，为玩家提供纸卡，并询问他们如何为特定的英雄创建一套卡片。通过观察玩家使用哪些类别的卡片，以及如何组织卡片，你可以建立一个与玩家的直觉思维过程对应的系统。任务通常被应用于网络，有助于设计网站的信息体系结构（例如，页面应该被划入哪个类别）。任务分析是一对一进行的（每次由一名研究者观察一名参与者）。通常，建议至少测试15 名参与者，但如果你着急为一个功能做好原型并紧接着将其实现，则这种测试会过于费时，所以要确定你的严谨程度。

- 易用性测试（或可玩性测试），是让参与者玩部分游戏（而不是整个游戏），其关注点本质上是易用性，但也可以是可参与力问题。如果有些元素还未在游戏中实现，你可以用纸为玩家提供信息。例如，你可以将教程信息打印在纸上。这种测试通常由数个参与者同时进行（通常是 6 名参与者左右，但如果你正在测试一款多人游戏，需要一种五对五的配置，则需要更多人）。即使我们知道多任务处理是一个神话，但一个主持人可以同时观察两个玩家。如果时间允许，还可以将游戏录制下来，供后续查看。

- 出声思考（think aloud），又叫作认知预演（cognitive walk-through），是进行任务分析或易用性测试的一种特定方式。在这种测试中，你要求参与者说出他们正在做什么以及他们的思维过程。对于理解玩家在一个界面前的第一反应，这种方法非常有用，而且能针对玩家的期望提供很好的洞察。如果你使用这种方法，务必要鼓励参与者立即说出自己的想法，并告诉他们完成任务的方法都是正确的。被测试的是软件，而不是他们。鼓励他们提问，因为问题会揭示出他们感到困惑的地方，但要提一句，你不会回答其中的大多数问题，因为你想看看他们是否能自己找到答案。如果他们真的提问，你可以回答："嗯，你认为呢？"最后，如果他们话没说完就戛然而止，那你要避免接话茬儿（这将给他们的思维过程带来偏见），只需重复最后几个词即可。例如，如果他们说"我不确定如何……"，然后停下来不说了，那你就只需说"你不确定如何"。这通常会奏效。这种方法有个你必须要考虑的重要局限：与玩家单独用自己的设备完成任务相比，通过让人们说出自己的思考过程，你让他们对任务投入了更多注意力。这意味着他们更有可能搞清楚一个功能或系统是如何运作的。所以要记住，记录的重点是他们要花多少时间来弄明白任务，而不是成功或失败。这种测试必须一对一进行，通常有 6 名参与者。

- 通关测试（playthrough test），是让玩家玩完游戏的一大部分或全部。虽然研究者仍会留意易用性问题，但此类测试的主要目的是寻找可参与力问题，例如游戏哪里太简单，哪里太难，哪里让玩家不再为特定目标而兴奋。这种测试通常需要更大的样本量（如果可能的话），因为你希望覆盖玩家的变异性（variability）。这种测试通常还要求参与者在用户体验实验室待好几天（有时甚至是一周），因此找到几天都有时间的足量参与者，会非常棘手。不仅如此，考虑到封闭的 beta（或 alpha）测试正越来越普遍，而且能够提供大得多的样本，所以就算你只能凑齐 8 名参与者进行一次可玩性测试，也比什么都不做要好。就遥测数据显示的结果（大多数玩家正在做什么，见第 15 章）而言，此类测试是对分析结果的极好补充，因为它们会提供良好的语境（玩家为什么那么做）。

在不同的工作室，这些测试有着不同的名称。此外，一些游戏开发者有时会把自己测试游戏并讨论游戏功能的活动贴上"可玩性测试"的标签。我同意游戏设计师特蕾西·富勒顿（Tracy Fullerton）的观点，这些不应该被视作可玩性测试，而是"内部设计测评"（Fullerton，2014）。之前提到的所有用户体验测试都需要外部参与者，在大多数情况下，他们都对你的游戏一无所知（除非你的测试需要已了解某些功能的玩家）。在任何情况下，测试都需要充足的准备。进行测试的研究人员（或主持人、测试分析员等研究助理）必须自己查看一下整个结构（因此，提前做好结构非常重要），并准备一份观察表，让那些观察测试的人能更快地写下自己发现的问题。同样重要的是，不要在观察测试的时候写下所有东西，而是要关注特定的目标。有些系统可能还没有彻底完成，其他功能也可能会有漏洞，因此更有效的做法是，聚焦那些准备好进行测试的内容（反正也不可能观察所有内容）。此外，若游戏开发者收到反馈，提到他们了解的功能或系统无法完全奏效，那会令他们极为恼火（除非他们明确要求提供这些初级反馈）。这里所说的"奏效"，并非指美学意义上的吸引力或打磨完成，而是指该功能可被使用，即便它看起来很丑或有占位符元素。因此，要与开发团队合作，确定测试的目标（稍后再详细讨论测试的问题）。

对于开发团队的成员来说，重要的是能够观察正在进行的测试，最好是在单向透视玻璃后面，因为他们能在不被看到的情况下以过肩视角进行观察。这会帮助开发者站在玩家角度，采取以玩家为中心的方法。此外，如果开发者在一个房间中一起观察测试（而不是通过各自的台式计算机单独观看直播），就可能引发对话，谈论为什么玩家的行为与预期不符，以及为了解决一个问题，应该如何做。这是我最喜欢的用户体验测试部分，在单向透视玻璃后倾听开发者不得不说的话，他们真正的意图，以及他们为什么认为玩家的行为在意料之外。根据我的经验，与开发团队建立信任，并让他们参与到研究中，是用户研究过程的一个关键部分。它还能让用户研究人员针对特定功能或系统背后的意图提问。例如，图 14.2（见书前彩插）说明了艺铂游戏是如何布置用户体验实验室的。你可以看到测试室，参与者会在那里玩游戏，后面的测试观察员可以通过头上的屏幕观察玩游戏的过程。此外，你还可以看到"密室"（我们喜欢把它叫作"地下酒吧"），负责测试的用户体验研究员和开发团队成员会在此观察并讨论正在发生的一切（这个房间是完全隔音的，所以开发者能大声表达自己的沮丧，当你发现自己认为能奏效的东西实际上不奏效时，观看用户体验测试有时就会很痛苦）。

玩家心理学：神经科学、用户体验与游戏设计

在用户体验测试中，人们可以使用几种工具。其中，最重要的是由测试观察员做的观察和笔记。每天结束时，他们会整理这些笔记，如果条件允许，还会同其他观察者的笔记进行比较，从而让负责该研究的研究员能很好地了解玩家容易做什么，有什么困难，以及他们误解或完全错过了什么。另一种有用的工具是将每个环节都录制下来，以便你可以重新播放某个环节，并提取放入用户体验报告的片段。你可以使用一款名为 OBS 的免费开源软件，可以用它来录制，并流式传输多个信息源，如游戏玩法和对着玩家脸的摄像头（然而，我不建议依赖玩家的面部表情，因为它们可能极具误导性，除非你有一个能识别微表情的强大工具）。眼球跟踪也是一种不错的工具，对观察有极大的助益。如今，有些廉价的眼球跟踪镜头可被直接嵌入 OBS 中，以叠加层的方式，让测试观察者从头顶的屏幕上看到玩家正在看着哪里。需要注意的是，眼球跟踪能让你看到玩家的目光，但那不一定是他们关注的内容。有些眼球跟踪软件能让你创建热图，从而看到人们通常在看着什么。眼球跟踪热图很有用，尤其是对静止的元素（例如，平视显示器）或始终都很简短的体验（例如，预告片）；否则，相较成本（主要是时间）而言，获得的收益无法达到合理的观察效能。还有一个有用的工具，那就是通过 OBS 添加一个手柄或键盘的叠加层，如 Nohboard 虚拟键盘，它允许测试观察者从头顶的屏幕上看到玩家正在按什么键。最后，你可以使用 Snaz 往 OBS 视频上添加本地时间，以便能更精确地监视玩家完成任务需要花费的时间。大多数此类工具（除了眼球跟踪相机、头顶屏幕和参与者玩游戏所需的材料）都是免费的。在图 14.3 中（见书前彩插），你可以看到艺铂游戏的用户体验实验室录制用户体验测试的情景（为了不泄露参与者的隐私，我用自己玩《堡垒之夜》的例子，向你展示它是什么样子）。如果你有一个炫酷的实验室，你可以考虑添加生物特征（biometrics）识别，如皮肤电反应（GSR），它能测量玩家手指的汗液活动，从而确定他们何时被激发出激动的情绪，但它无法告诉你情感的效价（消极或积极）。然而目前，皮肤电反应以及其他生物识别技术并不真的实用。它们成本高，数据分析也需要大量的时间。若是用于测试简短的环节或预告片，它们会很有趣。迄今为止，充分的准备以及严谨的观察依然是你在游戏用户研究中的最佳工具。你应该使用的最后一个"工具"是让参与者时不时地回答调查问卷。如果准备充分，调查问卷会比访谈更有效，因为它的偏差较小（互动会导致各种偏见，而回答一份调查问卷无须处理人类的互动）。在下文中，我再进一步详细描述调查问卷。你要在用户体验测试期间经常使用它，尤其是要将参与者刚经历的内容截图，让他们描述屏幕上的元素以及他们做了什么。调查问卷会告诉你，玩家在游戏中都理解了什么，以及误解了什么。

在完成用户体验测试及数据分析后，负责此事的用户研究员会制作一份用户体验报告，列出遇到的所有用户体验问题，通常会按照类型（用户界面、教程、元游戏等）和严重性（关键、中等、低等）对它们进行分类。严重程度取决于这个问题给玩家造成了多大的阻碍，它引发了多少挫败感，而且还取决于哪些功能受到了影响。如果一个用户体验问题影响到游戏的核心支柱或盈利功能，那么即使玩家最终找到绕过它的方法，其严重程度也会提升。有些功能不允许出现任何程度的摩擦，否则你可能会失去那些几乎没有耐心的玩家，有大量其他免费增值模式游戏可供他们去尝试。用户体验报告应该使用简短的标题来概括每个问题，再用一个部分进一步对其进行详细描述，最好添加从流程录制视频中提取的截图或片段。最后，它应该根据开发者的目标，提出一些可行的解决方案作为建议。要确保这些建议听起来不专横。它们的目的是说清问题，并提供选择，而不是让开发者觉得你想要为他们设计游戏。别忘了在报告中加上优点部分！如果这次测试的主要目的是测试玩家对平视显示器的理解，则不仅要提到玩家有哪些问题，还要指出平视显示器的哪些部分是有效的。最后，如果之前的用户体验问题已不再是一个问题，则也要提一下。庆祝用户体验的胜利很重要，即便是小小的胜利。

14.2.2　调查问卷

举个例子，你可以在用户体验测试期间使用调查问卷，或者将其发送给beta版封闭测试的参与者。如果谨慎使用，调查问卷可以成为一个非常强大的工具。如神经科学家约瑟夫·勒杜斯（Joseph LeDoux）（1996）所述："反思通常是一扇了解大脑工作的模糊窗口。如果说我们能从反思中很好地了解到与情感有关的一点，那就是我们完全不了解自己为何会有这样的感受。"如果你需要探索玩家对游戏的感受，那么你要尽可能精确地表述自己的问题。例如，如果你问他们是否觉得游戏很难、有趣或令人困惑，那一定也要让他们解释原因。让他们针对这款游戏，分别说出自己最喜欢的三点和最不喜欢的三点，以及为什么。此外，在尝试确定玩家会如何定义游戏时，我们的问题是，他们会如何向朋友描述这款游戏。这能帮助受访者聚焦更具体有形的元素，而不是模糊的情感，这些情感不一定容易描述。尽可能尝试向他们提出客观的问题，尤其是易用性方面的问题。例如，不要问他们是否觉得教程任务清晰明确，而要问他们是否记得自己在这次任务中学到了什么。为了测量他们的感知，你可以先问问他们，觉得平视显示器是否清晰，再给他们出示一张平视显示器的截图，上面用字母标出每个元素，要求他们描述自己对每个元素的看法。

在设计调查问卷时，每次只问一个问题。例如，如果你问"这种能力是否易懂可用，是否强大"，你就无法确定受访者的答案是针对易用性的，还是针对这种能力带给他们的强大感的。此外，一定要避免引导性的问题。例如，不要问"你觉得×××能力是否强大？"而要问"你如何描述×××能力？"，从而得到一个开放式答案。如果你需要将调查问卷发送给数百名受访者（或更多！），最好尽量避免开放式问题（之后会需要文本分析），并提出一个7级制李克特量表问题（如果你对颗粒度没有要求，或样本较小，也可以是5级制）。例如，你可以让受访者说明他们在多大程度上同意某些说法，如"这些能力让我在游戏中感到强大"这个问题，可以使用如下答案：强烈反对、反对、有些反对、既不反对也不同意、有些同意、同意、强烈同意。此类问题会非常有用，它们能测量你的游戏有多大吸引力，并能发现有哪些内容需要调整。想想你的游戏核心支柱以及你想要提供的核心体验，在设计你的李克特量表问题时，回顾一下参与力的核心支柱。问问受访者觉得有多大必要去追求特定的目标，是否认为队友能提供帮助，是否对别人有帮助，是否觉得自己在游戏中取得了进步，是否有驾驭感，是否认为与界面的交互令人愉悦，是否认为游戏太难/太简单，是否感到一切都在掌控中，是否认为自己做出了有意义的选择，等等。这会帮助你确定游戏在参与力方面的优点和不足，因此让你能决定是应该尽量关注游戏的薄弱领域，还是在优点上双倍下注。你可以制作自己的调查问卷，也可以使用现有的调查问卷，例如玩家体验清单（Abeele et al.，2016）、游戏参与度问卷（可在http://www.gamexplab.com 上找到）、沉浸式体验问卷（可在 UCL Interaction Centre 官网上找到，亦可参见 Jennett et al.，2008）或玩家需求满意度体验问卷（需要获得授权，见 Przybylski et al.，2010）。一项研究表明，此处提到的最后三份问卷呈现出了极高的一致性（Denisova et al.，2016）。无论你选择哪种调查问卷，都要保证使用简单的措辞，并尽量简短。在你的问卷上添加一个进度条，因为如你所知，人们喜欢看到自己在朝着最终目标进步。

14.2.3　启发式评估

启发式评估是由一位（或最好是几位）用户体验专家来评估游戏的易用性和参与力。其指导原则是启发法，又叫作经验法则。第 11 章和第 12 章中描述的易用性和参与力支柱就是启发法的例子，但专家们会使用一个更事无巨细的列表。当你需要评估一款处于极粗糙阶段的游戏时，或当你无法进行用户体验测试时，此方法会奏效。但要注意，你依然需要借助用户体验测试来确定大多数用户体验问题，因为当你的目标受众尝试理解你的游戏时，没有什么能够取代对他们的观察。在完成启发式评估后，负责此事的研究员要撰写一份报告，将其发送给游戏团队。

14.2.4　快速内部测试

可以请一些员工来完成快速内部测试，这些员工必须对游戏的某个特定功能毫不知情，从而能针对该功能的迭代进行快速测试。例如，你和同事一起测试一个功能，你根据自己的观察和同事的反馈来调整设计，然后再和另一个同事重新测试，以此类推。来自微软游戏工作室（Microsoft Games Studios）的研究员梅德洛克等人（Medlock et al., 2002）一直在完善这种方法，他们将其称为快速迭代测试及评估（RITE）。它与任务分析测试非常类似，但却专注于游戏中某个非常细微的方面，如一个功能，为了快速优化而一次次迭代。它可以通过外部参与者来完成（总是更好！），但我建议让内部员工来参与这种方法，原因很简单，因为招聘外部参与者需要花费时间，而且对于此类细微测试来说，可能会过犹不及。使用内部参与者会引发严重的偏差，因为游戏开发者对游戏的看法与玩家截然不同，而且他们可能知道是谁设计了这个被测试的功能。然而，在可以进行用户体验测试之前，内部参与者能提供一些不错的反馈。

14.2.5　用户画像

用户画像可以定义一个能代表游戏核心受众的虚构玩家。在这一过程中，营销团队会提供细分市场信息，开发团队提供核心支柱和其想要提供的体验，以便对潜在受众做出首次评估。然后，访谈一些目标受众中的用户，这有助于为正在开发中的游戏类型确定目标受众的目标、愿望和期待。最后，一个虚拟人物被创建出来，它有一个名字，一张照片，还包括一份从目标、期待、愿望等方面对该用户画像的总结。与细分市场相比，它更易于联想和记忆，让所有人都专注于一个人，而不是一个市场。我发现这个过程本身比最终结果要更有趣，因为它鼓励营销和开发团队达成一致。关注两个团队确定的用户和体验，会是一个卓越的开端，能为项目提供坚实可靠的用户体验策略。这种方法往往用于概念阶段或试开发阶段。你也许希望拥有数个用户画像，例如，一个主要的核心受众用户画像，一个范围更广泛的次要用户画像，以及一个不是目标受众的反用户画像。需要提醒你记住的是，用户画像不是真实的人，但因为它们有名字和个性，所以设计师会像对待真人那样对待它们。这虽然有益，但也会导致为一个用户画像而设计，而不是为这个用户画像应代表的真人而设计。为了避免这种情况，要确保能获得准确描述用户画像的最新数据。此外，鼓励开发者来观看用户体验测试，这样他们也能看到真人玩他们的游戏。

14.2.6　分析

分析（analytics）是一个非常强大的工具，尤其是在结合用户体验测试及调查问卷使用时。它使用遥测技术，远程收集玩家在自己玩游戏时的相关数据，玩家在用户体验实验室之外，也没有观察者的监视下玩游戏。我们将在第 15 章中对其进一步做详细讨论和分析。

14.3　最后的用户研究提示

无论你使用哪种方法，重要的都是，与接下来要阅读报告或调查结果的人合作，一起做准备。你无法测试及测量一切，所以你需要把自己的精力集中在团队探索的重点上。与他们合作，问问他们需要哪些信息来改进游戏，目前不需要哪些功能的反馈等。他们参与的准备工作越多，反馈就对他们越重要，就你们之间建立的关系而言，信任度就越高。

此外，在测试完成并发送报告后，不要就此停止。跟主要的利益相关者预约一个会议，仔细看看所有问题，并获得他们对调查结果的反馈。你能在此时得知，有哪些问题是他们由于很快要重做而不想解决的，将要解决哪些问题，以及你可以在下次用户体验测试中重新测试哪些内容。最后，跟进需要解决的问题。建议你把漏洞或任务输入工作室使用的项目跟踪软件中，以便你能看到已取得的进展，也能让整个团队看到它。对于游戏开发者来说，能感受到有进展也很重要。

即便你本人不是用户研究人员，也无法承担雇用用户体验专家或用户研究人员的费用，或无法搭建一个炫酷的实验室，你依然也可以确保定期从受众的角度来审视自己的游戏。自己动手应用前面提及的方法，与周围对你的游戏一无所知的人（只要他们能代表你的目标受众）一起，来测试你的设计、原型和早期的结构。测试要越早越好，但往往会太晚，致使你无法做出有意义的改变！你在测试自己的游戏时，务必要保证尽可能多地消除偏差；否则，你最终会得出错误结论。如果可能的话，要避免让朋友和家人参与测试，因为这些人喜欢你，会付出更多努力来想办法取悦你。此外，他们的反馈可能也不会太苛刻。如果你希望了解更多关于用户研究的知识，可以查找优质的资源（例如，Amaya et al.，2008；Laitinen，2008；Shaffer，2008；Bernhaupt，2010），还可以加入游戏用户研究线上社区（gamesuserresearchsig.org）。此外，要记住易用性及参与力的支柱——它们能在整个迭代周期中为你提供指导，并让你理解自己的游戏中有哪些部分可能不奏效。

第15章 游戏分析

数据无处不在。当我们购物时，在社交媒体上与朋友互动时，阅读网络新闻时，点击广告或玩游戏时，有大量数据会被收集。游戏工作室越发普遍地使用遥测技术来收集一切可能与玩家行为相关的内容。这呈现出游戏分析当前的主要局限性，即如何理解上述所有数据。在管理层会议上展示复杂的图表肯定会让人印象深刻，而且看到玩家在哪里退出游戏也是一个与众不同的警示，但为了你正在尽力完成的目标而在数据中真正发现意义，却并不那么简单。所以，当你为游戏分析感到兴奋时，一定要欢迎数据分析人员，并授权给他们，因为你肯定需要他们。

分析（analytics）是涵盖收集数据和理解数据的一个总称。它可以被视作商业智能团队的一部分，后者的职能是帮助企业基于从数据中提取的信息，做出营销/发行决策。分析也是用户研究人员的强大盟友，帮助他们和游戏团队做出游戏玩法方面的决策。用户体验经理能够发挥重要的作用，为分析团队、游戏团队和发行/商业智能团队之间搭建桥梁，从而确保每个人都能在各自的岗位上按预期推进游戏体验的进展。

15.1　遥测的奇迹与风险

遥测（即远程收集数据）可能既强大又存在风险。它之所以强大，是因为一旦游戏开始，它便是唯一能让我们了解玩家真正在做什么的工具，因为它可以触达人们家中，而且规模庞大。这是你面对现实的时刻，你的真相时刻。例如，有多少人在玩？他们平均玩多长时间？在游戏中，是否有某个特定事件让他们流失（如退出游戏）？然而，如果摄取得不谨慎，缺乏认真分析，而且也不了解数据挖掘的局限性，则会带来非常大的风险。有些开发者倾向于过度使用游戏分析一词，忘记了它实际上的确需要分析（如统计分析、预测建模等）。德拉亨等人（Drachen et al.，2013）指出："分析是发现和传达数据模式的过程，旨在解决业务中的问题，或反过来，为支持企业决策管理、驱动行动和 / 或提高绩效做出预测。""大数据"已成为一个热词，因为我们经常听说一些成功的企业正在积累数千兆有关顾客行为的数据。然而，只收集数据不一定会成功。你需要从数据中提取价值，因为数据不是信息。正如兰布雷希特（Lambrecht）和塔克（Tucker）（2016）指出的那样："只有当大数据与管理技能、工程技能和分析技能相结合时，才会对企业有价值。"问题在于，有些拥有统计学基础知识的人（对认知偏差的认识有限，甚至根本没有意识到）得到了数据可视化工具，随意地玩弄原始数据。我的立场是，除非他们接受过充分的训练，否则应该让数据分析师为他们提取有意义的信息，并和他们一起解释这些信息，不然就有得出完全错误或部分错误结论的风险。了解平均数、中位数和众数之间的区别只是一个起点，但往往还不够好。

15.1.1　统计谬误与数据的其他局限性

达莱尔·哈夫（Darrell Huff）在其著作《统计数据会说谎》（*How to Lie with Statistics*，1954）中解释说，统计数据颇具吸引力，但不幸的是，它经常被用来耸人听闻、夸大渲染、混淆视听以及过度简单化。如此一来，统计数据与神经科学在脑神经科学方面有很多共同之处……在观察数据时，需要记住以下基本事项：

- 样本的代表性。从样本中收集的数据是否真正代表了你的预期受众？尤其是在你的游戏处于封闭测试阶段时，参与游戏的人群可能比主流受众表现出更极端的行为，对后者来说，只有游戏发布后，他们才能玩到。把自选的小样本（通常是在封闭的测试阶段）得出的结果过于普遍化，将其推至未来更大的游戏受众群，是站不住脚的。样本的随机性很重要。

- 结果是否具有统计学意义？如果两组之间有太多变异，那两组之间收集的平均行为差异实际上可能并不显著。例如，试想两支四人队伍玩一款玩家与玩家对战（PvP）的游戏。在 A 队中，两名玩家各有 13 杀，另外两名玩家各有 15 杀。在 B 队中，一名玩家有 2 杀，一名有 4 杀，一名有 17 杀，一名有 33 杀。两队的平均水平（平均数）都是 14 杀，但你可以清楚地看到，A 队的成员没有偏离平均值太多，而 B 队则更具异质性。因此，当你查看不同人群的对比数据时，重要的是了解每组内的方差，因为所显示的平均值差异也许只是随机的。如第 14 章所述，置信区间能帮你了解数据中存在多少不确定性。

- 关联性不是因果关系。假设你正在查看来自一位 PvP 射手的数据，你发现玩家在定制武器（变量 A）上花费的时间越多，在比赛中死亡（变量 B）的次数就越少。换句话说，变量 A 与变量 B 相关。然而，只观察一种关联性，无法让你得知这些变量有什么关系。变量 A 可能引发变量 B，或者变量 B 可能引发变量 A，或者变量 A 和变量 B 都是由第三个变量引发的，或者观察到的关联性可能只是出于偶然。关联性并不意味着因果关系。

- 数据不是信息，信息不是洞察。信息必须从原始数据中提取而来，这主要是通过删除数据的冗余部分来实现。接着，从数据中提取的信息需要得到解释，而无关信息（干扰项）则需被删除。如果剩下的部分对某个决策的制定有价值，则会获得洞察。仅仅因为大数据的炒作而收集大量数据，无法使你有效利用你的时间和资源。

- 坏数据比没有数据更糟糕。如果遥测埋点没有成功实现并完成测试，如果数据收集系统中存在漏洞，也许是因为你查看了被污染的数据，甚至都没有意识到这一点。举一个完全虚构的例子，你可能会误以为，在启动教程任务的玩家中，完成该任务的人占比（教程完成率）高达 65%，只是因为当玩家以某种方式退出任务时（例如，退出游戏而不是先退出任务），没有发生任何事件，导致很多没有完成教程的玩家可能被遗漏了，因此推高了你的教程完成率。

- 数据分析善于说明正在发生什么，但不一定能说明为什么。遥测数据缺乏语境。例如，在数据中，你也许看到某一天参与你游戏的玩家人数比往常少。为什么会出现这种情况，是另一回事。也许有一部游戏大作发布，你的部分受众去试玩，没有玩你的游戏；也许有一场体育赛事吸引他们离开游戏主机；也许后端出现了一些严重的问题，影响到玩家连接服务器或玩家的帧率；也许这只是你数据收集中的一个漏洞；也许出现了上述多个问题；或者也许这种玩家数量下降只是随机的。

- 当你进行实验时，要记住，永远要设立一个对照组，用来和你的实验组进行比较。例如，如果你想弄清楚最投入的玩家有哪些特点（例如，他们经常玩哪类游戏，他们喜欢哪些游戏活动等），则不能把调查问卷只发送给这个群体，忽略那些参与度较低的游戏玩家，因为你需要比较这两组的结果，从而验证你发现的玩家特征是否为最投入的玩家所特有的。

以上只是一些非常基本的统计谬误和局限性，它们足以促使你针对自己如何处理数据来制定一个工作室策略，从而让你能最大限度地从中提取洞察。但即便到那时，你也需要密切关注人类的局限性，尤其是认知偏差。

15.1.2　认知偏差与人类的其他局限性

记住，感知是主观的，它受到我们已有知识和期望的影响，让我们错误地解释信息，如图表（因此，我们也需要严肃对待数据可视化）。因为我们倾向于寻求最小工作量（数学及批判性思维通常需要大量认知资源！），所以我们会仓促地得出结论，结果却发现结论是错误的或不够细致。以自验预言为例：假设你担心自己的游戏无法吸引那些喜欢竞争的玩家，是因为你觉得这款游戏缺乏竞争特性。为了验证这一点，你让自己最喜欢的用户研究员向所有报名参加 beta 封闭测试的玩家发送了一份调查问卷（但愿他们应该能代表你的核心受众）。在这项调查中，研究员针对玩家最在乎游戏中的哪类特征，提出了一个非引导性问题。返回的结果表明，大多数受访者并不怎么关心竞争特性。然后你得出结论，认为自己无须担心，因为你的目标观众不是竞争型玩家。然而在大多数情况下，只有在玩游戏时参与度最高的玩家才最有可能回答你的调查问卷，也许这些参与度最高的玩家恰恰是不在乎竞争特性的群体（而且这就是他们为什么依然参与你的游戏的原因）。有些竞争型玩家已报名参加测试，但因为他们觉得缺少了某些东西而没有真正参与到游戏中，这些人实际上也许没有回答你的调查问卷。最终这个群体处于未被发掘的状态。这与我经常听到的有关女性游戏玩家的循环论证一模一样。有个强有力的假设是，大多数 MMORPG（大规模多人角色扮演网络游戏）玩家或 MOBA 玩家都是青少年男性玩家。所以可能的推论是，你需要在游戏中使用过度性感的女性角色，以吸引这个核心受众群（性当然是一种强大的冲动，但我们在第 6 章中看到，还有很多其他的冲动）。不过，也许你应该考虑这样一个事实，即在你的游戏中使用过度性感的女性角色，也许会阻止一些潜在的女性玩家参与你的游戏，从而将这个群体排除在外。这只是我的个人想法。

谈及强有力的假设，我们还有一种非常烦人的认知偏差，叫作"确认偏见"（confirmation bias），它带来的影响是，我们会寻找可以确认自己之前想法的信息，同时忽略那些能提供细节甚至与我们想法相悖的其他信息。在互联网时代，确认偏见是一种瘟疫，因为如果你有一种想法，例如，人类活动并未导致地球全球变暖，那你会发现一条与你的看法一致的信息，同时忽略有大量信息表明人类实际上正导致全球变暖（例如，至少 97% 的气象科学家同意这一点），尤其是当你通过某些社交媒体网站摄取信息时，这些网站使用了特定的算法，来预测哪些信息更有可能让你感兴趣，并赢得你的点击量。对定向广告来说，这种做法有用，但对于让人们用更客观的视角（或者至少是不同的视角）看待这个世界来说，却并没有太大用处。虽然我们无须通过社交媒体就能体验到确认偏差，但它们确实让我们更容易舒适地待在自己的泡沫中。就像已故的统计学家汉斯·罗斯林（Hans Rosling）在 2006 年 TED（技术、娱乐、设计）大会上所说的那样："对我来说，问题不在于无知，而在于先入为主的想法。"在尝试理解成堆的数据时，仅确认偏差这一项就应该让你加倍小心。

你还需要考虑，受众在游戏中做决策时体验到的认知偏差，以便能更进一步理解他们为什么会按照这种方式行事，以及你应该做什么（或不做什么）。例如，丹·艾瑞里（Ariely，2008）曾在一家杂志的网站上看到过一则征订信息，里面给出了三个选项：

A. 订阅网络版，每年 59 美元。

B. 订阅纸质版，每年 125 美元。

C. 订阅网络版和纸质版套餐，每年 125 美元。

选项 B 和 C 的价格相同（125 美元），但选项 C 显然比 B 更有价值。艾瑞里受到该启示的启发，对 100 名麻省理工学院的学生进行了一次测试，看看他们会选择哪个选项。大多数学生选择了选项 C（84 名学生），16 名学生选择了选项 A，没有人选择选项 B。选项 B 似乎是一个无用的选项，谁会想用同样价格来换取更少的价值呢！因此，艾瑞里删除了选项 B，并对新的参与者再次测试。这次，大多数学生选择了选项 A（68 名学生），而 32 名学生选择了选项 C。人们的行为会受到环境的影响，这种特定情况被称为"诱饵效应"（decoy effect），其中一个分散注意力的（诱饵）选项（B）让另一个选项（C）看起来比没有诱饵时更具吸引力。我只是想用这个例子来说明，如果你不先尝试了解玩家行为的根源，那么观看玩家所做的事情不一定能帮助你做出正确决策。实际上，如果仅凭看一眼订阅示例中的数字变化，你就决定删除没有人喜欢的选项 B，那么最终你的收入会因此受到损失。

我们生活在"信息时代"，摄取了很多信息。在很多游戏工作室中，让任何人都能看到游戏或商业分析，从而迅速和自主地制定决策，被视为一种好的做法。这种"数据自助"方法的问题在于，如果相关人士没有接受过识别和分析谬误、认知偏差的训练，则会弊大于利。有人也许已在数据中发现了一个假的模型，并因此说服了一些开发者做出一个无用的改变，甚至给用户体验或盈利带来损害。此外，即便是接受过训练的人，还要与各个团队（分析、用户研究、游戏团队、营销团队等）沟通及协作，这将帮助他们从新的角度看待数据，否则他们也会错过别人拥有的一些有价值的信息。有的公司往往自豪地表示，它们是数据驱动型企业，因为这在当今极为时髦。然而，如果你让数据驱动你，这就意味着你被数据控制，而你只是在对数据做出反应。我的同事本·路易斯-埃文斯（Ben Lewis-Evans）经常指出，工作室应该是数据启示型的，这意味着决策制定者应该具有控制权，并根据数据做出可带来启示的决策。我要补充的是，你的目标应该是基于源自数据的洞察和对信息的认真分析，而不是预定的假设，来制定决策。这意味着你不仅要考虑分析，还要考虑不同渠道的所有信息，为了达成这一目的，你可以在工作室中开展良好的用户体验分析合作，并采用用户体验的整体策略。

15.2 用户体验与分析

使用游戏遥测技术会极大地帮助你理解玩家在哪里体验到太多挫折。乔纳森·丹科夫（Jonathan Dankoff）在《游戏经》（*Gamasutra*）刊登的一篇博客文章中，解释了育碧在游戏《刺客信条》开发期间如何使用游戏遥测技术（Dankoff，2014）。例如，它清晰地识别出大批玩家在哪些任务上失败，或他们选取了哪些意料之外的导航路径，从而帮助团队对游戏进行了相应优化。分析能提供洞察，为了能获得由此产生的所有力量，有个常用的好办法是，让不同团队紧密沟通并协作。在此，用户体验从业者扮演着重要的角色，因为他们应该与开发团队合作，了解预期的体验，与营销团队合作，准确地了解用户是谁，但愿还能与发行团队合作，了解商业目标。因为用户研究和分析团队都能使用科学的方法提供洞察，虽然使用的工具不一样，但他们应该共同推进这一倡议。用户研究和分析相辅相成。分析团队收集到大量用户在自然栖息地（他们的家）中玩游戏的量化数据，以此为基础提供洞察。这种洞察的主要优势在于，能够说明玩家在现实生活情境中都做些什么。例如，它可以提醒，很多玩家经常在游戏的某一时刻死亡。然而如上文所述，定量数据缺乏语境，它极为擅长讲述正在发生的事，却不一定能轻松解释其中的原因。与之相反，用户研究团队提供的洞察主要来自质性数据，这些数据是通过定期的用户体验测试收集而来的，观察一个小的用户样本在实验室中玩游戏，如果他们想停下来不玩，可不太容易。这种洞察的主要优势在于，告知我们玩家为什么那样做（见第 14 章）。例如，它能发现，有一个易用性问题令玩家在游戏的某一时刻死亡（例如，他们需要一件特殊武器来击败某个特定的敌人，但却无法弄清楚在哪里找到武器）。然而，用户研究无法轻松预测到，从实验室中观察到的行为在更大的受众群中有多重要，这并不是明确的易用性问题。混合式研究将定量数据与质性用户研究结合起来，能为连接这些点提供极大帮助（Hazan，2013；Lynn，2013）。例如，它意味着至少有一名用户研究员和一位数据分析师搭配，与开发团队密切合作，或是把技能混合型研究人员嵌入团队中（Mack，2016）。用户研究和分析相结合，能指导开发、营销及发行团队定义假设和指标，之后会帮助每个人理解数据，找到有待解决的正确问题，并尝试一种解决方案。

15.2.1　定义假设及探索型问题

如果你没有提前定义假设和要研究的问题，那么，试图在海量数据中找到相关的模式，可能就像大海捞针。你无须收集有关游戏中潜在操作的所有数据，而是需要根据自己的游戏玩法和商业目标收集有意义的数据。你寻找的数据应该能提供你所需要的信息，以便你根据自己的意图做出正确决策。如商业智能分析师玛丽·德·雷茨勒克（Marie de Léséleuc）在下文所述，你需要定义问题和假设。除了精心设计的假设之外，你还需要开展（我是指让你的数据分析人员开展）探索型分析，例如，确定集群，根据行为方式、参与的活动及付费情况，将玩家划分为不同群体。开展因素分析也会非常有用，这能让你确定哪些重要因素对玩家留存产生了最大的影响（例如，与持续投入的玩家相比，初期流失的玩家在游戏中做了什么，或者没做什么）。你还要知道玩家通常选择了哪条路径，解锁最多的物品是什么，玩哪些任务，选择哪些英雄，等等。不仅如此，确定假设还会帮你节省规划思考过程的时间（在游戏中完成遥测埋点并对其进行测试，的确需要时间，因此，优先完成遥测埋点是有好处的）。这是因为，头脑里有了假设，你就能预测某些行为有哪些影响，以及缺少了哪些行为，这会帮你优先处理需要尽早解决的问题，并帮你更快地做出正确决策。你需要定义不同的假设，主要是游戏玩法假设和商业假设，相关案例如下。

游戏玩法假设：

1）不理解 ××× 功能如何运作的玩家，更有可能退出游戏。

2）输掉第一场 PvP 比赛的玩家，留存的可能性更小。

3）在前 10min 内与人成为好友的玩家，更有可能留存更长的时间。

4）诸如此类。

商业假设（就免费增值模式游戏而言）：

1）留存较长时间的玩家，更有可能被转化（成为付费客户）。

2）参与 ××× 营销活动的玩家，更有可能购买 ××× 物品包。

3）向参与度最高的玩家提供 beta 版测试密钥，会获取新玩家，因为他们会邀请自己的朋友来玩。

4）诸如此类。

当然，你最后会拥有大量的假设和探索型问题，需要为它们设定优先级，而且要将它们与游戏中需要跟踪的相关事件联系起来。找到跟踪某个问题或假设的正确事件，并非总是易事。例如，第一个游戏玩法假设也许很难被精确跟踪，这具体取决于我们正在谈论哪个功能。对于一个简单的游戏机制，如使用某个特定能力（例如，双跳或冲刺），你只需跟踪该能力是否被使用，何时被使用，在什么样的语境下被使用（例如，针对哪些敌人），也许还包括使用它的地点（除非你的关卡是由程序生成的）。而对于一个游戏规则而言，比如一款 MOBA 游戏中的防御塔攻击玩家（Tower aggro）规则，跟踪难度要更大。当然，你可以跟踪由防御塔造成的死亡次数来确定，但这通常较为复杂，无法实现，例如，如果玩家瞄准一个防御塔，而小兵却不在防御塔的射程内（因此引发防御塔攻击玩家）。但幸运的是，你的用户研究团队可以告诉你，当玩家遇到防御塔时，团队观察到了哪些易用性问题，以及哪些具体规则通常不能被玩家轻松理解。因此，混合式研究将分析和用户研究合二为一，能给你带来最佳的洞察。对于每个假设和探索型问题来说，你可以决定自己的用户体验工具箱中有哪些工具能为你提供答案（在我们的案例中，是用户研究或分析）。

　　用户体验支柱会帮你定义此类假设和探索型问题。你可以思考一下，哪些易用性问题会影响游戏的留存，列出所有旨在吸引玩家的功能，然后验证某些功能是否产生了预期的影响。如果你胸有成竹，知道自己想为受众提供什么体验，并能发现一些可以实现游戏易用性和参与力的主要成分（即用户体验的支柱），那么，你将拥有一个强大的框架。这个框架在整个过程中为你提供指导。它还有助于确定你需要什么样的数据，何时需要，以及应该如何将其可视化，从而根据假设的内容（例如，热图、表格、饼图、柱状图、折线图等），为团队提供最有意义的信息。

艺夺蒙特利尔（Eidos Montreal）商业智能分析师玛丽·德·雷茨勒克
假设与游戏分析

　　如果缺乏数字的帮助，并缺少一位专门根据具体语境来解读数字的分析人员，那么，无论是校准一款竞争类网络游戏中的不同角色类型，评估花费数月开发的游戏机制在多大程度上获得成功，优化游戏的经济系统，

还是预测不满意的玩家突然但不可避免地离开，开发团队都很难做出负责任的决策，尤其是不让决策受到个人意见或随意估算的主导，这往往会导致信息匮乏，无法深度理解手头的问题。

虽然上述倡议值得赞许，但却不能忽视这些企业的固有限制和障碍。因此，如果缺少问题或先前的假设，不曾确定明确、精准的目标，当然如果还缺少开发者、研究人员、用户和管理人员等多个群体的一致努力，那就无法完成任何分析。同样，从定义上看，这类研究基于一种猜想模式，不要指望用它为复杂的问题提供简单普遍的回答。因此，一项研究的所有结果都必须经过一个批判性分析的过程，从而在制定决策时，针对游戏营销的对象，精细地了解这些玩家的动机和行动，并将由此得出的优点和潜力作为决策依据，而不是盲目遵循图表上的模型。

15.2.2　确定指标

当你列出假设和问题后，你就能确定自己需要测量的游戏玩法和商业指标。游戏玩法指标在很大程度上取决于你的游戏。例如，你也许想要测量玩家死亡的频率（死亡次数），武器的精准度（命中 / 射中），武器的力量（击毙 / 击伤），每种死亡的次数（因子弹、近战、坠落等原因死亡的次数），进度（在任务开始时触发一个事件，在完成它时，触发另一个事件），等等。在商业方面（如商业智能），对于免费增值模式游戏来说，指标通常指玩家的留存和转化（他们在游戏中付费）。你应该已经对这些指标了如指掌了，它们又叫关键性能指标（KPI），以下是一些主要的常用指标（Fields，2013）。

1）DAU

每日活跃用户，每天排除重复后的用户数量（无最低游戏时间要求）。

2）MAU

每月活跃用户，一个月内（排除重复或返回）的用户数量。

3）留存率

DAU 与 MAU 的比率，是一个高级指标，能说明游戏有多大吸引力。它表明平均每天有多大比例的玩家在玩游戏。

4）转化率

这是被转化为付费用户的用户百分比。

5）ARPU

来自每个用户的平均收入。这是在特定时间内，用总收入除以同一时段参与游戏的用户总数，而得出的指标。

6）ARPPU

来自每个付费用户的平均收入。它与 ARPU 唯一的不同是，用收入除以同一时段的付费用户总数。

通过正确设定假设和指标，你就能开展很多有趣的实验，例如 A/B 测试，测试哪个变量（条件 A 或条件 B，有时会更多）对期待的行为影响最大（例如，按钮可以是红色，也可以是绿色，在哪种情况下，玩家的转化率更高）。关于游戏分析，以及如何将其与用户体验相协调，有很多其他内容值得讨论，但让我用最后一个例子说明可以做些什么。用户研究团队可以将调查问卷汇总，将其定期发送给玩家。如果你能找到一种方法，把游戏玩法数据与调查问卷的答案匹配起来（同时不损害你的用户保密协议），你就能看到谁在做什么，他们认为自己喜欢或讨厌什么，或者觉得游戏哪里令人困惑。例如，你也许会发现，在游戏体验早期就碰到高难度挑战的玩家，其中大多数人的调查问卷答案也更消极。别忘了邀请客服部门和营销部门的朋友们参与讨论，因为他们也能提供富有洞察力的信息，说明玩家在论坛上抱怨什么，以及玩家特意联系客服时都说些什么。然而，对此类数据来说，有一点需要提醒你：有时是同一位玩家激动地投诉同一个问题，因此，此类反馈并不一定代表大多数玩家当前的体验。尽管如此，鼓励你的社群参与到游戏优化中来，你会觉得这非常有趣，而你的受众也会因此而兴奋。

第16章 用户体验策略

拥有用户体验思维模式，不仅意味着为你的受众提供引人入胜的体验，还意味着在商业上成功（Hartson and Pyla，2012）。用户体验实践能帮助开发者交付一款摩擦更少且吸引力更强的游戏，它更有可能触达更广泛的受众，并获得更高的收入。此外，用户体验问题被发现得越早，修复它们的成本就越低。因此，无论是从开发的各个阶段来看，还是从工作室层面看，用户体验都应该在项目中居于战略地位。努力获得优质的用户体验，需要协调。用户体验不仅指向艺术、设计、工程、定义并实现，也不仅指向确定目标受众的营销宣传，确定让他们付费的因素，确定盈利策略的商业智能，还不仅指向确定商业目标及企业价值的管理层，而是涵盖了上述所有内容。用户体验应该是以上所有学科的交叉点，应该是每个人都关心的问题。因为最终，你的受众将如何体验你的游戏、产品和服务，才是第一要务。玩家的感知、理解、行为和情感，尤为重要。这就是为什么只在组织中设立一个单独的用户体验团队虽然是一个好的开始，但似乎不会产生足够的影响力。用户体验从业者能帮忙提供一些宝贵的洞察及方法，但这些洞察及方法需要被每个人接受，才能实现一个共同的目标。

16.1　项目团队维度的用户体验

拥有一种用户体验思维模式，能帮助开发团队始终聚焦那些对玩家体验和工作室财务健康非常重要的方面。例如，你不能像设计预付费游戏那样，去设计一款免费增值模式游戏。同样，如果你的游戏以团队玩法为核心，那么，也许搭建一个玩家对战模式并非是需要关注的最重要的功能。开发一款游戏，一切都与做选择和权衡有关。记住，你想要提供的体验，会指导你制定最适合你的目标的策略。例如，发行团队也许需要开发团队添加一些事件功能，他们认为这些功能会促进盈利。然而，用户研究人员可能也会担心一些关键问题，认为这些问题会影响玩家的留存。虽然开发者也想在截止日期前添加更多的功能，但你只能实现一个功能或修复一个问题，那么你会选择哪个？没有能让所有人都满意的解决方案，但这个例子说明了你为什么需要建立一个协作的集中化用户体验策略，以便让每个人都意识到权衡，根据任务对整体玩家体验的影响的大小，确定任务的优先级，并制定性价比最高的决策。

另一个要考虑的事宜是，游戏开发者使用大量内部开发工具来创作游戏。接下来需要重点考虑使用这些工具的开发者的用户体验，从而让他们的体验不那么令人沮丧（甚至会变得愉悦），也会更有效率（Lightbown，2015）。如果这些工具不能使用，就会浪费大量宝贵的时间，所以要确保负责这些工具的开发者了解用户体验。

16.2　制作流程中的用户体验

我在第10章中提到了对用户体验的误解，但对于用户体验代表来说，重要的是消除他们对开发的预设观点。我的同事希瑟·钱德勒（Heather Chandler）是艺铂游戏《堡垒之夜》的高级制作人，我们曾在 2016 年全球游戏开发者大会上共同发表了演讲，当时，他解释过一些对于开发的误解。例如，开发团队成员不一定是不想听取用户体验反馈，只是他们已极为忙碌，只能试着把一切组合起来，有时他们还肩负着按时交付游戏的巨大压力。开发团队因为经常忙得不可开交，所以不能花好几个小时阅读长到令人痛苦的用户体验报告。他们需要适用且直接的反馈，以便能快速做出决策。对研究人员来说，这有时很难做到，因为他们无法牺牲太多的严谨性，但他们需要达成妥协。例如，你可以发送一份详细报告，用邮件强调出需要立即注意的前五个问题。给出的反馈也应该与团队的开发周期一致，并且当下就能适用，而不是评论一个肯定会在一个月内重做的功能（然而，到了重新设计此功能时，要检索出之前的相关用户体验反馈，从而避免在下次迭代中重复某些相同的用户体验错误）。为了保证高效，并避免给开发团队带来额外压力，你需要将一个好的用户体验流程整合到开发计划中。例如，为了顺利达成项目各关键阶段的目标，你应提前做好用户体验测试规划，这通常也是结构最稳定的时候。在完成用户体验测试后，找出用户体验问题，并提出改进建议。那些所有人都同意的修复工作需要分配出去。如果工作室高度重视用户体验，就会鼓励开发团队努力实现他们想要提供的体验质量，而不是完成塞进游戏中的功能数量，这些功能并不一定总是以有意义的方式支持核心游戏支柱的。在任何情况下，用户体验进程和策略都必须遵循游戏开发的节奏，并理解相关的约束。不同的用户体验工具和方法可被用在不同的阶段（参见第 14 章和第 15 章对这些工具和方法的描述）。此处列举了几个案例。需要注意的是，每个阶段使用的用户体验方法并不是各自独有的，而且各个阶段之间存在着极大的重合性。这里只是用少数几个案例来进行广泛的概述。

16.2.1　概念阶段

在概念阶段，用户体验从业者可以帮忙绘制用户画像，帮助核心团队将其计划传达给利益相关者。例如，发行团队不一定具有同等水平的设计专业知识，向他们解释一款具有深度系统设计的游戏核心支柱，会很棘手。用户体验是这样一个过程：它不仅有助于提升受众体验，而且还能用于促进内部沟通。在某些情况下，用户体验从业者能帮助核心团队确定他们想要追求的内容，换句话说，就是确定他们想让玩家感受到哪些核心体验。例如，如果他们想让玩家感受到同情、道德困境或战事主导，用户体验从业者可以利用自己的心理学知识，帮忙列出能影响玩家体验上述情感的变量。

16.2.2　试开发阶段

在这个阶段，可以用多次快速内部测试来评估早期原型（纸质原型或交互原型）。随着功能开始实现，可以在灰盒关卡和健身房关卡中进行任务分析（一种用户体验测试，见第 14 章）和简短的易用性测试，从而调整游戏感，尤其是控制、镜头和角色（见第 12 章中的"3C"原则）。与此同时，还可以开始使用调查问卷来测试图标（功能决定形式）和平视显示配置。

在试开发阶段接近尾声时，我们需要绘制出整个游戏的地图，从而呈现出整个游戏体验的可视化版本。我在育碧的前同事让·盖斯顿（Jean Guesdon）是《刺客信条》系列的创意总监，他想出了一个有趣的方法，打印一张大海报，上面概括了游戏玩法循环、系统、重要功能，玩家将如何取得进展（朝向哪些目标）等。它可以帮助开发团队获得新的视角，而不是持续放大某个特定任务，以免有时开发团队会忽视大局，并忽视他们正在开发的功能如何服务于这款游戏。它还可以帮助各种较小的团队（如，用突击队式敏捷方法的团队），使其更容易协调，但愿还能打破有时可能出现的竖井心理。除了帮助开发团队外，它还会帮助为项目做出贡献的每一个团队和个人，包括营销和商业智能等支持团队和个人，使其始终专注于即将出现的用户体验。当然，这种放大版游戏概述是会改变的，因为原型制作过程中会有新的发现，或是出于某种原因，最终需要改变游戏的方向。因此，重要的是，随着游戏的完善，更新这张海报。

育碧创意总监让·盖斯顿
放大/缩小的哲学

在设计时，我试着将自己的工作方式规范化，尤其是自我 10 年前加入《刺客信条》家族以来，我就开始意识到，我的"哲学"或"方法"（可能是许多人所共有的）可被总结为一个无休止的反复"放大/缩小"的过程。

为了用视觉化方式说明它，首先要想象一个竖轴。此轴是一个连续体，它连接了从最初的梦想到现实的约束这一概念阶段。顶部是愿景维度，在那里一切皆有可能，而且你在那里确定了一个努力的目标。此轴的极限指向了高级愿景、全球思维、概念、目的，意味着定义"为什么"。

中部是组织维度，你需要在此确定用来达成高级目标的手段。它的核心是系统和子系统、组件之间的链接、组织架构图、流程图、合理化操作。这是"怎么做"。

底部是你所处的现实世界。这是执行维度，在此，你必须要接受自己的梦想所受的限制，才能成功完成开发工作。

这指向了细分项目、资产列表、要点、Excel 文件以及你不得不处理的所有约束（技术、法律、人力资源等方面）。这是"什么"。

重要的一点是：你需要能沿着这个轴尽可能快速流畅地前行。我发现，你越是能在讨论限制时去解释高级别目标，在讨论梦想时又没有忘记具体细节，就越能将事物统一起来，确保自己在兑现承诺的同时有更大的梦想。从某种程度上说，每个人都能做到这一点，但我认为你沿着这条轴前行的幅度越大和速度越快，你就越擅长设计，无论设计什么。

16.2.3　开发阶段

在开发阶段，用户体验测试会全面展开。最初，重点更多放在易用性和游戏感上，但随着系统开始成形，各部分像齿轮一样啮合，"参与力"会受到更多关注。在开发阶段接近尾声时，需要定义所有的分析性假设和问题，以便为实现和测试游戏玩法及商业智能，来规划遥测埋点。

16.2.4 Alpha 阶段

一旦完成游戏的功能（甚至在这之前），游戏通关测试（playthrough tests）就会发挥极大的作用，它能了解到玩家如何取得进展，以及游戏从哪里开始不再吸引人。这些测试的结果有助于优化可能失效的遥测埋点。从那一刻起，营销及发行部门就会插进来发表更多意见。你应该准备好可靠的分析流程。

16.2.5 Beta 阶段 / 上线

一旦外部世界的玩家开始体验游戏，你就没办法回头了，此时，你需要借助用户体验测试的洞察，开始理解分析数据。假设通过用户研究在前几个阶段发现的最关键的用户体验问题已得到解决，那么，难度平衡、进度平衡、盈利等继而会成为主要的焦点（尽管情况往往并非如此）。观察 Beta 测试版游戏或上线的游戏是否运行良好，会让人神经紧张。如果缺乏可靠的假设，你就会出现恐慌，并会做出损害用户体验及收入的被动决策，而不是认真分析之前的预测在哪里出了问题。虽然做出反应很重要，但与认真考虑所有发挥作用的元素相比，仓促下结论，并急于对其采取行动，最终会让你花费更多时间（还可能花更多钱）。记住，重要的是，找出需要解决的正确问题。

16.3 工作室维度的用户体验

为了在工作室层面拥有真正的用户体验思维模式，即一种以玩家为中心的模式，管理层需要认识到这一新学科在游戏开发中的重要性。他们需要了解它的优点和局限性。让高管相信，采用这样的思维模式可能会帮助工作室更有效地交付具有吸引力的游戏，这并非易事。在游戏团队中，总有可能找到一些对用户体验感兴趣的开发者，他们会同意做些小的尝试。鉴于有多个迭代周期，用户体验实践的好处很快就能显现，在这些小小的胜利之后，更容易建立起信任。然而对于高管来说，只有在游戏上线后，收集到商业智能指标数据时，并在一些用户体验问题可能与留存率或收入下降有关联时，才能证明是否取得了明显的胜利。即使如此，考虑到影响这些指标的因素数量，提出你的观点是个复杂的过程。你可以尝试计算用户体验投资的回报，但这种做法也不是很容易。赢得对用户体验方法的信任，往往是一条漫漫长路，需要坚持科学的方法，并通过数据和认知科学提供中立且偏差较小的洞察。

企业的用户体验达到成熟，需要时间。根据雅各布·尼尔森（Nielsen，2006）的说法，组织机构需要经历八个阶段，从对易用性带有敌意（第一阶段），到最终成为用户驱动型企业（第八阶段）。尼尔森指出，一个公司需要花费 20 年才能进入第七阶段，在此过程中，整合以用户为中心的设计，跟踪体验的质量，而且若想从第七阶段进入第八阶段，还需要再花 20 年的时间。我一直使用的用户体验成熟度模型是"体验堂成熟度模型"（Keikendo Maturity Model），用户体验专家胡安·曼努埃尔·卡拉罗（Juan Manuel Carraro）（2014）将其描述为十几年来组织机构共享体验的产物（见图 16.1，见书前彩插）。该模型为不同阶段提供了一个非常有用的可视化版本，有助于和高管讨论用户体验策略，因为它清晰地解释了每个关卡的优势和障碍，以及如何克服这些障碍。该模型包括五个阶段，从"无意识"的用户体验到"分布式"的用户体验。

1. 无意识

不是主动积极地考虑用户体验，而是出于必要才考虑用户体验。常见的障碍是，忽略或拒绝用户体验（可能是因为误解，见第 10 章）。改进工具：培训员工，广泛传播，以及解释用户体验与什么相关（以及与什么无关）。

2. 自我参照

考虑用户体验，但开发者却使用自己的视角，好像终端用户与他们的行动和思考方式相同似的，没有认识到用户拥有的心理模型与他们的不同。常见的障碍是时间、成本和资源的限制。主要改进工具：进行用户研究，而且会优先对小项目或子任务进行研究，以证明快速成功。

3. 专家

有专门的用户体验小团队或一人团队。在该阶段，用户体验进程不够深入，或不是开发周期中一个连续的部分。主要改进工具：将用户研究量化，并定期比较使用了用户体验测试的项目和没有使用用户体验测试的项目，从而证明用户体验的价值。

4. 集中式

用户体验工作由不同的角色来兼任，例如交互设计师、信息架构设计师和用户研究人员，没有成立独立的团队。在此阶段，用户研究具有连续性，是设计进程的一部分，但依然存在可扩展性的障碍。继而，没有专门用于用户体验思维模式的足够资源和技能，用户体验被视为内部服务，而不是像开发或营销一样的有独立预算的战略板块。主要改进工具：将用户体验指标与商业智能 KPI 联系起来，从而揭示用户体验的影响（例如，展示用户体验问题与留存率下降之间的联系）。

5. 分布式

用户体验与财务、生产或营销处于同一层级。将用户体验作为一个战略板块，整合至组织机构内，这对于用户体验获得高管的认可来说，尤为重要。

在游戏行业中，第一阶段实际上能快速实现；建立信任，并让开发者快速成功，应该会大有助益。然而，要达到最后两个阶段，尤其是最后一个阶段，难度要大得多。唐纳德·诺曼在游戏用户体验峰会（Norman，2016）演讲时指出，用户体验值得在管理层中占有一席之地，应该设立一个专门的管理职位来代表它。为了做到这一点，管理层应该准备好改变自己的思维模式，用户体验经理也应该准备好肩负起这一责任。虽然在大多数情况下，我们还做不到这一点，但用户体验在游戏行业中已经有了极大发展，现在正是严肃对待它的时候。

如果你是一个"一人用户体验团队"，尝试在工作室中推动用户体验进程的成熟度，那么我有如下个人建议（基于一人大小的样本）：在开始实现任何进程前，先倾听开发者的需求、他们遇到的挑战和他们需要解决的问题，向他们解释用户体验是什么，消除误解，让他们体验自己大脑的局限性（例如，给他们看第 5 章讨论的大猩猩传球视频），让他们明白，你来这儿不是为了给他们设计游戏，而是为他们服务，用科学帮助他们实现自己的目标。试着把用户体验的概念变得有趣，不要被当作"易用性警察"——向他们的高管汇报用户体验的不当行为。你和开发者同在一个战壕中，你不应该用自己的知识来对付他们。展示快速成功（例如，测试图标，突出易用性问题，从而让用户界面设计师能够迭代，并再次测试新版本，希望问题现在就得到解决），并跟开发者一起庆祝用户体验的所有小胜利。一旦团队对开展用户研究感兴趣，你就更容易获得许可、安排专用空间，从而更好地控制测试环境。然后，也许你会获得搭建用户体验实验室的预算，让开发者用单向透视玻璃在专用空间中观看测试，并进行讨论。你还能让高管相信，雇用用户体验设计师将会让设计过程更有效率。在某个节点，当更多的用户研究需求涌入时，你更容易提出建议，组建一个专门团队。继而，你就可以实现一个更完整的用户体验进程，针对什么时候需要测试什么，来制订一个具体计划。在整个进程中，要与其他关注用户体验的团队协调，如分析团队，并在整个工作室实现合作与沟通。你的最后一步会是，在高管会议中有发言权，并借此成为一名高管。

用户体验背后的科学是严肃的，但这个领域却无须过于沉闷。我发现，用户体验变得有趣，会有很多好处。第一，你会觉得它更有趣；第二，人们在放松时，更有可能倾听你要说的话，并觉得你并不是一直在那儿批评他们的工作（可以这么说）。例如，艺铂游戏成立用户体验实验室后，用户体验团队在"密室 / 观察室"（我们称之为"地下酒吧"，因为这似乎更恰当）举办派对。在这些业余聚会中，我们只是邀请开发者和我们一起听听音乐，喝几杯啤酒。用户体验实验室有时是个痛苦的地方，我们在此看着玩家跟一些界面搏斗，所以聚会会让实验室被当作一个开心的场所。它使同事们可以分享一些待解决问题以外的东西，这很重要。当然，我是一名派对爱好者，所以可能会不太客观。

最后，要定期质疑为什么目标受众会在乎一个新功能、一个多人事件、一场营销活动或正在打折的物品（Sinek，2009），这一点曾帮助我进一步清晰传达了用户体验的概念。例如，如果游戏团队想添加一个功能（这可能会占用解决用户体验问题的资源），问问他们，玩家为什么会使用这个功能。如果高管认为游戏需要一个新模式，那就问问他们，为什么玩家会在乎它，以及它是否契合整体的体验等。游戏开发意味着在某种程度的不确定性下，做出一系列选择和权衡。人们很容易对最终目标失去注意力。当然，随着开发的进展，目标也需要改进，游戏的总体策略可以（而且可能会）改变。然而，三心二意会导致产品平庸，最终无法在任何层面提供任何引人注目的体验。因此，关键是聚焦核心体验，关注你的目标玩家为什么在做出关键的游戏决策之前会在乎，特别是在电子游戏开发中，时间、预算和技术的限制是极为重要的。以"为什么"为目的，能实现一个思考过程和一个迭代过程，专注于它对玩家的意义，这对激励和吸引受众非常重要（见第12章）。在销售游戏时拥有这种思维模式，也有利于市场营销，因为与其关注玩家在游戏中能做什么（如射击、探索、制作等），不如关注最终目的、有意义的幻想（例如，征服领土、成为智多星、成为拯救世界的英雄等）那样引人注目。这不是巧合，我在撰写本书时，首先就解释了为什么我认为你应该重视用户体验，而不是立即解释它是什么。

为了提升企业的用户体验成熟度，最重要的是，先与开发团队建立信任，然后与其他所有团队建立信任。在《创新公司》（*Creativity Inc.*）一书中，作者艾德·卡特姆（Ed Catmull）解释说，他们在皮克斯（Pixar）专门设立了一个名为"智囊团"（Braintrust）的团队，每隔几个月开会评估他们正在制作的每一部电影（Catmull and Wallace，2014）。我认为这个概念特别吸引人，因为它把两个重要的用户体验概念并列起来：大脑（brain）和信任（trust）。尽管皮克斯的创作过程与电子游戏产业不一样，但我发现，若在战略层面讨论用户体验，会非常有趣。例如，有一群人都关心用户体验，那么可以在特定的时间开会评估正在开发中的游戏和上线的游戏。此外，对用户体验策略来说，还需要考虑为工作室确定一个清晰的创新愿景，并思考它将如何影响用户体验。例如，在本章结尾的短文中，育碧首席创意官塞尔日·哈斯科（Serge Hascoët）解释了他为什么在意设计的简约性。

　　在任何一种情况下，用户体验经理的主要目标都是支持开发工作，并帮助每个人完成业务目标。如果他们能在正确的时间为正确的人群提供正确的工具，并证明用户体验进程及其思维模式的价值，那么人们最终就会倾听。

育碧首席创意官塞尔日·哈斯科
达·芬奇："大道至简"

　　曾经有一段时间，游戏手柄没有任何按钮，后来有了一个，接着是两个，然后三个……如今，一只现代主机手柄有 21 个按钮。我们人类很擅长创造高效的工具，从而创造奇迹。不幸的是，我们也很擅长把它们变得更复杂，在一次次迭代后，将其过度专业化。

　　它们为什么变得如此复杂？我们经常迷失在创新之路上，也许我们正在混淆创新和复杂。我们没有反思如何改变游戏中的已有工具，而是添加了更多工具。我们认为自己在创新，因此在不充分考虑后果的情况下，很容易就添加一个行动，并因此添加一个按钮。我们已经把游戏手柄上的按键位置占满了！这增加了复杂性，迫使设计师使用一个按钮完成两个或多个操作，例如点击或按住一个按钮，会导致不同的操作。因此需要教程来解释这些不自然的无形规则。这给学习曲线带来了更多的负荷及复杂性，可能会让一些人不想继续玩游戏。

　　很多游戏开发者认为游戏过于复杂，他们没错。每当我们让输入及界面变得更简化，用起来更自然，如 Wii 手柄、触摸屏、《我的世界》的界面，我们就会征服大量新玩家。

　　我相信这种对简约的追求是合理的，不仅针对硬件接口，而且针对软件界面。这需要一种以用户为中心的强大愿景。这个愿景必须位于创作进程的中心。如果说只有一个方面不应有丝毫妥协，那就是易于使用和理解。我们正进入一个虚拟现实革命的时代，在这个时代，我们的自然运动会产生难以置信的体验，这包括我们身体、双手、头，并且不久后还会包括我们的手指。

第17章 结束语

在本书中，我提出了一个用户体验框架，通过提供一些有关大脑及用户体验指导原则的基础知识，来帮助你设计神奇的体验。这个框架对我很有用，我希望它也能对你有用。当然，它也需要改进，你也许需要根据自己的挑战来调整它。我当然欢迎你提供反馈和建议，我会好奇你觉得哪些内容有用，哪些没用，哪些不重要，以及哪些可以删除。但要记住，这个框架不是一个实证框架。我使用了一些大脑的相关学术知识和著名的用户体验启发法（尤其是可用性方面），并以其他模糊概念作为辅助，这些概念也缺乏更有力的实证（如游戏心流）。它是由我过去大约 10 年的游戏行业用户体验实践整合而成的一个框架，它聚焦团队之间的沟通与合作，同时强调大脑的能力和局限性。所以，请毫不犹豫地挑战它。毕竟，科学方法的要义就是挑战理论，甚至是那些源于实践的理论。正如诺曼（Norman，2013）所说："理论上说，理论和实践没有区别。但在实践中，两者是有区别的"。

本书的核心是，找出对电子游戏的成功最具影响力的元素。但没有唯一的配方。如果你想要开出一张配方，让你能按自己的想法为特定受众提供引人入胜的游戏体验，则需要你自己使用本书提供的成分和方法来完成。设计一段吸引人的体验，极具挑战性（比提供良好的易用性要难得多），但拥有一种用户体验的思维模式和进程，一定能帮助你继续前进。

对我来说，用户体验是一门哲学，而不是一门具体学科。它意味着通过科学的方法，让我们从以自我为中心转向以玩家为中心。它意味着与我们的受众共情，热情好客。任何团队中的任何人都能拥有用户体验的思维模式。用户体验从业者只是来给大家提供正确的工具，并促成正确的过程及策略。

17.1　关键要点

用户体验的指导原则以人类的能力和局限性为基础，因此最重要的是，理解大脑的整体工作原理，即便只是为了避免设计出让人类无法有效互动的界面。

1. 大脑，关键要点

关于大脑的关键要点，第9章中有更详细的描述。简而言之，玩电子游戏是一种学习经验，在此期间，玩家的大脑在"处理"大量信息。信息"处理"和学习始于对刺激的感知，并以突触修改结束，即记忆的改变。分配给刺激多少注意力资源，可能决定了对它的记忆力度。另外两个影响学习质量的主要因素是：动机和情感。最后，使用（影响不同因素的）学习原则，可以让整个"进程"得到优化。记住：

1）感知是主观的，记忆会消失，注意力资源极为稀缺。在你的游戏中，要考虑大脑的能力、表现和局限性。

2）动机以一种复杂的方式指导我们的行为，目前我们很难准确预测这种复杂的方式。意义是动机的关键。

3）情感影响认知（并受认知影响），它引导我们的行为。

4）在语境中通过有意义的实践来学习，是可应用在游戏中的最佳学习原则。

2. 一种用户体验框架，关键要点

用户体验首先是一种思维模式，应该是工作室中人人都关心的问题。用户体验从业者可以提供为开发者赋能的工具和进程。用户体验的指导原则以人机交互原则和科学的方法为依据。为了提供引人注目的游戏用户体验，需要考虑用户体验的两个主要组件，即易用性和参与力（让游戏具有吸引力的能力），如图 17.1 所示（见书前彩插）。

游戏的易用性包括七个主要支柱。

✓　符号与反馈

符号与反馈包括所有视觉、听觉和触觉提示，用来说明当前游戏进展（即信息符号），鼓励玩家执行某个特定动作（即邀请符号），以及让系统对玩家的动作做出明确反应（即反馈）。游戏中的所有功能以及可能的交互都应该有相关的符号和反馈，因为它们引导着玩家完成各自的整个体验。

✓　清晰

所有符号和反馈都应该能被清晰感知，从而避免让玩家难以理解。

✓　功能决定形式

物品、角色、图标等元素的形式，应准确传达其功能。为功能可供性而设计。

✓　一致

电子游戏中的符号、反馈、控制、界面、菜单导航、世界规则以及整体惯例必须是一致的。

✓　最小工作负荷

必须考虑玩家的认知负荷（注意力和记忆）和身体负荷（例如，执行一个动作需要点击按钮的次数），并将那些不属于核心体验的任务最小化，尤其是在游戏的新手引导部分。

✓ 错误预防和错误恢复

预测玩家会犯哪些错误，并防止它们出现在体验的非核心任务上。在适当时候允许从错误中恢复。

✓ 灵活

对所有玩家来说（包括残疾玩家），游戏手柄映射、字体大小及颜色等方面的可定制化程度越高，游戏就越易于被接受。

参与力包括三个主要支柱。

✓ 动机

旨在满足玩家对胜任、自主和关联性（内在动机）的需求。关注玩家需要做或必须学习的所有内容的意义（使命感、价值感和影响感）。提供有意义的奖励。考虑个人需求和内隐动机。

✓ 情感

打磨游戏感（控制、镜头和角色，"3C"原则、在场、物理现实），并促成探索发现和惊喜。

✓ 游戏心流

意味着考虑挑战水平（难度曲线）和压力大小（节奏），它需要通过实践进行分布式学习（学习曲线），最好是通过关卡设计来达成。

你可以使用该框架进行跨团队协作。它能指导迭代设计、用户研究和分析。它应该还能帮助你在整个工作室详细说明一种用户体验策略，从而让用户体验成为人人都关注的问题。

这个框架不仅对商业游戏很重要，而且还可以用来设计具有教育意义或推动社会改变的游戏。

17.2 玩中学（或游戏式学习）

电子游戏在儿童和年轻人的娱乐生活中占有如此重要的位置，以至于很多人，从教师到政府工作人员，都想要利用它们的吸引力来实现教育诉求。极为成功的游戏能发挥巨大的教育价值，而且有些已经在学校中得到应用（如《我的世界》《模拟城市》或《文明》）。如今，许多书籍、学术论文、会议（如"游戏改变社会"，英文为 Games for Change Festival）和企业都为了教育目的或在更大范围内改变世界，而致力于使用并开发电子游戏（Shaffer，2006；McGonigal，2011；Blumberg，2014；Mayer，2014；Guernsey and Levine，2015；Burak and Parker，2017）。毫无疑问，电子游戏在教育中发挥着重要作用，主要是因为游戏本身就是学习。游戏可以让大脑在新的情境中实验，这些情境往往比人们在现实生活中遇到的情境更复杂。根据研究者及精神病学家斯图亚特·布朗（Stuart Brown）的说法，"一旦停止游戏，我们就开始死去"（Brown and Vaughan，2009）。在婴儿及童年时期，游戏更为关键，因为他们的大脑正在发育，比在之后的人生中更具可塑性（Pellegrini et al.，2007）。因此，我会在本节中进一步详细讨论儿童的学习，但所讨论的概念也适用于成年人的学习。游戏能让儿童理解现实（Piage and Inhelder，1969），并一直是学龄前儿童发展的主要根源（Vygotsky，1967）。游戏对学习极为关键，也是文化建构的必要元素之一（Huizinga，1938，1955）。电子游戏是目前最受欢迎的游戏方式之一，它自然被视作一种极好的教育媒介。电子游戏之所以具有强大的教育力量，还因为它会为用户的行为立即提供反馈，这是有效学习的关键元素。但主要问题是，大多数使用电子游戏的游戏式学习举措，都是在依靠游戏的力量来吸引受众。然而我们知道，制作真正能吸引人的游戏有多难。

作为一个生产乐趣的产业，游戏产业往往在努力实现生产乐趣这个目标。商业游戏不一定有趣，即使是那些拥有大量开发及营销预算的游戏。它们可能无法吸引或留住受众。本书致力于定义一些能帮助专业开发者提升玩家体验的元素和方法，并让游戏能更加成功。教育类电子游戏也面临着这些挑战，甚至存在更多的挑战，因为它们通常是在预算极为紧张的情况下被开发出来的。过去，介绍任何一种类型的电子游戏（甚至设计得糟糕的游戏）可能被认为是为了吸引学生，因为那时在课堂上使用游戏，会有令人兴奋的新奇感。然而如今，电子游戏无处不在。孩子们确实会受到很多电子游戏的吸引并投入其中，但这并不意味着所有游戏都有这种效果。因此，只是通过添加电子游戏的叠加层来为数学练习做伪装，并不足以吸引人。对很多所谓的教育游戏来说，其问题在于，它们要么没有真正的教育意义，要么玩起来并不真的有趣，或两者兼而有之。

17.2.1　让教育游戏更具吸引力

为了开发有趣的教育游戏，我主张采用一种用户体验框架，其重要程度就像它对商业游戏那样（Hodent，2014）。与其他任何一种互动产品相同，教育游戏需要打磨易用性和参与力，从而提供一种有吸引力的学习体验。否则，游戏最终会令人过于沮丧，以至于没办法玩，或是让人觉得无聊。例如，动机是一个需要强调的支柱，它特别重要，能令游戏具有吸引力（见第6章和第12章）。教育之所以需要电子游戏的力量，主要是因为很多儿童可能不太喜欢用传统方式讲授的学校课程。因此，教师需要鼓励他们玩游戏，希望能用孩子们觉得有意义的方式，向他们讲授类似的课程。教育的另一个关键支柱是游戏心流（见第12章）。让玩家待在心流区域（其中，游戏既不太容易，但也不太难）内，这一理念与最近发展区（ZPD）的概念非常类似，后者在发展心理学中广为人知。这一概念来自心理学家列维·维果斯基（Lev Vygotsky）（1978），他提出，儿童做事常常有两种情况，一是不需要经验更丰富的人（如教师）帮助就可以完成的事（太容易），二是若没有帮助就无法完成的事（太难），而两者之间就是最近发展区。当儿童被安排在这个区域中时，他们也许能在成年人或级别更高的学习者的帮助下，培养新的能力。根据维果斯基的理论，游戏成为一种拓展最近发展区的手段。我们可以提出，通过设置适当水平的挑战使玩家处于心流区域，这是最佳方式，让玩家在学习新技能时，投入到克服困难的过程中。因此，测量可参与力，例如使用与游戏心流相关的调查问卷，应该能带来一些启示：教育游戏是否具有吸引力，并提供了愉快的学习体验（Fu et al.，2009）。此外，游戏心流支柱考虑到学习曲线，游戏中教授的内容兼具语境和意义，并随着时间推移来进行分布。从这一点看，游戏用户体验正使用着已被教师熟知的学习原则（如行为主义心理学、认知心理学和建构主义心理学原则，见第 8 章）。

17.2.2　让游戏式学习真正实现教育功能

许多所谓的教育游戏只是把一些可爱的动画放在一个测验上，而且它们是在指导孩子，而不是真正地教育他们。即便这些游戏确实具有一些教育价值，但玩家将要学习的东西也不一定会迁移到新的情境中（Blumberg and Fisch，2013；Hodent，2016）。然而，学习的迁移是教师的最终目标，它把从一个语境中学到的内容拓展至新的语境中，教师想让儿童将学到的内容应用在多个不同的（以及现实生活）情境中。试想一款具有真正教育价值的游戏，如《ST 数学》（*ST Math*）（Peterson，2013）。这个游戏由思维研究院（MIND Research）开发，它之所以是有意义的，是因为据说该游戏中的训练能够提高学生数学州考的分数（如果我们赞同如下做法，即标准化学术考试能测试儿童学习的重要内容）。

另一种方法是设计游戏，在此过程中，玩家需要主动使用课堂课程，以完成有意义的目标。数学家及教育家西蒙·派珀特早在 20 世纪 60 年代就采用了这种方法。在让·皮亚杰的建构主义理论的启发下，派珀特提出了一种建构主义学习方法，通过这种方法，课程在有意义的语境中得到处理，因此学习的效率会更高，如第 8 章所述。派珀特（1980）想让孩子为计算机编程，而不是让计算机控制孩子。他在麻省理工学院开发了名为 LOGO 的计算机语言。他没有尝试在传统教学中添加一个交互层，以此让几何规则变得有趣。与之相反，他让儿童能通过一个迭代的试错进程，自己来发现这些规则，因为孩子们在尝试完成他们自己确定的目标，而且对他们来说，这些目标是有意义的。毫不意外，孩子们在派珀特的游戏式体验中制定了策略，并能够将这些策略迁移到其他语境中（Klahr and Carver，1988）。

越来越多的研究人员和教师都发现，电子游戏有潜力提供一种有意义的体验，让儿童能以自己的节奏进步，他们根据游戏提供的即时反馈来调整自己的行动。游戏还可以让儿童（和成年人）操纵他们在现实生活中无法操纵的元素和概念。例如，乔纳森·布洛（Jonathan Blow）的《时空幻境》（*Braid*）需要玩家操纵时间来解开复杂的谜题，维尔福的《传送门》（*Portal*）需要玩家在三维环境中解开空间谜题。但在释放电子游戏真正的教育潜力之前，还有很多障碍有待克服，而且我们几乎只是接触了皮毛。更容易的做法是，对用户体验有更好的理解，将一种用户体验框架应用于教育游戏，并考虑学习的迁移。

17.3 "严肃游戏"与"游戏化"

我认为，大多数严肃游戏都是草率或失败的游戏式学习经验，因为就像它们的名字所暗示的那样，它们将乐趣和参与排除在外（尽管我承认自己的观点可能有点极端）。这是"严肃"的事，你需要在玩的时候学习一些东西！因此，我一点也不喜欢用这个词。严肃游戏是这样一种游戏，它们应该引起玩家的变化，无论是教授数学，鼓励锻炼，还是促进共情。但在所有情况下，当我们希望感知、认知和行为发生变化时，我们就在谈论学习。因此，考虑严肃游戏时，应该一直着眼于它们提供的游戏式学习经验。把它们叫作"严肃游戏"，不仅是矛盾的，而且也无法鼓励此类游戏的开发者去挑战游戏的参与价值和教育价值。

游戏化是另一个我特别不喜欢的术语。对我来说，该术语主要指把外部奖励和游戏基本进程的隐喻应用于无聊的活动，从而提升人们完成这些活动的动机。它主要是指，人们在做自己的任务时，若取得进展，便提供分数、徽章或成就。我对游戏化的不满在于，它通常不会付出任何努力，去考虑如何把一项活动变得更有意义（否则它会成为一种有趣的学习体验），而是聚焦短期的行为变化。正如第6章所述，若想改变某一个特定语境中的行为，奖惩并用当然会发挥作用；然而，用游戏化的方法把技能迁移至不同的语境中，效果会极差。只要你使用新的游戏化应用程序，让你到处跑，也许你会锻炼得更频繁，但也有一种可能，一旦你停止使用这个应用程序，就不会把任何学习或行为的改变迁移至其他情景中（如，没有这个应用程序的生活）。这就是某些外部奖励存在的问题：一旦没有了奖励，继续去做这种行为的动机就会随之消失（但这取决于语境）。游戏化的主要优点是，能对游戏和现实生活中的表现和进展提供即时反馈，因为我们知道这对动机有多么重要（见第 6 章和第 13 章）。你只需要意识到它的局限性。

在我看来，如果目标是达成真正的教育意义，或引发人们的长期变化，即拥有游戏精神而非试图将一切"游戏化"，那么能从游戏式的、有意义的维度产生吸引力，才是获得赞同的重要因素。我喜欢提到的一个例子是"布莱克顿蜜蜂项目"（Blackawton bees project），其中，孩子们对大黄蜂的视觉空间能力开展了一项科学合作研究。通过游戏和真实的实验（使用科学的方法），孩子们做了一项超越自我的活动，同时学到了科学知识；他们甚至还将自己的发现发表在了科学期刊上（Blackawton et al.，2011）。游戏是神奇的工具，让玩家沉浸在新的环境中，并让他们进行实验。游戏能被塑造成有意义的情境，维持玩家的好奇心和学习的快乐，但只有当我们考虑用户体验，而不是仅仅触及皮毛，并以此来利用它们的真正力量时，才会如此。

17.4　给对游戏用户研究感兴趣的学生的建议

学生们经常问我，他们怎么做才能成为一名游戏用户体验专家。在此提供几条建议。如果你对游戏用户研究感兴趣，你需要精通人类因素、人机交互和认知心理学的相关知识。因此，来自这些领域的学生更有可能找到一份用户研究实习或入门级工作（通常主要是协助用户体验研究负责人来观察用户体验测试，汇编观察内容）。你还需要有一些良好的学术研究背景，以便理解并使用科学的方法。最后，至少要对统计学有基本的了解，这一点也很重要。如果你有数据科学的背景，你当然也能进入游戏行业，要么通过用户研究部门，要么通过分析部门。在任何情况下，学生都必须对游戏有足够的了解，这意味着他们需要定期在不同的平台上玩不同类型的游戏（提示：在简历中提及你玩得最多的游戏类型）。学生也要准备好了解游戏设计，避免只是因为自己玩了这么多游戏而假装了解它们。这种思维模式往往会让人皱眉头，因为它就像你说自己之所以能做饭，是因为喜欢吃东西。当然，一定要表达出你对游戏的热情，但要表明，你渴望学习如何制作它们。记住，用户体验研究人员不应该给出主观的意见，也不应该试图代替游戏团队来设计游戏，他们是去帮助游戏团队的。

如果你对用户体验设计更感兴趣，那么你需要拥有设计背景，并对人机交互的原理有良好的理解。为了在游戏行业找到工作，你需要制作一个作品集，展示你的技能，最好有不同类型及平台的项目经验，甚至更好的是，具有与游戏相关的项目经验。在作品集中，通常受到重视的是，能看到你的设计思维及进程。展示草图、纸版原型和互动原型，解释你为什么做出这些选择等，而不是简单地展示最终结果。通常，当你申请一份用户体验设计的工作时，你需要完成一个测试（例如，为某个功能提供一个交互原型及设计过程草图）。如果你的测试成绩很好，你会进入面试，准备好清楚地传达自己的设计选择（如，你必须有很好的理由），同时对其他观点持开放态度，并意识到自己的设计具有哪些优势和局限性。设计意味着做好权衡，所以你应该能够清晰地传达自己做的权衡及其原因（就玩家的体验而言）。

在任何情况下都要记住，定制你的简历。例如，针对游戏工作室的简历，不应与针对社交媒体公司的简历一样。就用户体验而言，在游戏行业，我们主要关心以下几点（或多或少取决于用户体验的专业性）：

1）你对人类因素、人机交互、认知心理学的理解。

2）你在学术研究方面的专业知识（科学的方法）。

3）你对数据科学的理解。

4）你的设计专业知识和设计进程（对用户体验设计师的要求）。

5）你对电子游戏了解及喜爱的程度。这一条适用于所有用户体验工作，而且通常是简历中缺失的信息（我猜这是因为设计这些简历的意图，是为了将其发送至任何类型的行业，包括游戏行业，但这不是一个好的策略）。

避免为了显得专业，在简历上到处抛出用户体验的术语，只提及你真正掌握了的用户体验知识、技巧、工具等。如果你有一些职业经历，要提及你做了什么，并尽量简洁，因为人们通常不喜欢阅读大段的文字。大道至简。如果你正在寻找用户体验的职位，你的简历绝对应该提供一个好的体验。如果它混乱又不清晰，会说明你言行不一。用户体验是一门哲学，这也应该在你的简历上表达出来。

最后，去会议上认识用户体验从业者，通过社交媒体与他们联系，创建一个博客，参与对话。游戏用户体验社区依然很小，去结识用户体验从业者。

17.5　最后的话

我想衷心地谢谢你对这本书感兴趣，并一直读到最后。我希望自己满足了你的期待，希望我为你提供了一段愉快的体验，这段体验的内容具有足够大的挑战性，能让你投入其中。在此，我真的很荣幸能向你表达我对科学、电子游戏和用户体验的热爱。让我们一起继续为用户而奋斗！

致谢

　　我之所以写这本书，是源于一段漫长的旅程，我有太多人需要感谢。因为我不确定是否还会有这么好的机会来跟他们郑重致谢，所以这部分会有点长。让我从欢迎我进入游戏行业的人开始：来自育碧总部的卡罗琳·让特尔（Caroline Jeanteur）和宝琳·雅凯（Pauline Jacquey）是最先给我发言权的人。我的职业生涯始于卡罗琳领导的战略创新实验室（Strategic Innovation Lab），这里充满了由激情和好奇心驱动的优秀女性，包括当时的伊莎贝尔（Isabelle）、利德温（Lidwine）和劳拉（Laura）。它是一个很棒的孵化器，让我在这个行业中找到了自己的方向，并用与大脑和心理学相关的有趣视频来表达我的创意，多谢弗朗索瓦（François）！所以，谢谢你们这些女孩给我的大脑带来的刺激和乐趣。我会永远怀念喷泉模仿特技（Mentos-in-Diet-Coke）。我还要感谢育碧首席执行官伊夫·吉勒莫特（Yves Guillemot），因为我相信该实验室源于他想要拥有一个智库的愿望。当然，他对心理学的兴趣令我感到舒适。我在育碧公司参与的第一个游戏项目来自宝琳领导的"游戏为大家"（Games for Everyone）部门。她的热情和决心极具感染力。我喜欢与她的团队合作，我们之间有很多有趣的谈话。尤其是塞巴斯蒂安·多雷（Sebastien Dore）和埃米尔·梁（Emile Liang），记得当时我们一起尝试提升游戏的教育价值，他俩是热情又有趣的死党（顺便说一句，小塞，我记得轮到你请吃午饭了）。育碧的编辑团队为我的生活带来了欢乐又疯狂的时光，与这些人一起工作是一段着实让人激动的学习经历。我要特别感谢"设计学院"的所有参与者，从那些把内容整合起来的人，到那些教过这些内容的人，以及那些需要协调并优先考虑该倡议的人，你好啊，马特奥（Mattheo）！此外，还有所有参加培训课程的开发者。感谢你们让我讨论大脑，并配合我某些幻灯片中愚蠢的笑话……当我搬到育碧蒙特利尔时，我遇到了另外一群疯狂又聪明的人，其中一些人改变了我的愿景，在他们中间，克里斯托夫·德雷纳（Christophe Derennes）和亚尼斯·马拉特（Yannis Mallat）极为敏锐，还是举办派对的高手。当然，我要感谢来自用户研究实验室和"彩虹六号"项目组的人，尤其是在我加入时担任实验室主任的玛丽－皮埃尔·迪奥特（Marie-Pierre Dyotte），感谢她给予我的信任及自主权。我在育碧公司遇到的所有人，尤其是那些在我不着边际地聊完大脑后与我保持联系的人，都让我的思考过程颇为受益，他们给了我很多帮助。在此，我提到了太多人，希望他们能看到自己的名字。

在育碧，有一个人给予我的帮助最多。我说的是无法替代的育碧首席创意官塞日·哈斯科，他堪称是育碧设计部门的核心及灵魂。对我而言，塞日是一位了不起的导师，他还让我挑战他的想法，他给我的感觉是既谦卑又鼓舞人心。他深爱着设计和这个世界，对科学也充满热情，一直是我闪亮的灯塔。谢谢你，塞日，感谢你的共情，你的慷慨，你的好奇心，你的嬉闹，你对游戏及其制作者的深切关注，当然还有你对葡萄酒的爱。你一直是值得我学习的榜样，我感到非常幸运，能够见证你的部分天赋。我依然比你更擅长模仿海豚的叫声，所以这应该有点用。

谈及我在卢卡斯艺术短暂却珍贵的经历（之所以突然中断，是因为工作室不得不关闭），我又遇到了一群热情的人（和《星球大战》超级极客！），他们包容着我，聆听我的研究，并接受了我的用户体验思想。在那里，我认识了"萨尔萨舞"爱好者，"你好，伙计！"，还预定过"二进制会议"：他们对我产生了影响。这也是我第一次真正与发行部门互动，并在玛丽·比尔（Mary Bihr）的鼓励下，开始详细阐释最初的用户体验策略（我怀疑她之所以这么做，只是为了让我玩玩她在《刺客信条》中难以通关的部分。我现在明白你的用意了，玛丽！）。彼时，我的用户体验策略有一个关键要素，即组织闪电演讲（Pecha Kucha）啤酒会。我依然相信这是个很好的活动，我要感谢所有参与这个活动的人（以及那些陆续离开的人，你知道我说的是你）。我还要衷心感谢弗雷德·马库斯（Fred Markus），多年来，他一直积极地支持着我的工作。我们相识于育碧，他是原型部门的负责人。后来他相继在卢卡斯艺术和艺铂游戏雇用了我，让我全权负责。我坚信，弗雷德之所以喜欢和我互动，主要是因为我一直兴致勃勃地听他讲任天堂兔子的故事，还因为我一听到他的笑话就开怀大笑。嗯，好吧，也不是所有玩笑（说真的，弗雷德，有时候你的笑话很烂）。弗雷德热衷于了解事物是如何被制造出来的，通过他对认知心理学和用户体验的不断质疑，他帮我完善和拓展了自己的思维边界。因此，我想我欠你一瓶红酒，弗雷德。可能两瓶。但我也向你推荐了《摇滚万岁》，所以，也许我们算扯平了？

在艺铂游戏期间，我遇到了最硬核且最有激情的开发者。在艺铂游戏，很多人主要为自己的手艺而活。这真的令人非常震撼，但我不得不承认，有时也有点吓人。艺铂游戏的高层让我建立了一个简洁有序的用户体验实验室，并组建了一个团队，法恩兹（Farnz），特别感谢你一直以来的支持。我想感谢帮我组建这支队伍的所有人，你们太棒了：雷克斯（Rex）、劳拉（Laura）、汤姆（Tom，又名"泰勒先生"）和斯蒂芬妮（Stephanie）。他们是首批超级用户体验（Super UX，简称 SUX）的成员，在这次伟大的冒险中为我提供了帮助。后来，这个团队成长起来，感谢曾在这里工作过的人：布莱恩（Brain）、马特（Matt）、莫里塔（Maurita）、杰西卡（Jessica）、埃德（Ed）、威尔（Will）、朱莉（Julie）和其他人。如今，它由行业中的顶级用户体验从业者组成（绝无虚言），按照颜值依次是（个人意见）：亚历克斯·特罗布里奇（Alex Trowbridge）、保罗·希思（Paul Heath）、本·路易斯－埃文斯、吉姆·布朗（Jim Brown），以及我们现任的实验室及数据分析师布兰登·纽伯里（Brandon Newberry）、比尔·哈丁（Bill Hardin）和乔纳森·瓦尔迪维索（Jonathan Valdivieso）。我很幸运能集结一支如此优秀的队伍。他们不仅在工作中表现出众，而且还颇具人格魅力，他们的机智每天都给我带来灵感，当然，更不用说他们的聪慧，以及他们的玩具枪瞄准技能。所以，谢谢你们信任我，并加入这个团队。我还要感谢《堡垒之夜》团队，他们是最早接受用户体验乐趣的人，直到我撰写此文时，他们依然是我们最棒的合作伙伴。他们与我们合作，接受我们的询问，并向我们发起挑战，跟他们一起工作是名副其实的乐事。尤其是希瑟·钱德勒，他在执行一个用户体验进程时，曾给予我极大帮助；还有达伦·萨格、皮特·埃利斯（Pete Ellis）和扎克·菲尔普斯（Zak Phelps），只要有测试，他们就会来拜访用户体验实验室。我要感谢艺铂游戏的用户体验设计师，他们在团队中播撒了对用户体验的热爱，尤其是劳拉·泰普斯（Laura Teeples）、罗比·克拉普卡（Robbie Klapka）、德里克·迪亚兹（Derek Diaz）、马特·谢特勒（Matt "Twin-Blast" Shetler）和菲利普·哈里斯（Phillip Harris），他们与我互动最多。在艺铂游戏，我有太多要感谢的人，但我想提一下我们"地下酒吧"的常客（别忘了那个密码！）。最后，我要感谢唐纳德·穆斯塔（Donald Mustard）用如此优雅的方式处理我的不耐烦，感谢艺铂游戏首席执行官帝姆·斯威尼（Tim Sweeney）给予我的支持和灵感（守护开放平台，关注元宇宙！）。卡罗琳娜·格罗乔斯卡（Karolina Grochowska）和乔尔·克拉布（Joel Crabbe）也为我留下了美好的回忆，他们在工作和生活中都是令人惊叹的，在我们开发《堡垒之夜》时，他们过早地离开了我们（给你一个拥抱，吉娜）。

我把热烈的感谢致以对本书提供反馈的所有人，尤其是本·路易斯－埃文斯，他投入的精力比任何人都多，还有弗雷德·马库斯、查得·雷音（Chad Lane）、吉姆·布朗、安德鲁·普莱贝尔斯基（Andrew Przybylski）、安妮·麦克洛夫林（Anne McLaughlin）、达伦·克拉利（Darren Clary）、达伦·萨格和弗兰·布兰伯格（Fran Blumberg）（谢谢你们的支持和即时反馈！）。我还要感谢那些同意为本书撰写短文的人：塞日·哈斯科、达伦·萨格、阿努克·本－柴夫恰瓦泽、让·盖斯顿、本·路易斯－埃文斯、约翰·巴兰蒂恩、汤姆·拜博、伊恩·汉密尔顿、弗雷德·马库斯、玛丽·德·雷茨勒克、安德鲁·普莱贝尔斯基和勇敢无畏的天才基姆·利布莱利（Kim Libreri，奥斯卡奖得主！）。非常感谢"创意与享受"（Create and Enjoy）的德尔芬·赛勒迪（Delphine Seletti）为这本书创作了最酷的插图。当然，要谢谢肖恩·康纳利（Sean Connelly）给予我这个机会（以及饮品！）。

我用浓浓的爱意感谢我的朋友和家人，他们中的很多人都不太了解我到底在做什么，但却一直支持着我。特别感谢我的顽童极客父母，他们用米罗华奥德赛²/飞利浦奥德赛（Magnavox Odyssey²/Philips Videopac），让我第一次接触到电子游戏！也感谢我的游戏开发者朋友们，他们的确知道我在做什么，并一直鼓励着我。

最后，我要感谢这些年来我遇到的所有人，无论是在工作中、下班后、会议上或网上，那些邀请我发表演讲或以某种方式为我发声的人，那些帮助我组织并举办用户体验游戏峰会的人，尤其是埃伦（Ellen）、瑞秋（Rachel）、丹纳（Dana）和丹尼尔（Daniel），那些同意在这次活动上发言的人，尤其唐纳德·诺曼和丹·艾瑞里，以及那些只是抽出时间和我聊天的人。感谢 UBM/GDC 团队让用户体验以峰会的形式出现在全球游戏开发者大会上，尤其是梅根·斯卡维奥（Meggan Scavio）和维多利亚·彼得森（Victoria Petersen），感谢阿努克为我提供的建议，感谢用户体验峰会的发言者和观众。你们都以某种方式为本书做出了贡献，所以我希望你们能喜欢它。

谢谢。

参考文献

Abeele, V. V., Nacke, L. E., Mekler, E. D., & Johnson, D.(2016). Design and Preliminary Validation of the Player Experience Inventory. In *ACM CHI Play '16 Proceedings of the 2016 Annual Symposium on Computer-Human Interaction in Play*(pp. 335–341), Austin, TX.

Alessi, S. M., & Trollip, S. R.(2001). *Multimedia for Learning: Methods and Development*. Boston, MA: Allyn and Bacon.

Amabile, T. M.(1996). *Creativity in Context: Update to the Social Psychology of Creativity*. Boulder, CO: Westview Press.

Amaya, G., Davis, J. P., Gunn, D. V., Harrison, C., Pagulayan, R. J., Phillips, B., & Wixon, D. (2008). Games User Research(GUR): Our experience with and evolution of four methods. In K. Ibister & N. Schaffer (Eds.), *Game Usability*. Burlington, MA: Morgan Kaufmann Publishers, pp. 35–64.

Anselme, P.(2010). The uncertainty processing theory of motivation. *Behavioural Brain Research*, 208, 291–310.

Anstis, S. M.(1974). Letter: A chart demonstrating variations in acuity with retinal position. *Vision Research*, 14, 589–592.

Ariely, D.(2008). *Predictably Irrational: The Hidden Forces that Shape Our Decisions*. New York: Harper Collins.

Ariely, D.(2016a). *Payoff: The Hidden Logic that Shapes Our Motivations*. New York: Simon & Schuster/TED.

Ariely, D.(2016b). *Free Beer: And Other Triggers that Tempt us to Misbehave*. Game UX Summit (Durham, NC, May 12th). Retrieved from http://

www.gamasutra.com/blogs/CeliaHodent/20160722/277651/Game_UX_ Summit_2016__All_Sessions_Summary.php-11-Dan Ariely (Accessed May 28, 2017).

Atkinson, R. C., & Shiffrin, R. M. (1968). Human memory: A proposed system and its control processes. In K. W. Spence & J. T. Spence (Eds.), *The Psychology of Learning and Motivation*, Vol. 2. New York: Academic Press, pp. 89–195.

Baddeley, A. D., & Hitch, G.(1974). Working memory. In G. H. Bower (Ed.), *The Psychology of Learning and Motivation: Advances in Research and Theory*, Vol. 8. New York: Academic Press, pp. 47–89.

Baillargeon, R.(2004). Infants' physical world. *Current Directions in Psychological Science*, 13, 89–94.

Baillargeon, R., Spelke, E., & Wasserman, S.(1985). Object permanence in five month-old infants. *Cognition*, 20, 191–208.

Bartle, R.(1996). *Hearts, Clubs, Diamonds, Spades: Players Who Suit MUDs*. Retrieved from http://mud.co.uk/richard/hcds.htm (Accessed May 28, 2017).

Bartle, R.(2009). Understand the limits of theory. In C. Bateman (Ed.), *Beyond Game Design: Nine Steps to Creating Better Videogames*. Boston: Charles River Media, pp. 117–133.

Baumeister, R. F.(2016). Toward a general theory of motivation: Problems, challenges, opportunities, and the big picture. *Motivation and Emotion*, 40, 1–10.

Benson, B.(2016). *Cognitive Bias Cheat Sheet. Better Humans.* Retrieved from https://betterhumans.coach.me/cognitive-bias-cheat-sheet-55a472476b18#.52t8xb9ut (Accessed May 28, 2017).

Bernhaupt, R.(Ed.).(2010). *Evaluating User Experience in Games*. London: Springer-Verlag.

Blackawton, P. S., Airzee, S., Allen, A., Baker, S., Berrow, A., Blair, C., Churchill, M., et al.(2011). Blackawton bees. *Biology Letters*, 7, 168–172.

Blumberg, F. C.(Ed.). (2014). *Learning by Playing: Video Gaming in Education*. Oxford, UK: Oxford University Press.

Blumberg, F. C., & Fisch, S. M.(2013). Introduction: Digital games as a context for cognitive development, learning, and developmental research. In F. C. Blumberg & S. M. Fisch (Eds.), *New Directions for Child and Adolescent Development*, 139, pp. 1–9.

Bowman, L. L., Levine, L. E., Waite, B. M., & Gendron, M.(2010). Can students really multitask? An experimental study of instant messaging while reading. *Computers & Education*, 54, 927–931.

Brown, S., & Vaughan, C.(2009). *Play: How It Shapes the Brain, Opens the Imagination, and Invigorates the Soul*. New York: Avery.

Burak, A., & Parker, L.(2017). *Power Play: How Video Games Can Save the World*. New York, NY: St. Martin's Press/MacMillan.

Cabanac, M.(1992). Pleasure: The common currency. *Journal of Theoretical Biology*, 155, 173–200.

Carraro, J. M.(2014). *How Mature Is Your Organization when It Comes to UX?* UX Magazine. Retrieved from http://uxmag.com/articles/how-mature-isyour-organization-when-it-comes-to-ux (Accessed May 28, 2017).

Castel, A. D., Nazarian, M., & Blake, A. B.(2015). Attention and incidental memory in everyday settings. In J. Fawcett, E. F. Risko & A. Kingstone(Eds.), *The Handbook of Attention*. Cambridge, MA: MIT Press, pp. 463–483.

Catmull, E., & Wallace, A.(2014). *Creativity, Inc.: Overcoming the Unseen Forces that Stand in the Way of True Inspiration*. New York: Random House.

Cerasoli, C. P., Nicklin, J. M., & Ford, M. T.(2014). Intrinsic motivation and extrinsic incentives jointly predict performance: A 40-year meta-analysis. *Psychological Bulletin*, 140, 980–1008.

Chen, J. (2007). Flow in games (and everything else). *Communication of the ACM*, 50, 31–34.

Cherry, E. C.(1953). Some experiments on the recognition of speech, with one and two ears. *Journal of the Acoustical Society of America*, 25, 975–979.

Craik, F. I. M., & Lockhart, R. S.(1972). Levels of processing: A framework for memory research. *Journal of Verbal Learning and Verbal Behavior*, 11, 671–684.

Craik, F. I. M., & Tulving, E.(1975). Depth of processing and the retention of words in episodic memory. *Journal of Experimental Psychology*: General, 104, 268–294.

Csikszentmihalyi, M.(1990). Flow: *The Psychology of Optimal Experience*. New York: Harper Perennial.

Damasio, A. R.(1994). *Descartes' Error: Emotion, Reason, and the Human Brain*. New York: Avon.

Daneman, M., & Carpenter, P. A.(1980). Individual differences in working memory and reading. *Journal of Verbal Learning and Verbal Behavior*, 19, 450–466.

Dankoff, J.(2014). Game telemetry with DNA tracking on Assassin's Creed. *Gamasutra*. Retrieved from http://www.gamasutra.com/blogs/ JonathanDankoff/20140320/213624/Game_Telemetry_with_DNA_Tracking_ on_Assassins_Creed.php(Accessed May 28, 2017).

Darrell, H.(1954). *How to Lie with Statistics*. New York: W.W. Norton & Co.

Deci, E. L.(1975). *Intrinsic Motivation*. New York: Plenum.

Deci, E. L., & Ryan, R. M.(1985). *Intrinsic Motivation and Self-Determination in Human Behavior*. New York: Plenum.

Denisova, A., Nordin, I. A., & Cairns, P.(2016). The Convergence of Player Experience Questionnaires. In *ACM CHI Play '16 Proceedings of the 2016 Annual Symposium on Computer-Human Interaction in Play* (pp. 33–37), Austin, TX.

Desurvire, H., Caplan, M., & Toth, J. A. (2004). Using Heuristics to Evaluate the Playability of Games. *Extended Abstracts CHI 2004*, 1509–1512.

Dillon, R. (2010). *On the Way to Fun: An Emotion-Based Approach to Successful Game Design*. Natick, MA: A K Peters, Ltd.

Drachen, A., Seif El-Nasr, M., & Canossa, A. (2013). Game analytics—The basics. In M. Seif El-Nasr, A. Drachen & A. Canossa (Eds.), *Game Analytics— Maximizing the Value of Player Data*. London: Springer, pp. 13–40.

Dutton, D. G., & Aaron, A. P.(1974). Some evidence for heightened sexual attraction under conditions of high anxiety. *Journal of Personality and Social Psychology*, 30, 510–517.

Dweck, C. S., & Leggett, E. L.(1988). A social-cognitive approach to motivation and personality. *Psychological Review*, 95(2), 256–273.

Easterbrook, J. A.(1959). The effect of emotion on cue utilization and the organization of behaviour. *Psychological Review*, 66, 183–201.

Ebbinghaus, H.(1885). *Über das Gedächtnis.* Leipzig: Dunker. Translated Ebbinghaus, H.(1913/1885) Memory: *A Contribution to Experimental Psychology*. Ruger HA, Bussenius CE, translator. New York: Teachers College, Columbia University.

Ekman, P.(1972). Universals and Cultural Differences in Facial Expressions of Emotions. In Cole, J. (Ed.), *Nebraska Symposium on Motivation*. Lincoln, NB: University of Nebraska Press, pp. 207–282.

Ekman, P.(1999). Facial expressions. In T. Dalgleish & M. J. Power (Eds.), *The Handbook of Cognition and Emotion*. New York: Wiley, pp. 301–320.

Eysenck, M. W., Derakshan, N., Santos, R., & Calvo, M. G.(2007). Anxiety and cognitive performance: Attentional control theory. *Emotion*, 7, 336–353.

Fechner, G. T. (1966). *Elements of psychophysics* (Vol. 1). (H. E. Adler, Trans.). New York: Holt, Rinehart & Winston. (Original work published 1860).

Federoff, M. A.(2002). Heuristics and usability guidelines for the creation and evaluation of fun in videogames. Master's thesis, Department of Telecommunications, Indiana University.

Festinger, L.(1957). *A Theory of Cognitive Dissonance*. Stanford, CA: Stanford University Press.

Fields, T. V.(2013). Game industry metrics terminology and analytics case. In M. Seif El-Nasr, A. Drachen & A. Canossa (Eds.), *Game Analytics—Maximizing the Value of Player Data*. London: Springer, pp. 53–71.

Fitts, P. M.(1954). The information capacity of the human motor system in controlling the amplitude of movement. *Journal of Experimental Psychology*, 47, 381–391.

Fitts, P. M., & Jones, R. E.(1947). Analysis of factors contributing to 460 "pilot error" experiences in operating aircraft controls (Report No. TSEAA-694-12). Dayton, OH: Aero Medical Laboratory, Air Materiel Command, U.S. Air Force.

Fu, F. L., Su, R. C., & Yu, S. C.(2009). EGameFlow: A scale to measure learners' enjoyment of e-learning games. *Computers and Education*, 52, 101–112.

Fullerton, T.(2014). *Game Design Workshop: A Playcentric Approach to Creating Innovative Games*. 3rd edn. Boca Raton, FL: CRC press.

Galea, J. M., Mallia, E., Rothwell, J., & Diedrichsen, J.(2015). The dissociable effects of punishment and reward on motor learning. *Nature Neuroscience*, 18, 597–602.

Gerhart, B., & Fang, M.(2015). Pay, intrinsic motivation, extrinsic motivation, performance, and creativity in the workplace: Revisiting long-held beliefs. *Annual Review of Organizational Psychology and Organizational Behavior*, 2, 489–521.

Gibson, J. J.(1979). *The Ecological Approach to Visual Perception*. Boston, MA: Houghton Mifflin.

Goodale, M. A., & Milner, A. D.(1992). Separate visual pathways for perception and action. *Trends in Neuroscience*, 15, 20–5.

Greene, R. L.(2008). Repetition and spacing effects. In J. Byrne (Ed.) *Learning and Memory: A Comprehensive Reference*. Vol. 2, pp. 65–78. Oxford: Elsevier.

Green, C. S., & Bavelier, D.(2003). Action video game modifies visual selective attention. *Nature, 423*, 534–537.

Gross, J. J. (Ed.).(2007). *Handbook of Emotion Regulation*. New York: Guilford Press.

Guernsey, L., & Levine, M.(2015). *Tap, Click, Read: Growing Readers in a World of Screens*. San Francisco, CA: Jossey-Bass.

Hartson, R.(2003). Cognitive, physical, sensory, and functional affordances in interaction design. *Interaction Design*, 22, 315–338.

Hartson, R., & Pyla, P.(2012). *The UX Book: Process and Guidelines for Ensuring a Quality User Experience*. Waltham, MA: Morgan Kaufmann/Elsevier.

Hazan, E.(2013). Contextualizing data. In M. Seif El-Nasr, A. Drachen & A. Canossa (Eds.), *Game Analytics—Maximizing the Value of Player Data*. London: Springer, pp. 477–496.

Hennessey, B. A., & Amabile, T. M.(2010). Creativity. *Annual Review of*

Psychology, 61, 569–598.

Heyman, J., & Ariely, D.(2004). Effort for payment. A tale of two markets. *Psychological Science*, 15, 787–793.

Hodent, C.(2014). Toward a playful and usable education. In F. C. Blumberg (Ed.), *Learning by Playing: Video Gaming in Education*. pp. 69–86. Oxford, UK: Oxford University Press.

Hodent, C. (2015). 5 Misconceptions about UX (User Experience) in video games. *Gamasutra*. Retrieved from http://www.gamasutra.com/blogs/CeliaHodent/20150406/240476/5_Misconceptions_about_UX_User_Experience_in_Video_Games.php.

Hodent, C. (2016). The elusive power of video games for education. *Gamasutra*. Retrieved from http://www.gamasutra.com/blogs/CeliaHodent/20160801/278244/The_Elusive_Power_of_Video_Games_for_Education.php#comments.

Hodent, C., Bryant, P., & Houdé, O. (2005). Language-specific effects on number computation in toddlers. *Developmental Science, 8*, 373–392.

Horvath, K., & Lombard, M. (2009). *Social and Spatial Presence: An Application to Optimize Human-Computer Interaction*. Paper presented at the 12th Annual International Workshop on Presence, 11–13 November, Los Angeles, CA.

Houdé, O., & Borst, G. (2015). Evidence for an inhibitory-control theory of the reasoning brain. *Frontiers in Human Neuroscience*, 9, 148.

Huizinga, J.(1938/1955). *Homo Ludens: A Study of the Play Element in Culture*. Boston, MA: Beacon Press.

Hull, C. L.(1943). *Principles of Behavior*. New York: Appleton.

Isbister, K.(2016). *How Games Move Us: Emotion by Design*. Cambridge, MA: The MIT Press.

Isbister, K., & Schaffer, N.(2008). What is usability and why should I care? Introduction. In K. Ibister & N. Schaffer (Eds.), *Game Usability*. pp. 3–5. Burlington: Elsevier.

Izard, C. E., & Ackerman, B. P.(2000). Motivational, organizational, and regulatory functions of discrete emotions. In M. Lewis & J. M. Haviland Jones (Eds.),

Handbook of Emotions. pp.253–264. New York: The Guilford Press.

Jarrett, C.(2015). *Great Myths of the Brain*. New York: Wiley.

Jenkins, G. D., Jr., Mitra, A., Gupta, N., & Shaw, J. D.(1998). Are financial incentives related to performance? A meta-analytic review of empirical research. *Journal of Applied Psychology*, 83, 777–787.

Jennett, C., Cox, A. L., Cairns, P., Dhoparee, S., Epps, A., Tijs, T., & Walton, A.(2008). Measuring and defining the experience of immersion in games. *International Journal of Human-Computer Studies*, 66, 641–661.

Johnson, J.(2010). *Designing with the Mind in Mind: Simple Guide to Understanding User Interface Design Guidelines*. Burlington, NJ: Elsevier.

Just, M. A., Carpenter, P. A., Keller, T. A., Emery, L., Zajac, H., & Thulborn, K. R.(2001). Interdependence of non-overlapping cortical systems in dual cognitive tasks. *NeuroImage,* 14, 417–426.

Kahneman, D.(2011). *Thinking, Fast and Slow*. New York: Farrar, Straus and Giroux.

Kahneman, D., & Tversky, A.(1984). Choices, values, and frames. *American Psychologist,* 39, 341–350.

Kandel, E.(2006). *In Search of Memory: The Emergence of a New Science of Mind*. New York: W. W. Norton.

Kelley, D.(2001). *Design as an Iterative Process*. Retrieved from http://ecorner. stanford.edu/authorMaterialInfo.html?mid=686 (Accessed May 28, 2017).

Kirsch, P., Schienle, A., Stark, R., Sammer, G., Blecker, C., Walter, B., Ott, U., Burkhart, J., & Vaitl, D., 2003. Anticipation of reward in a nonaversive differential conditioning paradigm and the brain reward system: An event related fMRI study. *Neuroimage*, 20, 1086–1095.

Klahr, D., & Carver, S. M.(1988). Cognitive objectives in a LOGO debugging curriculum: Instruction, learning, and transfer. *Cognitive Psychology*, 20, 362–404.

Koelsch, S.(2014). Bain correlates of music-evoked emotions. *Nature Reviews Neuroscience*, 15, 170–180.

Koster, R.(2004). *Theory of Fun for Game Design*. New York: Paraglyph Press.

Krug, S.(2014). *Don't Make Me Think, Revisited: A Common Sense Approach to Web Usability*. 3rd edn. San Francisco, CA: New Riders, Peachpit, Pearson Education.

Kuhn, G., & Martinez, L. M.(2012). Misdirection: Past, present, and the future. *Frontiers in Human Neuroscience*, 5, 172. http://dx.doi.org/10.3389/fnhum.2011.00172.

Laitinen, S. (2008). Usability and playability expert evaluation. In K. Ibister & N. Schaffer (Eds.), *Game Usability*. pp. 91–111. Burlington: Elsevier.

Lambrecht, A., & Tucker, C. E. (2016). *The Limits of Big Data's Competitive Edge*. MIT IDE Research Brief. Retrieved from http://ide.mit.edu/sites/default/files/publications/IDE-researchbrief-v03.pdf (Accessed May 28, 2017).

Lavie, N. (2005). Distracted and confused? Selective attention under load. *Trends in Cognitive Sciences*, 9, 75–82.

Lazarus, R. S.(1991). *Emotion and Adaptation*. Oxford, UK: Oxford University Press.

Lazzaro, N.(2008). The four fun keys. In K. Ibister & N. Schaffer (Eds.), *Game Usability*. Burlington: Elsevier, pp. 315–344.

LeDoux, J.(1996). T*he Emotional Brain: The Mysterious Underpinnings of Emotional Life*. New York: Simon & Schuster.

Lepper, M., Greene, D., & Nisbett, R.(1973). Undermining children's intrinsic interest with extrinsic rewards: A test of the "overjustification" hypothesis. *Journal of Personality and Social Psychology*, 28, 129–137.

Lepper, M. R., & Henderlong, J.(2000). Turning "play" into "work" and "work" into "play": 25 years of research on intrinsic versus extrinsic motivation. In C. Sansone & J. M. Harackiewicz (Eds.), *Intrinsic and Extrinsic Motivation: The Search for Optimal Motivation and Performance*. San Diego, CA: Academic Press, pp. 257–307.

Levine, S. C., Jordan, N. C., & Huttenlocher, J.(1992). Development of calculation abilities in young children. *Journal of Experimental Child Psychology*, 53, 72–103.

Lewis-Evans, B.(2012). Finding out what they think: A rough primer to user research, Part 1. *Gamasutra*. Retrieved from http://www.gamasutra.com/view/feature/169069/finding_out_what_they_think_a_.php (Accessed May 28, 2017).

Lewis-Evans, B.(2013). Dopamine and games—Liking, learning, or wanting to play? *Gamasutra*. Retrieved from http://www.gamasutra.com/blogs/BenLewisEvans/20130827/198975/Dopamine_and_games__Liking_learning_or_wanting_to_play.php (Accessed May 28, 2017).

Lidwell, W., Holden, K., Butler, J., & Elam, K.(2010). *Universal Principles of Design*: 125 *Ways to Enhance Usability, Influence Perception, Increase Appeal, Make Better Design Decisions, and Teach through Design*. Beverly, MA: Rockport Publishers.

Lieury, A.(2015). *Psychologie Cognitive*. 4th edn. Paris: Dunod.

Lightbown, D.(2015). *Designing the User Experience of Game Development Tools*. Boca Raton, FL: CRC Press.

Lilienfeld, S. O., Lynn, S. J., Ruscio, J., & Beyerstein, B. L.(2010). 50 *Great Myths of Popular Psychology: Shattering Widespread Misconceptions about Human Behavior*. New York: Wiley-Blackwell.

Lindholm, T., & Christianson, S. A.(1998). Gender effects in eyewitness accounts of a violent crime. *Psychology, Crime and Law,* 4, 323–339.

Livingston, I.(2016). Working within Research Constraints in Video Game Development. *Game UX Summit*(Durham, NC, May 12th). Retrieved from http://www.gamasutra.com/blogs/CeliaHodent/20160722/277651/Game_UX_Summit_2016__All_Sessions_Summary.php-4-Ian Livingston (Accessed May 28, 2017).

Loftus, E. F., & Palmer, J. C.(1974). Reconstruction of automobile destruction: An example of the interaction between language and memory. *Journal of Verbal Learning and Verbal Behavior*, 13, 585–589.

Lombard, M., Ditton, T. B., & Weinstein, L.(2009). Measuring Presence: The Temple Presence Inventory (TPI). In *Proceedings of the 12th Annual International Workshop on Presence*. Retrieved from https://pdfs.semanticscholar.org/308b/16bec9f17784fed039ddf4f86a856b36a768.pdf

(Accessed May 28, 2017).

Lynn, J.(2013). Combining back-end telemetry data with established user testing protocols: A love story. In M. Seif El-Nasr, A. Drachen & A. Canossa (Eds.), *Game Analytics—Maximizing the Value of Player Data*. London: Springer, pp. 497–514.

Mack, S.(2016). Insights Hybrids at Riot: Blending Research at Analytics to Empower Player-Focused Design. *Game UX Summit*(Durham, NC, May 12th). Retrieved from http://www.gamasutra.com/blogs/CeliaHodent/20160722/277651/Game_UX_Summit_2016__All_Sessions_Summary.php-8-Steve Mack (Accessed May 28, 2017).

MacKenzie, I. S.(2013). *Human-Computer Interaction: An Empirical Research Perspective*. Waltham, MA: Morgan Kaufmann.

Malone, T. W.(1980). What Makes Things Fun to Learn? Heuristics for Designing Instructional Computer Games. *Proceedings of the 3rd ACM SIGSMALL Symposium*(pp. 162–169), Palo Alto, CA.

Marozeau, J., Innes-Brown, H., Grayden, D. B., Burkitt, A. N., & Blamey, P. J.(2010). The effect of visual cues on auditory stream segregation in musicians and non-musicians. *PLoS One*, 5(6), e11297.

Maslow, A. H.(1943). A theory of human motivation. *Psychological Review*, 50, 370–396.

Mayer, R. E.(2014). *Computer Games for Learning: An Evidence-Based Approach*. Cambridge, MA: MIT Press.

McClure, S. M., Li, J., Tomlin, D., Cypert, K. S., Montague, L. M., & Montague, P. R.(2004). Neural correlates of behavioral preference for culturally familiar drinks. *Neuron*, 44, 379–387.

McDermott, J. H.(2009). The cocktail party problem. *Current Biology*, 19, R1024–R1027.

McGonigal, J.(2011). *Reality Is Broken: Why Games Make Us Better and How They Can Change the World*. New York: Penguin Press.

McLaughlin, A.(2016). Beyond Surveys & Observation: Human Factors Psychology Tools for Game Studies. *Game UX Summit*(Durham,

NC, May 12th). Retrieved from http://www.gamasutra.com/blogs/ CeliaHodent/20160722/277651/Game_UX_Summit_2016__All_Sessions_ Summary.php-1-Anne McLaughlin (Accessed May 28, 2017).

Medlock, M. C., Wixon, D., Terrano, M., Romero, R., & Fulton, B.(2002). *Using the RITE method to improve products: A definition and a case study.* Presented at the Usability Professionals Association 2002, Orlando, FL.

Miller, G. A.(1956). The magical number seven, plus or minus two: Some limits on our capacity for processing information. *Psychological Review*, 63, 81–97.

Nielsen, J.(1994). Heuristic evaluation. In J. Nielsen & R. L. Mack (Eds.), *Usability Inspection Methods*. pp. 25–62. New York: Wiley.

Nielsen, J.(2006). *Corporate UX Maturity: Stages 5–8*. Nielsen Norman Group. Retrieved from https://www.nngroup.com/articles/usability-maturitystages-5-8/ (Accessed May 28, 2017).

Nielsen, J., & Molich, R.(1990). Heuristic Evaluation of User Interfaces. *Proceedings of the ACM CHI'90 Conference* (pp. 249–256), Seattle, WA, 1–5 April.

Norman, D. A.(2005). *Emotional Design: Why We Love(or Hate) Everyday Things*. New York: Basic Books.

Norman, D. A.(2013). *The Design of Everyday Things, Revised and Expanded Edition*. New York: Basic Books.

Norman, D. A.(2016). UX, HCD, and VR: Games of Yesterday, Today, and the Future. *Game UX Summit*(Durham, NC, May 12th). Retrieved from http:// www.gamasutra.com/blogs/CeliaHodent/20160722/277651/Game_UX_ Summit_2016__All_Sessions_Summary.php-12-Don Norman (Accessed May 28, 2017).

Norman, D. A., Miller, J., & Henderson, A.(1995). What You See, Some of What's in the Future, And How We Go About Doing It: HI at Apple Computer. *Proceedings of CHI* 1995, Denver, CO.

Norton, M. I., Mochon, D., & Ariely, D.(2012). The IKEA effect: When labor leads to love. *Journal of Consumer Psychology*, 22, 453–460.

Ochsner, K. N., Ray, R. R., Hughes, B., McRae, K, Cooper, J. C., Weber, J,

Gabrieli, J. D. E., & Gross, J. J.(2009). Bottom-up and top-down processes in emotion generation. *The Association for Psychological Science*, 20, 1322–1331.

Oosterbeek, H., Sloof, R., & Kuilen, G. V. D.(2004). Cultural differences in ultimatum game experiments: Evidence from a meta-analysis. *Experimental Economics*, 7, 171–188.

Paivio, A.(1974). Spacing of repetitions in the incidental and intentional free recall of pictures and words. *Journal of Verbal Learning and Verbal Behavior*, 13, 497–511.

Palmiter, R. D.(2008). Dopamine signaling in the dorsal striatum is essential for motivated behaviors: Lessons from dopamine-deficient mice. *Annals of the New York Academy of Science*, 1129, 35–46.

Papert, S.(1980). *Mindstorms. Children, Computers, and Powerful Ideas*. New York: Basic Books.

Pashler, H., McDaniel, M., Rohrer, D., & Bjork, R.(2008). Learning styles: Concepts and evidence. *Psychological Science in the Public Interest*, 9, 105–119.

Pavlov, I. P.(1927). *Conditioned Reflexes*. London: Clarendo Press.

Pellegrini, A. D., Dupuis, D., & Smith, P. K.(2007). Play in evolution and development. *Developmental Review*, 27, 261–276.

Peterson, M.(2013). Preschool Math: Education's Secret Weapon. *Huffington Post*. Retrieved from http://www.huffingtonpost.com/matthew-peterson/post_5235_b_3652895.html.

Piaget, J.(1937). *La construction du reel chez l'enfant*. Neuchâtel: Delachaux & Niestlé.

Piaget, J., & Inhelder, B.(1969). *The Psychology of the Child*. New York: Basic Books.

Pickel, K. L.(2015). Eyewitness memory. In J. Fawcett, E. F. Risko & A. Kingstone(Eds.), *The Handbook of Attention*. Cambridge, MA: MIT Press,(pp. 485–502).

Pinker, S.(1997). *How the Mind Works*. New York, NY: W. W. Norton & Company.

Prensky, M.(2001). Digital Natives, Digital Immigrants: Do they really think different? *On the Horizon,* 9, 1–6. Retrieved from http://www.marcprensky. com/writing/Prensky%20-%20Digital%20Natives,%20Digital%20 Immigrants%20-%20Part1.pdf (Accessed May 28, 2017).

Przybylski, A. K.(2016). How We'll Know When Science Is Ready to Inform Game Development and Policy. *Game UX Summit*(Durham, NC, May 12th). Retrieved from http://www.gamasutra.com/blogs/CeliaHodent/20160722/277651/ Game_%20UX_Summit_2016__All_Sessions_Summary.php-3-Andrew%20 Przybylski#3- Andrew Przybylski (Accessed May 28, 2017).

Przybylski, A. K., Deci, E. L., Rigby, C. S., & Ryan, R. M.(2014). Competence impeding electronic games and players' aggressive feelings, thoughts, and behaviors. *Journal of Personality and Social Psychology*, 106, 441–457.

Przybylski, A. K., Rigby, C. S., & Ryan, R. M.(2010). A motivational model of video game engagement. *Review of General Psychology*, 14, 154–166.

Reber, A. S.(1989). Implicit learning and tacit knowledge. *Journal of Experimental Psychology: General*, 118, 219–235.

Rensink, R. A, O'Regan, J. K., & Clark, J. J.(1997). To see or not to see? The need for attention to perceive changes in scenes. *Psychological Science*, 8, 368–373.

Rogers, S. (2014). *Level Up! The Guide to Great Video Game Design*. 2nd edn. Chichester, UK: Wiley.

Rosenthal, R., & Jacobson, L.(1992). *Pygmalion in the Classroom. Expanded edn.* New York: Irvington.

Ryan, R. M., & Deci, E. L.(2000). Self-determination theory and the facilitation of intrinsic motivation, social development, and well-being. *American Psychologist*, 55, 68–78.

Sacks, O.(2007). *Musicophilia: Tales of Music and the Brain*. London: Picador.

Salen, K., & Zimmerman, E.(2004). *Rules of Play: Game Design Fundamentals*, Vol. 1. London: MIT.

Saloojee, Y., & Dagli, E.(2000). Tobacco industry tactics for resisting public policy on health. *Bulletin of World Health Organization*, 78, 902–910.

Schachter, S., & Singer, J. E.(1962). Cognitive, social, and physiological determinants of emotional state. *Psychological Review*, 69, 379–399.

Schaffer, N.(2007). *Heuristics for Usability in Games*. Rensselaer Polytechnic Institute, White Paper. https://pdfs.semanticscholar.org/a837/d36a0dda35e10f 7dfce77818924f4514fa51.pdf (Accessed May 28, 2017).

Schell, J. (2008). *The Art of Game Design*. Amsterdam: Elsevier/Morgan Kaufmann.

Schüll, N. D.(2012). Addiction by Design: Machine Gambling in Las Vegas. Princeton, NJ: Princeton University Press.

Schultheiss, O. C.(2008). Implicit motives. In O. P. John, R. W. Robins & L. A. Pervin (Eds.), *Handbook of Personality: Theory and Research*. 3rd edn. New York: Guilford, pp. 603–633.

Schultz, W.(2009). Dopamine Neurons: Reward and Uncertainty. In: L. Squire (Ed.), *Encyclopedia of Neuroscience*. Oxford: Academic press, pp. 571–577.

Schvaneveldt, R. W., & Meyer, D. E.(1973). Retrieval and comparison processes in semantic memory. In S. Kornblum (Ed.). *Attention and Performance IV*(pp. 395–409). New York: Academic Press.

Selten, R., & Stoecker, R.(1986). End behavior in sequences of finite prisoner's dilemma supergames a learning theory approach. *Journal of Economic Behavior & Organization*, 7, 47–70.

Shafer, D. M., Carbonara, C. P., & Popova, L.(2011). Spatial presence and perceived reality as predictors of motion-based video game enjoyment. *Presence*, 20, 591–619.

Shaffer, D. W.(2006). *How Computer Games Help Children Learn*. New York: Palgrave Macmillan.

Shaffer, N.(2008). Heuristic evaluation of games. In K. Ibister & N. Schaffer (Eds.), *Game Usability*. pp. 79–89. Burlington, NJ: Elsevier.

Shepard, R. N., & Metzler, J.(1971). Mental rotation of three-dimensional objects. *Science*, 171, 701–703.

Simons, D. J., & Chabris, C. F.(1999). Gorillas in our midst: Sustained inattentional blindness for dynamic events. *Perception*, 28, 1059–1074.

Simons, D. J., & Levin, D. T.(1998). Failure to detect changes to people in a realworld interaction. *Psychonomic Bulletin and Review*, 5, 644–649.

Sinek, S.(2009). *Start with Why: How Great Leaders Inspire Everyone to Take Action*. New York, NY: Penguin Publishers.

Skinner, B. F.(1974). *About Behaviorism*. New York: Knoph.

Stafford, T., & Webb, M.(2005). *Mind Hacks: Tips & Tools for Using your Brain*. Sebastapol, CA: O'Reilly.

Sweetser, P., & Wyeth, P.(2005). GameFlow: A model for evaluating player enjoyment in games. *ACM Computers in Entertainment*, 3, 1–24.

Sweller, J.(1994). Cognitive load theory, learning difficulty and instructional design. *Learning and Instruction*, 4, 295–312.

Swink, S.(2009). *Game Feel: A Game Designer's Guide to Virtual Sensation*. Burlington, MA: Morgan Kaufmann.

Takahashi, D.(2016). With just 3 games, Supercell made $924M in profits on $2.3B in revenue in 2015. VentureBeat. Retrieved from https://venturebeat. com/2016/03/09/with-just-3-games-supercell-made-924m-in-profits-on-2-3b-in-revenue-in-2015/ (Accessed May 28, 2017).

Takatalo, J., Häkkinen, J., Kaistinen, J., & Nyman, G.(2010). Presence, involvement, and flow in digital games. In R. Bernhaupt (Ed.), *Evaluating User Experience in Games*(pp. 23–46). London: Springer-Verlag.

Thorndike, E. L.(1913). *Educational Psychology: The Psychology of Learning*, (Vol. 2). New York: Teachers College Press.

Toppino, T. C., Kasserman, J. E., & Mracek, W. A.(1991). The effect of spacing repetitions on the recognition memory of young children and adults. *Journal of Experimental Child Psychology*, 51, 123–138.

Tversky, A., & Kahneman, D.(1974). Judgment under uncertainty: Heuristics and biases. *Science*, 185, 1124–1130.

Valins, S.(1966). Cognitive effects of false heart-rate feedback. *Journal of Personality and Social Psychology*, 4, 400–408.

van Honk, J., Will, G. -J., Terburg, D., Raub, W., Eisenegger, C., & Buskens, V.(2016). Effects of testosterone administration on strategic gambling in poker play. *Scientific Reports*, 6, 18096.

Vogel, S., & Schwabe, L.(2016). Learning and memory under stress: Implications for the classroom. *Science of Learning*, 1, Article number 16011.

Vroom, V. H.(1964). *Work and Motivation*. San Francisco, CA: Jossey-Bass.

Vygotsky, L. S.(1967). Play and its role in the mental development of the child. *Soviet Psychology*, 5, 6–18.

Vygotsky, L. S.(1978). Interaction between learning and development. In M. Cole, V. John-Steiner, S. Scribner & E. Souberman (Eds.), *Mind in Society: The Development of Higher Psychological Processes*. Cambridge, MA: Harvard University Press, pp. 79–91.

Wahba, M. A., & Bridwell, L. G.(1983). Maslow reconsidered: A review of research on the need hierarchy theory. In R. Steers & L. Porter(Eds.), *Motivation and Work Behavior*. New York: McGraw-Hill, pp. 34–41.

Wertheimer, M.(1923). Untersuchungen zur Lehre der Gestalt II, Psychol Forsch. 4, 301–350. Translation published as Laws of Organization in Perceptual Forms, In Ellis WA, *Source Book of Gestalt Psychology*(pp. 71–88). London: Routledge (1938).

Whorf, B. L. (1956). Language, Thought and Reality. Cambridge: MIT. Wynn, K. (1992). Addition and subtraction by human infants. *Nature*, 358, 749–750.

Yee, N. (2016). *Gaming Motivations Align with Personality Traits*. Retrieved from http://quanticfoundry.com/2016/01/05/personality-correlates/ (Accessed May 28, 2017).

The Gamer's Brain：How Neuroscience and UX Can Impact Video Game Design/ISBN: 9781498775502
Copyright© 2022 by CRC Press.

Authorized translation from English language edition published by CRC Press, part of Taylor & Francis Group LLC；All rights reserved；本书原版由 Taylor & Francis 出版集团旗下，CRC 出版公司出版，并经其授权翻译出版，版权所有，侵权必究。

China Machine Press is authorized to publish and distribute exclusively the Chinese (Simplified Characters) language edition. This edition is authorized for sale in the Chinese mainland (excluding Hong Kong SAR，Macao SAR and Taiwan). No part of the publication may be reproduced or distributed by any means, or stored in a database or retrieval system, without the prior written permission of the publisher. 此版本仅限在中国大陆地区（不包括香港、澳门特别行政区及台湾地区）销售。未经出版者书面许可，不得以任何方式复制或发行本书的任何部分。

Copies of this book sold without a Taylor & Francis sticker on the cover are unauthorized and illegal. 本书封面贴有 Taylor & Francis 公司防伪标签，无标签者不得销售。

北京市版权局著作权合同登记 图字：01-2021-1286 号

图书在版编目（CIP）数据

玩家心理学：神经科学、用户体验与游戏设计/（法）赛利亚·霍登特（Celia Hodent）著；孙静译. —北京：机械工业出版社，2022.7
书名原文: The Gamer's Brain：How Neuroscience and UX Can Impact Video Game Design
ISBN 978-7-111-71078-3

Ⅰ.①玩…　Ⅱ.①赛…②孙…　Ⅲ.①游戏—软件设计—应用心理学
Ⅳ.①TP311.5-05

中国版本图书馆CIP数据核字（2022）第113431号

机械工业出版社（北京市百万庄大街22号　邮政编码100037）
策划编辑：张潇杰　　　　　　责任编辑：张潇杰　王　芳
责任校对：史静怡　张　薇　责任印制：张　博
北京汇林印务有限公司印刷
2023年1月第1版第1次印刷
170mm×230mm・18印张・12插页・255千字
标准书号：ISBN 978-7-111-71078-3
定价：99.00元

电话服务　　　　　　　　　网络服务
客服电话：010-88361066　　机 工 官 网：www.cmpbook.com
　　　　　010-88379833　　机 工 官 博：weibo.com/cmp1952
　　　　　010-68326294　　金 书 网：www.golden-book.com
封底无防伪标均为盗版　　　机工教育服务网：www.cmpedu.com